机械发明的故事

周湛学　编著

JIXIE FAMING DE GUSHI

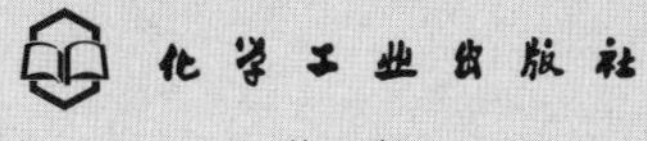

·北京·

这是一本关于机械制造知识及科学家故事的科普读物。编著者以机械制造发明家们的故事为题材，介绍了我们熟悉的地动仪、指南车、纺纱机、蒸汽机、蒸汽机车、蒸汽机船、内燃机、汽车、现代车床、镗床、电动机、飞机、计算机、电梯、自行车、缝纫机、火箭、机械钟、望远镜、空调、电冰箱、电风扇、洗衣机等机器的用途、基本的工作原理、发明的历程及科学家们的故事。

本书融技术性、知识性和趣味性于一体，把复杂的机械制造知识用简明、通俗的语言加以描述或说明，深入浅出，每一章都以科学家、作家的名言作为结尾，同时配有大量的图片和一些卡通图，让版面更活泼、阅读更有趣、学习更轻松，以此激发广大青少年和机械发明爱好者对机械制造知识的学习兴趣和探索精神。

图书在版编目（CIP）数据

机械发明的故事 / 周湛学编著. —北京：化学工业出版社，2017.10（2024.11重印）

ISBN 978-7-122-30431-5

Ⅰ. ①机… Ⅱ. ①周… Ⅲ. ①机械－普及读物 Ⅳ. ① TH-49

中国版本图书馆 CIP 数据核字（2017）第 195734 号

责任编辑：张兴辉　　　　文字编辑：李　曦
责任校对：宋　玮　　　　装帧设计：尹琳琳

出版发行：化学工业出版社（北京市东城区青年湖南街 13 号　邮政编码 100011）
印　　装：中煤（北京）印务有限公司
710mm×1000mm　1/16　印张 16¼　字数 233 千字　2024年 11月北京第 1 版第 11 次印刷

购书咨询：010-64518888　　　　售后服务：010-64518899
网　　址：http://www.cip.com.cn
凡购买本书，如有缺损质量问题，本社销售中心负责调换。

定　价：49.80 元

前言 Preface

我们人类的生活无不与机械有关。它渗透在生活中的各个领域，我们随时随地都在享受着机械给人类带来的恩惠。人类最初的机械，当然不像现在的机械这样复杂，但正是这样极其简单的机械代替了人的手脚，被人们所使用，并逐渐发展起来了，最后才成为今天这个样子。而且，今后机械发展的趋势会越来越复杂。虽然随着时光流逝，过去的一些机械已经非常陈旧了，甚至在当代人看来，这些机械已经变得很落伍，但是，它们在那个时代所做出的贡献却是不可磨灭的。我们要永远记住那些机械制造发明的先驱们，是他们带给了我们人类发展的动力和生机。在人类历史的长河中，伟大的发明和创造带给了人类一次又一次的震惊。

本书是一本机械制造知识方面的科普读物。编著者以机械制造发明家们的故事为题材，介绍了我们熟悉的地动仪、指南车、纺纱机、蒸汽机、蒸汽机车、蒸汽机船、内燃机、汽车、现代车床、镗床、电动机、飞机、计算机、电梯、自行车、缝纫机、火箭、机械钟、望远镜、空调、电冰箱、电风扇、洗衣机等机器的用途、基本的工作原理、发明的历程及科学家们的故事。从故事中我们了解科学家们攀登科学高

峰的坚韧不拔的精神，他们为科学技术贡献了毕生的精力。通过这些故事我们知道机械发明的成功，还要靠许许多多劳动人民的智慧的积累。科学的成就是一点一滴积累起来的，唯有长期的积累才能由点滴汇成大海。

本书可以使读者了解机械制造方面的一些基本知识和未来发展。融技术性、知识性和趣味性于一体，向广大青少年读者展示了一个丰富多彩的科学天地。把复杂的机械制造知识用简明、通俗的语言加以描述或说明，深入浅出，每一章都以科学家、作家的名言作为结尾，同时配有大量的图片和一些卡通图，使版面更活泼、阅读更有趣、学习更轻松。

这本书也是为广大青少年机械制造的爱好者提供了拓展机械制造方面的科普读物，是青少年了解机械制造方面知识的科普小课堂！本书共分 32 章，描述了 30 多名科学家发明的故事及机器的发展历程，能让读者从故事中吸取机械方面的知识。希望通过对这些趣味知识的了解，可以激发读者对机械知识的学习兴趣和探索精神，从而也能让读者了解世界机械的现状及未来发展的趋势，同时让读者爱上机械这门未来发展不可缺少的伟大学科。

编著者

2017 年 10 月

目录
Contents

第1章 序幕

我们人类的生活无不与机械有关。我们身上穿的衣服是用机械织成的，我们所用的家用电器是用机械制造的，我们乘坐的火车、电车、汽车等也都是机械，而且道路也是用机械修筑的，我们住的房子、城市里高高耸立的高楼大厦也都是用机械盖起来的。因此，我们随时随地都在享受着机械带来的恩惠。但是这些机械都是谁发明的呢？你知道吗？

人类最初的机械，当然不像现在的机械这样复杂，但正是这样极其简单的机械代替了人的手脚，被人们所使用，并逐渐发展起来，最后才成为今天这个样子。而且，今后机械发展的趋势会越来越复杂。但是我们要永远记住那些发明机械的先驱们，是他们带给了我们人类发展的动力。

● 人类和工具。树上的猿人到地上寻找食物，手里拿着木棒、石块打猎和保卫自己，这是天然的工具，后来他们敲击和磨制加工木棒和石块，开始有意识制造可以满足某种需要且容易使用的工具。

“使用工具”的创举，是进化出人类的决定因素。人类使用工具劳动，大脑逐渐发达起来，后来学会使用火，生活发生变化，吃火烤、煮熟的动物肉和植物，食物逐渐丰富起来，生活不断地得到改善。

● 火的发现和利用。几十万年以前的旧石器时代，燧人氏在今河南商丘一带钻木取火（图1–1），成为华夏人工取火的发明者，教人制作熟食，结束了远古人类茹毛饮血的历史，开创了华夏文明，被奉为“火祖”。

人类最初制造的工具是石刀、石斧和石锤（图1–2）。现代各种复杂精密的机械，都是从古代简单的工具逐步发展而来的。

● 弓形钻钻孔。弓形钻由燧石钻头、钻杆、窝座和弓弦等组成。往复拉动弓便可使钻杆转动，用来钻孔、扩孔和取火。弓形钻后来又发展成为弓形车床，成为更有效的工具。如图1–3所示为手拉弓钻孔。

● 公元前3000～4000年，人类学会了熔炼金属，能够制造出任意形状的青铜工具。如图1–4所示为原始锻造，俗称“打铁”。

● 简单工具。在远古代时代，人类就已经使用了简单的机械，如杠杆、车轮（图1–5）、滑轮、斜面、螺旋等。

图1–1　钻木取火

图1–2　石锤

图1–3　手拉弓钻孔

图1–4　原始锻造

图1–5　车轮

● 公元前3000年，在修建金字塔的过程中，人类就使用了滚木来搬运巨石（图1–6、图1–7）。

图1–6　埃及金字塔

图1–7　使用滚木来搬运巨石

● 杠杆。阿基米德在亚历山大里亚留学时，从埃及农民提水用的吊杆和奴隶们撬石头用的撬棍中得到了启发，发现可以借助一种杠杆来达到省力的目的，并且发现，手握的地方到支点的这一段距离越长，就越省力气（图1–8）。

图1–8　杠杆

● 滑轮。古希腊人将滑轮归类为简单机械。滑轮最早出现于公元前8世纪，图1–9为一种利用滑轮提水的装置。

图1–9　一种利用滑轮提水的装置

● 阿基米德用螺旋原理将水提升至高处，也就是今天螺旋式输送的“始祖”，如图1–10所示。

● 公元1世纪，东汉的杜诗发明了水排，如图1–11所示。其中应用了齿轮和连杆机构。这是利用水利进行冶金的鼓风设备，卧式水轮由水利驱动带动大轮转动，曲柄机构带动木扇给冶金炉鼓风。水排的出现，标志着发达机器在中国汉代已经产生。

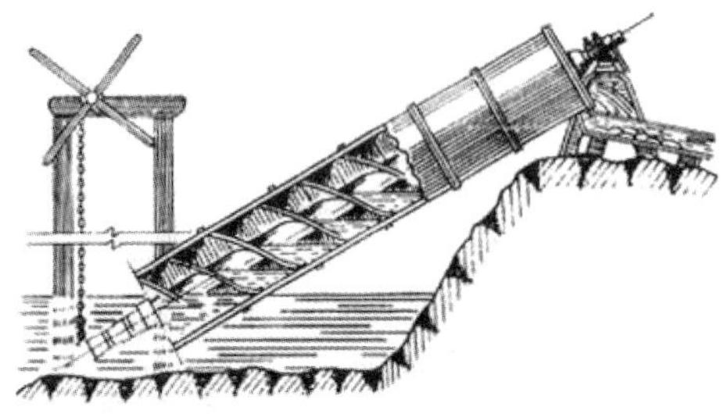

图1-10　螺旋提水器

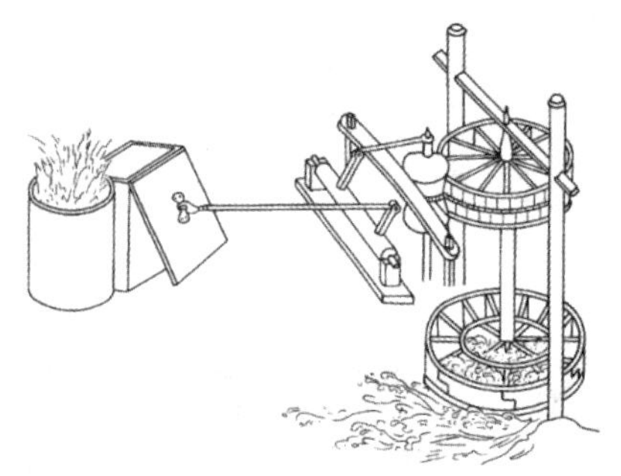

图1-11　水排

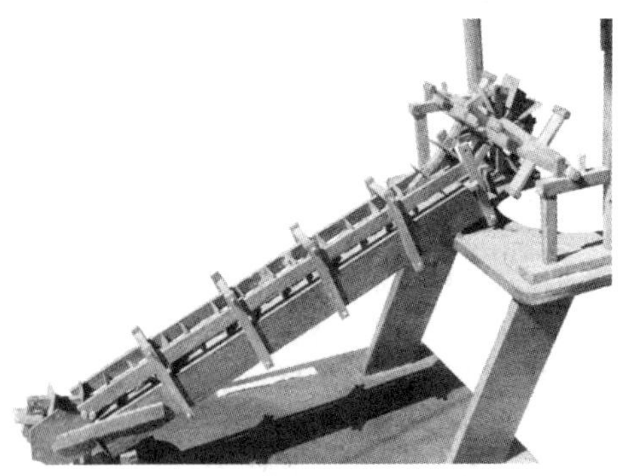

图1-12　龙骨水车

● 龙骨水车约始于东汉，三国时的发明家马钧曾予以改进，此后它一直在农业上发挥巨大的作用，如图1-12所示。

● 公元132年（阳嘉元年），张衡在太史令任上发明了最早的地动仪，称为候风地动仪，如图1-13所示。

● 古代指南车采用了齿轮传动系统，其中应用了齿轮系的原理，其发明者马钧是中国古代科技史上最负盛名的机械发明家之一，如图1-14所示。

● 中世纪欧洲用脚踏板驱动的加工木棒的车床。如图1-15所示，将绳子系在要切削的木棒上，交替拉动绳子的两端，棒子就可以转动了。再用刀具接触木棒，就可以顺利地切削木棒。将绳子系在一根木棒“桥”上，该“桥”是安装在一根较高的木棒上，再将绳子绕在工件上，在下端安上一个踏板，用脚踏下面的踏板，工作时工件就左右转动，较高木棒上的木条起弹簧作用，这种简单的车床叫脚踏车床。

● 中世纪欧洲利用曲轴做成的研磨机。曲轴装置很早被发明出来了，它是把往复运动变为旋转运动的最重要的方法之一，如图1-16所示。

● 詹姆斯·哈格里夫斯发明了珍妮纺纱机。18世纪中期，英国的商品越来越多地销往海外，手工工厂生产的低效引发供应不足。为了提高产量，人们想方设

（a）　　（b）

图1–13　候风地动仪

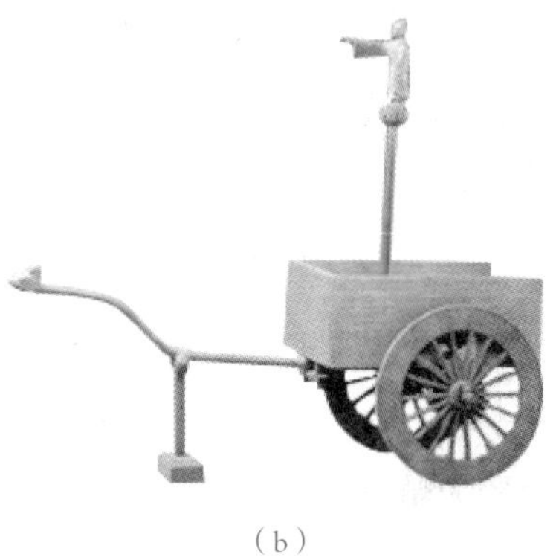

（a）　　（b）

图1–14　古代指南车

图1–15　脚踏车床

图1–16　曲轴研磨机

法改进了生产技术。在棉纺织部门，人们先是发明了一种叫飞梭的织布工具，大大加快了织布的速度，也刺激了社会对棉纱的需求。18世纪60年代，织布工詹姆斯·哈格里夫斯发明了名叫“珍妮机”的手摇纺纱机，如图1-17所示。“珍妮机”一次可以纺出许多根棉线，极大地提高了生产率。

● 1765年瓦特发明了冷凝器与汽缸分离的蒸汽机，并于1769年取得了英国专利，揭开了第一次工业革命的序幕。蒸汽机给人类带来了强大的动力，各种由动力驱动的产业机械——纺织机、机床，如雨后春笋般出现，如图1-18所示。

● 蒸汽机船“克莱蒙特”号的诞生。1807年，美国的富尔顿建成了第一艘采用明轮推进的蒸汽机船“克莱蒙特”号，时速约为8千米/小时，如图1-19所示。

● 蒸汽机车之父——斯蒂芬森。乔治·斯蒂芬森——英国工程师，第一次工业革命期间发明了火车机车。1810年，斯蒂芬森开始着手制造蒸汽机车。经过几年的努力，他终于在1814年发明了第一台蒸汽机车，被称为“旅行者号”，如图1-20所示。

● 约翰·威尔金森，世界上第一台真正的镗床（即炮筒镗床）的发明者。1775年，威尔金森在他父亲的工厂里，经过不断努力，终于制造出了能以罕见的精度钻大炮炮筒的新机器，次年用于为瓦特蒸汽机加工汽缸体。1776年他又制造了一台较为精确的汽缸镗床，如图1-21所示。

● 莫兹利，现代车床的发明人，被称为英国机床工业之父。莫兹利于1797年制成了第一台螺纹切削车床，它带有丝杠和光杠，采用滑动刀架——莫氏刀架

图1-17　詹姆斯·哈格里夫斯和珍妮纺纱机

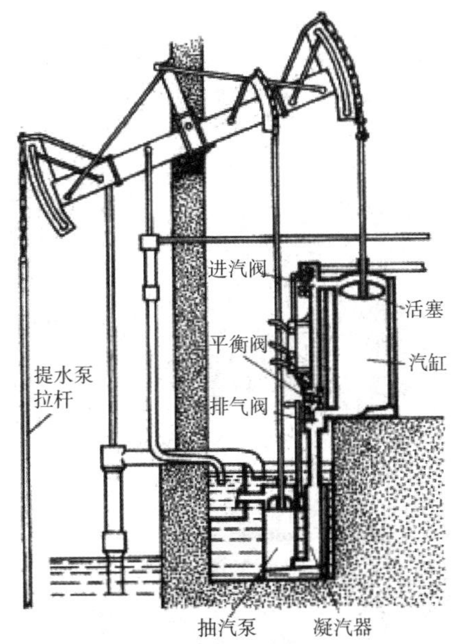

图1–18 瓦特和蒸汽机

图1–19 富尔顿和“克莱蒙特”号

和导轨，可车削不同螺距的螺纹，如图1–22所示。

● 电机之父——法拉第。迈克尔·法拉第，英国物理学家、化学家，也是著名的自学成才的科学家。1831年，法拉第首次发现电磁感应现象，在电磁学方面作出了伟大贡献，如图1–23所示。

● 美国发明家特斯拉发明了交流电动机。塞尔维亚裔美籍发明家、物理学家、机械工程师、电气工程师尼古拉·特斯拉被认为是电力商业化的重要推动者，并因主持设计了现代交流电系统而最为人知。在迈克尔·法拉第发现的电磁

图1-20　蒸汽机车之父——斯蒂芬森

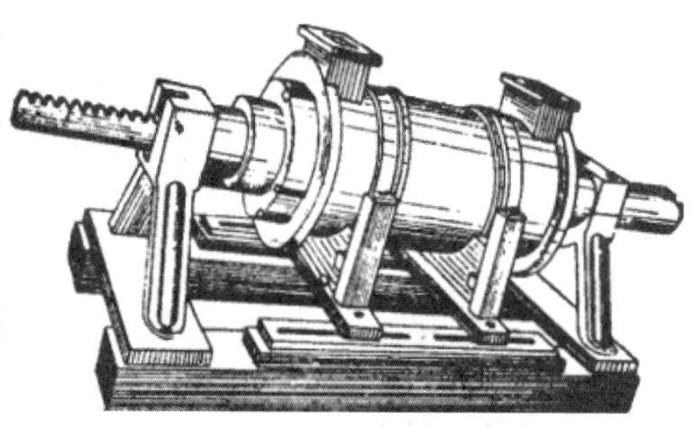

图1-21　威尔金森的镗床

图1-22　莫兹利的刀架车床

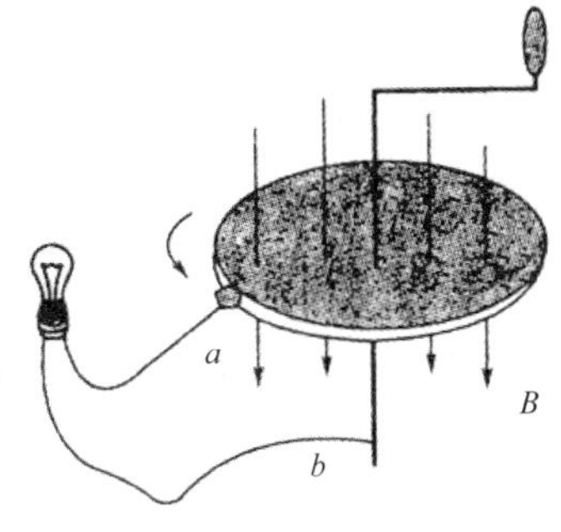

图1-23 法拉第首次发现电磁感应现象

场理论的基础上，特斯拉在电磁场领域有着多项革命性的发明。他的多项相关专利以及电磁学的理论研究工作，是现代的无线通信和无线电的基石。1909~1922年，特斯拉注册了机械方面的专利（泵、流速计、无叶涡轮），如图1-24所示。

● 计算机先驱——查尔斯·巴贝奇，第一台可编程的机械计算机的设计者。1812~1813年，巴贝奇初次想到用机械来计算数学表。后来，他制造了一台小型计算机，能进行8位数的某些数学运算。1823年他得到了政府的支持，设计了一台容量为20位数的计算机。由于它的制造有较高的机械工程技术要求，于是巴贝奇专心从事于这方面的研究，并于1834年发明了分析机（现代电子计算机的前身）。在这项设计中，他曾设想根据储存数据的穿孔卡上的指令进行任何数学运算的可能性，并设想了现代计算机所具有的大多数其他特性，但1842年因政府拒绝进一步支援，巴贝奇的计算器未能完成。瑞典斯德哥尔摩的舒茨公司按他的设计于1855年制造了一台计算器。但真正的计算机，则直到电子时代

图1-24 尼古拉·特斯拉

才制成，如图1–25、图1–26所示。

19世纪，第二次工业革命中电动机和内燃机的发明代替了蒸汽机，集中驱动被抛弃了，每台机器都安装了独立的电动机，这为飞机、汽车的出现提供了可能。

- 1886年，本茨发明了以汽油发动机为动力的三轮车（见图1–27）。
- 戴姆勒发明了他的第一辆四轮车。1883年，他与迈巴赫合作，成功研制出使用汽油的发动机，并于1885年将此发动机安装在木制双轮车上，从而发明了摩托车。1886年，戴姆勒把这种发动机安装在他为妻子43岁生日而购买的马车上，发明了第一辆戴姆勒汽车，见图1–28所示。
- 1903年，莱特兄弟设计和制造了“飞行者”1号，见图1–29所示。

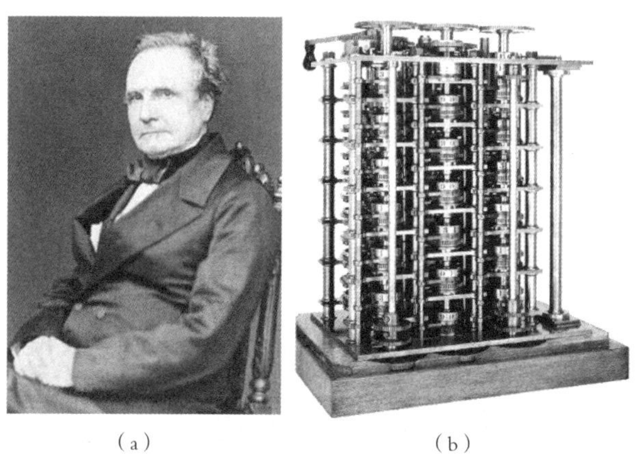

（a）　　（b）

图1–25　查尔斯·巴贝奇和分析机

图1–26　分析机

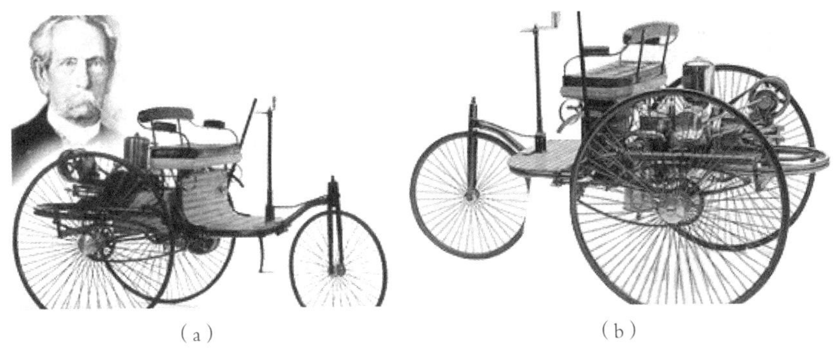

（a）　　（b）

图1-27　本茨发明了以汽油发动机为动力的三轮车

（a）　　（b）

图1-28　戴姆勒发明了他的第一辆四轮车

图1-29　莱特兄弟

我们在享受着他人的发明给我们带来的巨大益处，我们也必须乐于用自己的发明去为他人服务。

——富兰克林

第2章

阿基米德的发明

图2-1　阿基米德

公元前287年，阿基米德（图2-1）诞生于古希腊叙拉古附近的一个小村庄。他出身贵族，与叙拉古的赫农王有亲戚关系，家庭十分富有。阿基米德的父亲是天文学家兼数学家，学识渊博，为人谦逊。阿基米德受家庭的影响，从小就对数学、天文学，特别是古希腊的几何学产生了浓厚的兴趣。当他刚满11岁时，借助与王室的关系，他被送到埃及的亚历山大里亚城去学习。亚历山大里亚位于尼罗河口，是当时文化贸易的中心之一。那里有雄伟的博物馆、图书馆，而且人才荟萃，被世人誉为"智慧之都"。阿基米德在那里学习和生活了许多年，曾跟很多学者交往密切。他兼收并蓄了东方和古希腊的优秀文化遗产，在其后的科学生涯中为科学作出了重大的贡献。公元前212年，古罗马军队入侵叙拉古，阿基米德被罗马士兵杀死，终年75岁。阿基米德的遗体葬在西西里岛，墓碑上刻着一个圆柱内切球的图形，以纪念他在几何学上的卓越贡献。

阿基米德是古希腊文明所产生的最伟大的数学家及科学家，他在诸多科学领

域所作出的突出贡献，使他赢得了人们的高度尊敬。

● 杠杆的原理。阿基米德不仅是个理论家，也是个实践家，他一生热衷于将其科学发现应用于实践，从而把二者结合起来。在埃及，公元前1500年左右，就有人用杠杆来抬起重物，不过人们不知道它的原理。阿基米德潜心研究了这个现象，并发现了杠杆原理（图2-2）。

满足支点、用力点、阻力点三个点的系统，基本上就是杠杆。杠杆原理亦称“杠杆平衡条件”：要使杠杆平衡，作用在杠杆上的两个力矩（力与力臂的乘积）大小必须相等，即动力×动力臂=阻力×阻力臂，用公式可表达为

$$F_1 \times L_1 = F_2 \times L_2$$

式中，F_1为动力；L_1为动力臂；F_2为阻力；L_2为阻力臂。

● 给我一个支点，我能撬起整个地球（图2-3）。

赫农王对阿基米德的理论一向持半信半疑的态度。他要求阿基米德将他研究的理论运用到实践中，以变成活生生的例子使人信服。阿基米德说：“给我一个支点，我就能撬起整个地球。”国王说：“你连地球都举得起来，那你来帮我拖动海岸上的那条大船吧。”那条船是赫农王为埃及国王制造的，体积大，相当重，因为挪不动，在海岸上已经搁浅很多天了。阿基米德满口答应下来。他叫工匠在船的前后左右安装了一套设计精巧的滑车和杠杆，并叫100多人在大船前面，将绳索的一端交到赫农王手上。赫农王轻轻

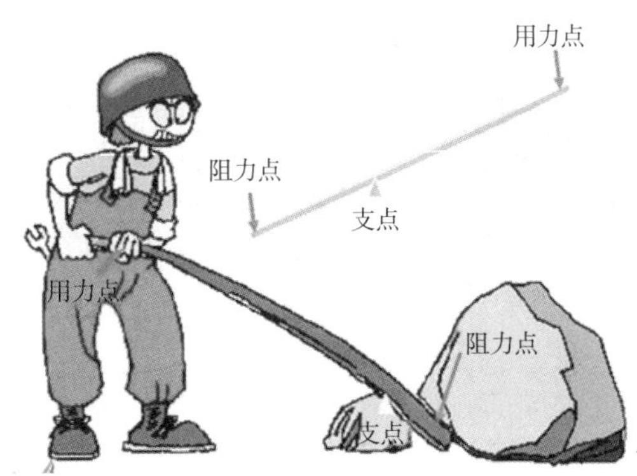

图2-2 杠杆的原理

图2-3 给我一个支点，我将撬起整个地球

拉动绳索，奇迹出现了，大船缓缓地挪动起来，最终下到海里。国王惊讶之余，十分佩服阿基米德，并派人贴出告示："今后，无论阿基米德说什么，都要相信他。"

● 阿基米德螺旋提水器。阿基米德对于机械的研究源自于他在亚历山大里亚求学时期。有一天，阿基米德在久旱的尼罗河边散步，看到农民提水浇地相当费力，经过思考之后他发明了一种利用螺旋在水管里旋转从而把水吸上来的工具——提水器。其工作原理是，当内螺旋转动时，螺杆一方面绕本身的轴线旋转，另一方面它又沿衬套内表面滚动，于是形成水的密封腔室。螺杆每转一周，密封腔内的水向前推进一个螺距，随着螺杆的连续转动，水从一个密封腔压向另一个密封腔，最后将水吸上来。后世的人叫它"阿基米德螺旋提水器"，一直到几千年后的今天，还有人使用这种器械，这个工具后来成了螺旋推进器的先祖。图2-4为阿基米德螺旋提水器。

图2-4 阿基米德螺旋提水器

讲故事 阿基米德利用杠杆原理的故事

阿基米德将自己锁在海边的一间小石头屋里，夜以继日地写《浮体论》。一天，突然闯进一个人来，一进门就忙不迭地喊道："哎呀！您老原来躲在这里。此刻国王正撒开人马，在全城四处找您呢。"阿基米德认得他是朝内大臣，心想：外面一定是出了大事。他立即收拾起羊皮书稿，伸手抓过一顶圆壳小帽，飞身跳上停在门

口的一辆四轮马车，随这个大臣直奔王宫。当他们来到殿前台阶下时，就看见各种马车停了一片，卫兵们银枪铁盔，位列两行，殿内文武满座，鸦雀无声，国王正焦急地在地毯上来回踱着步子。由于殿内阴暗，天还没黑就燃起了高高的烛台，灯下长条几案上摊着海防图、陆防图。阿基米德看着这一切，就知道他最担心的战争终于爆发了。原来这地中海沿岸在古希腊衰落之后，先是马其顿王朝的兴起，马其顿王朝衰落后，又是罗马王朝兴起。罗马人统一了意大利本土后向西扩张，遇到了另一强国迦太基。公元前264年到公元前241年两国打了24年仗，这是历史上有名的“第一次布匿战争”，罗马人获胜。公元前221年开始又打了四年，这是“第二次布匿战争”，这次迦太基起用了一个奴隶出身的军事家汉尼拔，一举击败罗马人5万余众。地中海沿岸的两霸就这样长年争战，互有胜负。

阿基米德的祖国——叙拉古，是个夹在迦、罗两霸中的小国，在长期的风云变幻中，常常随着人家的胜负而弃弱附强，游移飘忽。阿基米德对这种“眼色外交”很不放心，曾多次告诫国王，不要惹祸，可是现在的国王已不是那个阿基米德的好友艾希罗，他年少无知，却又刚愎自用。当“第二次布匿战争”爆发后，公元前216年，眼看迦太基人将要打败罗马人，国王很快就和罗马人决裂，与迦太基人结成了同盟，罗马人对此举非常恼火。最后，罗马人打了胜仗，就大兴问罪之师，从海陆两路向这个城邦小国压了过来，国王吓得没了主意。这时他看到阿基米德从外面进来，迎上前去，恨不得立即向他下跪，忙说：“啊，亲爱的阿基米德，你是最聪明的人，听先王在世时说过，你都能撬动地球。”

关于阿基米德撬动地球之说，还是他在亚历山大里亚留学时候的事。当时他从埃及农民提水用的“沙杜佛”（吊杆）和奴隶们撬石头用的撬棍中发现了可以借助杠杆来达到省力的目的，而且发现手的握点至支点的距离越长，就越省力气。由此，他提出了这样一个定理：力臂和力（重量）的关系成反比例，这就是杠杆原理。用我们现在的表达方式就是：动力×动力臂=阻力×阻力臂。为此，他曾给当时的国王艾希罗写信说："我不费吹灰之力，就可以随便撬动任何重东西。只要给我一个支点，给我一根足够长的杠杆，我也可以撬动地球。"

可现在，这个小国王并不懂得什么叫科学，他只知道在这大难临头之际，赶快借助阿基米德的神力救他一命。可是罗马军队着实厉害，他们作战时列成方队，前面和两侧的士兵用盾牌护着身子，中间的将盾牌举在头上，战鼓一响，一个个方队就如同现代化的坦克一般，向敌阵步步推进，任乱箭射来，也只不过是把那盾牌敲出无数的响声而已。罗马军队还有特别严的军纪，发现临阵逃脱者立即处死，士卒立功晋级，统帅获胜返回罗马时，要举行隆重的庆祝仪式。这支军队称霸地中海，所向无敌，一个小小的叙拉古哪放在他们眼里，况且旧仇新恨，早想来一次清算。

当时由罗马执政官马赛拉斯统帅的四个陆军军团已经推进到叙拉古城的西北位置。城外已是鼓声齐鸣，喊杀声连天。在危急的关头，阿基米德虽然对国王目光短浅造成的这场祸害很是不快，但木已成舟，国家为重，他扫了一眼沉闷的大殿，捻着银白的胡须说："要是靠军事实力，我们决不是罗马人的对手。现在要能造出一种新式武器来，或许还可守住城池，以待援兵。"国王一听这话，立即转忧为喜地说："先王在世时就说过，凡是你说的，大家都要相信，这场守卫战就由你全权指挥吧。"

两天之后，天刚破晓，罗马统帅马赛拉斯指挥着他那严整的方阵向护城河逼来。方阵两边还准备了铁甲骑兵，方阵内强壮的士兵肩扛着云梯。马赛拉斯在出发前宣布："攻破叙拉古，到城里吃午饭去。"在喊杀声中，方阵慢慢向前蠕动。"按常规，城上早该放箭了，可今天怎么城墙上却是静悄悄地不见一个人？也许几天来的恶战使叙拉古人已筋疲力尽了吧。"罗马人正在疑惑时，城里隐约传来"吱吱呀呀"的响声，接着城头上就飞出大大小小的石块，开始时石块

大小如碗如拳，以后越来越大，简直如锅如盆，火山喷发般地翻转下来。石头落在方阵里，士兵们忙举盾来护，哪知石重速急，一下连盾带人都捣成一团肉泥。罗马人渐渐支撑不住了，连滚带爬地逃命，这时叙拉古的城头又射出了飞蝗般的利箭，罗马人的背后并无盾牌和铁甲，利箭直穿后背，哭天喊地，很是凄惨，正是：

你有万马和千军，我有天机握手中。

不怕飞瀑半天来，收入潭底静无声。

阿基米德到底造出了什么武器，使罗马人大败而归呢？原来他制造了一些特大的弓弩——发石机。这么大的弓弩，人是根本拉不动的，他用上了杠杆原理。只要将弩上转轴的摇柄用力扳动，使与摇柄相连的牛筋又拉紧许多根由牛筋组成的粗弓弦，拉到最紧处，再猛地一放，弓弦就能带动载石装置，把石头高高地抛出城外，落到1000多米远的地方。杠杆原理并不只是简单使用一根直棍撬东西，比如水井上的辘轳，它的支点是辘轳的轴心，重臂是辘轳的半径，它的力臂是摇柄，摇柄要比辘轳的半径长，这样打起水来就很省力。阿基米德的发石机就是用的这个原理。

就在马赛拉斯刚败回大本营不久，海军统帅克劳狄乌斯也派人送来了战报。原来，当陆军从西北攻城时，罗马海军从东南海上也发动了攻势。罗马海军原来并不厉害，后来发明了一种接舷钩装在船上，遇到敌舰后就可以钩住对方，军士跃上敌舰，变海战为陆战。克劳狄乌斯为对付叙拉古还特意将舰包上了铁甲，准备了云梯，号令士兵，只许前进，不许后退。奇怪的是，那天叙拉古的城头分外安静，墙垛后面不见一卒一兵，只是远远望见直立着几副木头架子。当罗马战船开到城下，士兵们举起云梯正在往墙上搭的时候，突然那些木架上垂下一条条铁链，链头上有铁钩、铁爪，钩住了罗马海军的战船，任水兵们怎样使劲划桨，那船也不能挪动一步，他们用刀砍，用火烧，大铁链分毫不动。正当船上一片惊慌时，只见木架上的木轮又“嘎嘎”地转动起来，接着铁链越拉越紧，船渐渐被吊离了水面，随着船身的倾斜，士兵们纷纷被抛进了海里，桅杆也被折断。船身被吊到半空以后，大木架还会左右转动，于是那一艘艘战舰就像荡秋千一样在空中荡悠，然后被摔到城墙上，摔到礁石上，成了一堆碎木片；有的被吊过城墙，成了叙拉古人的战利品。这时叙拉古城头还是静悄悄的，没有人拉弓射箭，也没有人摇旗呐喊，只有那怪物似的木架，伸下一个个大钩抓走了战船。罗马人看着“嘎嘎”作响的怪物，吓得腿软手抖，海上一片哭喊声和落水后的呼救声。克劳狄乌斯在战报中说：“我们看不见敌人，就像在和一只木桶打仗。”阿基米德的这件“怪物”用的也是杠杆原理，只是又加了滑轮。

杠杆是一种使做功更加容易的装置，是一种被广泛使用的简易机械。跷跷板、剪刀、指甲钳、煤钳、钢琴、停车计时器、钳子和手推车都使用了杠杆原理。杠杆原理告诉人们，动力臂大于阻力臂就是省力杠杆，反之则是费力杠杆。

经过对工厂的实地参观调查，我们发现杠杆原理在工业中无所不在。从大型吊车，到各类机床，都隐含着杠杆原理。在机械运动中，杠杆原理大多运用于连动结构。因为它有省力的优点，所以多以滑轮、驱动杠杆等形式出现。可以说，哪里有运动，哪里就有杠杆。

一切推理都必须从观察与实验得来。

——伽利略

第3章

齿轮的出现

齿轮是轮缘上有齿，并能连续啮合传递运动和动力的机械零件。齿轮的种类很多，如图3-1所示，为齿轮及常见的几种类型。

● 齿轮传动。齿轮通过与其他齿状机械零件（如另一个齿轮、齿条、蜗杆）传动，也就是齿轮轮齿相互扣住，齿轮会带动另一个齿轮转动，来传递动力。将两个齿轮分开，也可以应用链条（图3-2）、履带、皮带来带动两边的齿轮，而传递动力。两个齿轮互相啮合时，其转动的方向相反，如图3-3所示。

齿轮传动是应用最广泛的一种机械传动，可实现改变转速和转矩、改变运动方向和改变运动形式等功能，具有传动效率高、传动比准确、功率范围大等

圆柱直齿轮

斜齿轮

圆锥齿轮

蜗轮

图3-1　齿轮

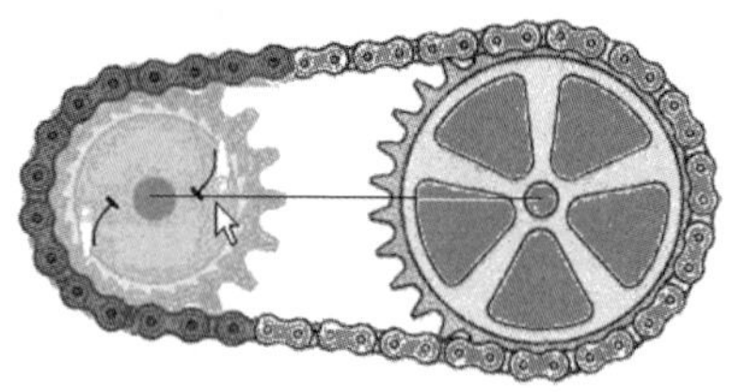

图3-2　链传动图

图3-3　齿轮传动

优点。

齿轮传动的用途很广，是各种机械设备中的重要零部件，如汽车、机床、航空、轮船、农业机械、建筑机械等，日常生活中都要使用各种齿轮传动。图3–4为常用的3种齿轮传动，图3–5为齿轮齿条传动，图3–6为蜗轮蜗杆传动。

● 齿轮传动在我们生活中的应用举例。在我们的日常生活中，齿轮传动的例子很多，比如机械手表、闹钟走时机构、电风扇的摇头机构、空调的摆风机构、自行车的链传动和变速机构、洗衣机的变速机构、汽车的变速机构、机床的变速机

（a）圆柱齿轮传动

（b）圆锥齿轮传动

（c）斜齿轮传动

图3–4　齿轮传动

图3–5　齿轮齿条传动

图3–6　蜗轮蜗杆传动

构、减速器等，都用到了齿轮传动。

● 机械表中的齿轮传动。当你打开机械表的后盖时，你就能看到齿轮是怎样进行啮合传动的。图3-7是机械表走针的传动系统，分针与时针、秒针与分针的传动比均为60，都是通过二级齿轮传动实现的。从秒针到时针，传动比达到3600，只用四级齿轮传动就实现了，结构很紧凑。钟表走时传动路线图为：秒轮2轴→过轮1→分轮3→分轮3轴→过轮5→过轮5轴→时轮4，通过这样四级齿轮传动，传动比高达3600。这个例子说明机械表的多级齿轮传动可获得大的传动比。

● 电风扇的摇头机构。图3-8为风扇摇头机构的原理模型。它把电动机的转动转变成扇叶的摆动。红色的曲柄与蜗轮固接，蓝色杆为机架，绿色的连架杆与蜗杆（电机轴）固接。电动机带动扇叶转动，蜗杆驱动蜗轮旋转，蜗轮带动曲柄作平面运动，从而完成风扇的摇头（摆动）运动。它使用蜗轮蜗杆传动，目的是降低扇叶的摆动速度、模拟自然风。

● 搅拌机的传动机构。图3-9为行星搅拌机传动机构。行星搅拌机的传动机构由减速电动机、主动中心轮（内齿轮）、行星齿轮、固定中心轮、内外啮合行星轮系、连接器、刀片等零部件组成。

行星齿轮搅拌机工作原理：多功能搅拌机集打蛋、碎肉、蔬菜切片等功能

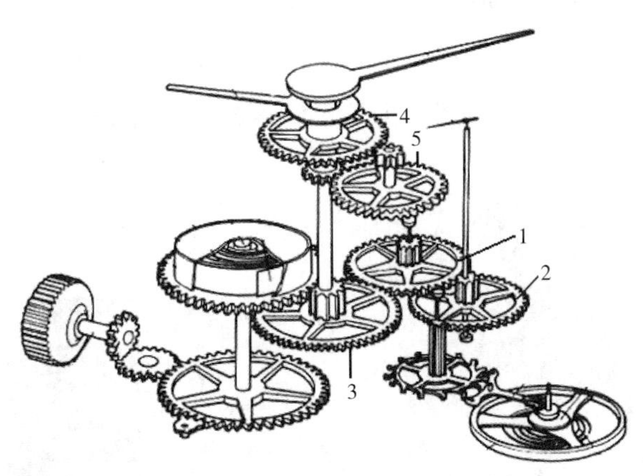

图3-7 机械表中的多级齿轮传动

1—三轮（过轮）；2—四轮（秒轮）；3—二轮（分轮）；4—时轮；5—过轮

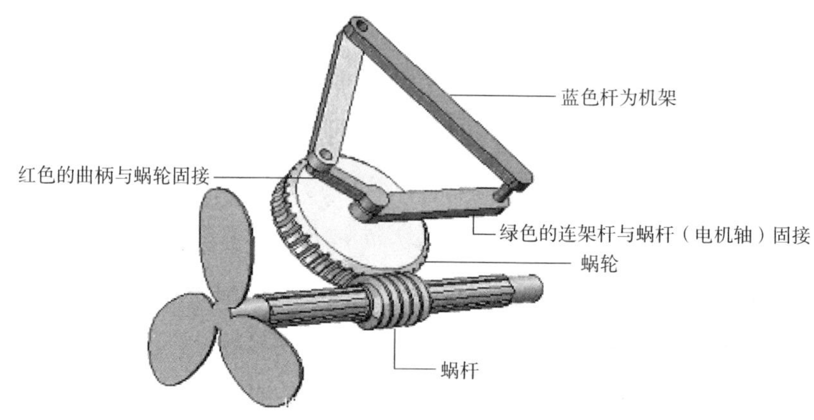

图3-8　电风扇摇头机构

为一体，其传动装置用来传递原动力机的动力，变换其运动方式，以实现搅拌机预定的工作要求，是搅拌机的主要组成部分。传动装置采用了行星齿轮传动，由电动机直接带动中心轮输出第一转速，用于搅拌。经过行星齿轮系传动，转臂通过连接器输出第二转速，用于碎肉，实现碎肉功能。这种传动机构，结构简单紧凑、传动可靠、工艺合理。

● 螺旋千斤顶。图3-10中自降螺旋千斤顶的螺纹无自锁作用，装有制动器棘轮组。放松制动器，重物即可自行快速下降，缩短返程时间，但这种千斤顶构造较为复杂。螺旋千斤顶能长期支持重物，最大起重量可达100吨，应用较广泛。这种机械千斤顶是手动起重工具之一，其结构紧凑，合理地利用摇杆的摆动，使小齿轮转动，经一对圆锥齿轮运转，带动螺杆旋转，推动升降套筒，从

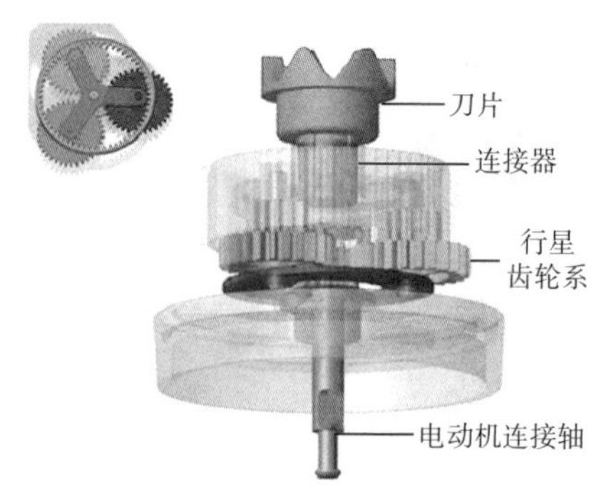

图3-9　行星搅拌机传动机构

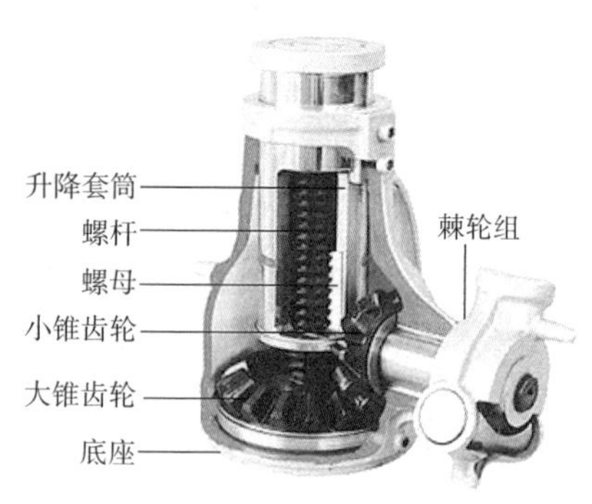

图3-10　螺旋千斤顶

而使重物上升或下降（圆锥齿轮可以改变力矩的方向，即可以把横向运动转为竖直运动）。

● 实现变速传动。当主动轴的转速不变时，利用轮系可以使从动轴获得多种工作转速，这种传动称为变速传动。汽车、机床、起重机等许多机械都需要变速机构，如图3-11所示为变速传动。

● 汽车中的齿轮变速器机构。齿轮变速器也叫定轴式变速器，它由一个外壳、轴线固定的几根轴和若干个齿轮组成，可实现变速、变矩和改变旋转方向。

换挡原理：①传动比变化，即挡位改变；②当动力不能传到输出轴，这就是空挡。

变向原理：①相啮合的一对齿轮旋向相反，每经一转动副，其轴转向改变一次；②经两对齿轮传动，其输入轴与输出轴转向一致；③如果再加一个倒挡轴，变成三对轴传递动力，则输入轴与输出轴的转向相反，如图3-12所示。

● 齿轮传动在车床中的应用。图3-13为CA6140型普通车床主轴传动系统图，主运动传动链的功能是把动力源（电动机）的运动经V带传给主轴，使主轴带动工件实现回转，并使主轴获得变速和换向。主轴的运动是经过齿轮副传给轴的，改变齿轮的传动，从而改变主轴的转速。要想计算出主轴的转速，那么必须得知道齿轮的齿数。

● 实现换向机构。车床走刀丝杠的三星轮换向机构，在主动轴转向不变的条件下，可改变从动轴的转向，图3-14为三星轮换向机构。

● 实现分路传动。某航空发动机附件传动系统，它可把发动机主动轴运动

（a）　　（b）

图3-11　变速传动

分解成六路传出，带动附件同时工作。利用轮系可以使一根主动轴带动若干根从动轴同时转动，获得所需的各种转速。图3–15为齿轮分路传动。

● 实现合成运动或分解运动。合成运动是将两个输入运动合成为一个输出运动；分解运动是将一个输入运动分解为两个输出运动。合成运动和分解运动可用传动轮系实现。图3–16为圆锥齿轮的差动轮系，图3–17为汽车后桥上的差速器。

● 汽车后桥上的差速器实现运动的分解运动。差速器能使左右车轮以不同或相同的转速进行纯滚动，进而实现转向或直线行驶，把这种特性称为差速特性。主减速器传来的转矩平分给两半轴，使两侧车轮驱动力尽量相等，其称为转矩特性。

图3–18（a）中，汽车直线行驶时，红色（小齿轮）和褐色（侧齿轮）的齿轮之间保持相对静止。差速器外壳、左右轮轴同步转动，差速器内部行星齿轮只随差速器旋转，没有自转。

图3–18（b）中，汽车转弯行驶时，红色和褐色齿轮保持相对转动，使左右轮可以实现不同转速行驶。由于汽车左右驱动轮受力情况发生变化，反馈在左右半轴上，进而破坏行星齿轮原来的力平衡，这时行星齿轮开始旋转，使弯内侧轮转速减小，弯外侧轮转速增大，行星齿轮重新达到平衡状态。

● 减速器中的齿轮传动机构。减速器是一种动力传递机构，其原理是利用

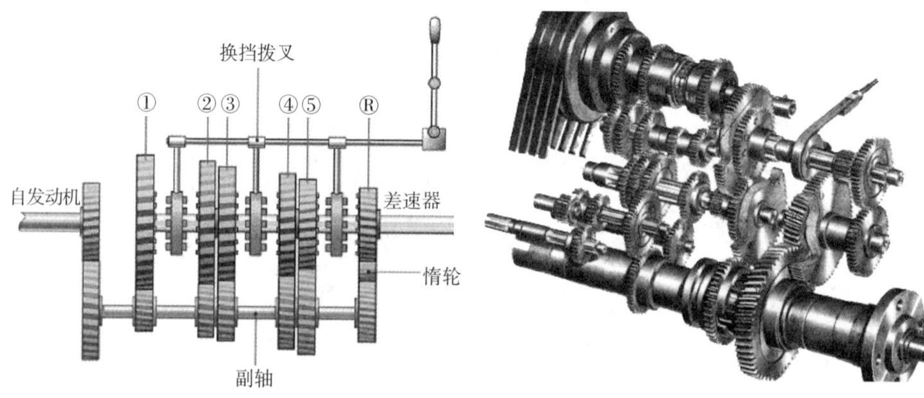

图3–12　齿轮变速器　　图3–13　CA6140型普通车床主轴传动系统图

图3-14　三星轮换向机构

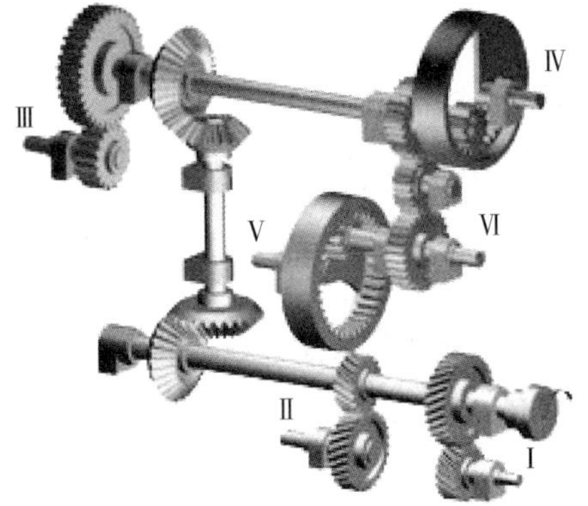

图3-15　齿轮分路传动

图3-16　圆锥齿轮的差动轮系

图3-17　汽车后桥上的差速器

齿轮的速度转换器，将电动机的回转数减速到所需要的回转数，并得到较大转矩。减速器传动轴上的齿数少的小齿轮啮合输出轴上的大齿轮以达到减速的目的。普通的减速器也会有几对相同原理的齿轮啮合来达到理想的减速效果，大小齿轮的齿数之比，就是传动比。一级圆柱齿轮减速器如图3-19所示。

行星齿轮减速器顾名思义就是行星围绕恒星转动，因此行星齿轮减速器就是行星轮围绕一个太阳轮旋转的减速器，其中一种形式的行星齿轮减速器，如图3-20所示。

以上举的例子是我们非常熟悉的，齿轮传动应用如此之广，例子举不胜举，无论是在天上翱翔的飞机，在广阔的大地上行驶的各种汽车，在浩瀚的大海中行驶的轮船，还是在我们的生活中使用的机器都离不开齿轮，齿轮的用途真是太大了，那么齿轮是谁发明的呢？

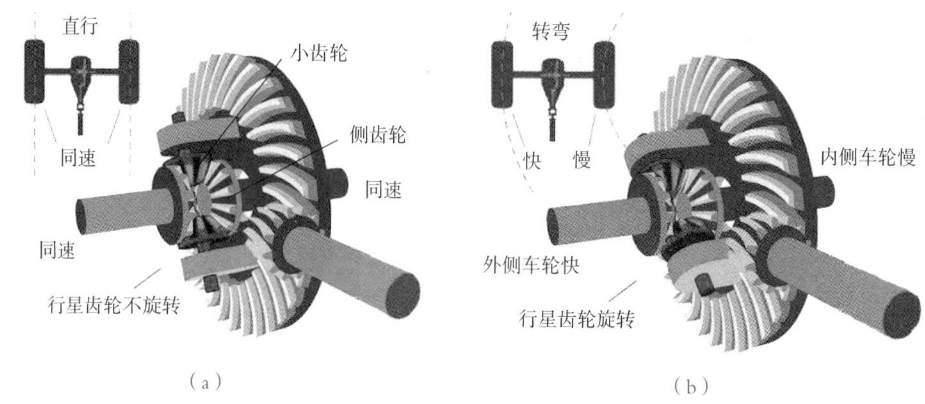

图3-18　差速器的工作原理

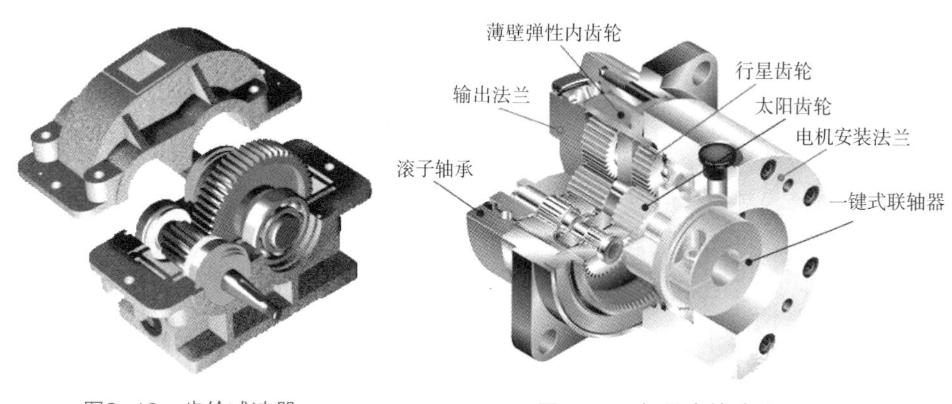

图3-19　齿轮减速器

图3-20　行星齿轮减速器

● 齿轮的发明者。齿轮的发明者现已无确切信息，据说在古希腊时代就有了很多设想，古希腊著名学者亚里士多德和阿基米德都研究过齿轮。古希腊有名的发明家古蒂西比奥斯在圆板工作台边缘上均匀地插上销子，使它与销轮啮合，他把这种机构应用到刻漏上，这大约是公元前150年的事。在公元前100年，亚历山大的发明家赫伦发明了里程计，在里程计中也使用了齿轮。公元前1世纪，罗马的建筑家维特鲁维亚斯制作的水车式制粉机也使用了齿轮传动装置，这是具体记载的最早的动力传递用齿轮。到14世纪，开始在钟表上使用齿轮。15世纪的大艺术家达·芬奇发明的许多机械，也使用了齿轮。但那个时期的齿轮与销轮一样，齿与齿之间不能很好地啮合。最后，只能加大齿与齿之间的空隙，而过大的间隙必然会产生松弛。

人类对齿轮的使用源远流长，据大量的出土文物和史书记载，我国是世界上应用齿轮最早的国家之一。1956年，在河北武安午汲古城遗址中，发现了直径约80mm的铁齿轮，经研究确定为战国末期到西汉（公元前3世纪~公元24年）间的制品；1954年，在山西永济县蘖家崖出土的器物中，有直径为25mm、40齿的青铜棘齿轮，经研究确定为秦代至西汉初年（公元前221年~公元24年）间的遗物；1957年，陕西长安县红庆村出土了一对直径为24mm、齿数都为24的青铜人字齿轮，据分析系东汉初年（公元1世纪）遗物。东汉南阳太守杜诗发明冶铸鼓风用的"水排"，如图3-21所示，其原理是在激流中置一木轮，然后通过轮轴、拉杆等机械传动装置把圆周运动变成直线往复运动，以此达到起闭风扇鼓风的目的，其中应用了齿轮和连杆机构。东汉时，张衡（公元78~139年）制作的水运浑象仪用精铜铸成，主体是一个球体模型，代表天球，球体可以绕天轴转动，水运浑象仪原理如图3-22所示。公元220~230年三国时出现的记里鼓车，如图3-23所示，已有一套减速齿轮系统。马钧（公元235年）所制成的指南车，如图3-24、图3-25所示，除有齿轮传动外，还有离合装置，说明齿轮系已发展到一定的程度。指南车的发明，标志着我国古代对齿轮系统的应用在当时世界上居于遥遥领先的

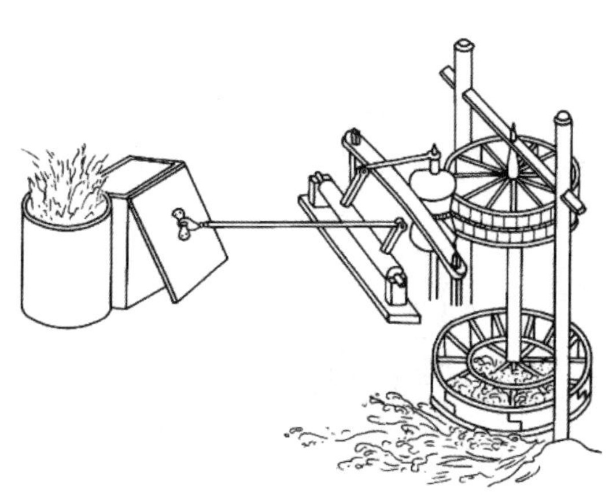

图3-21 东汉的水排

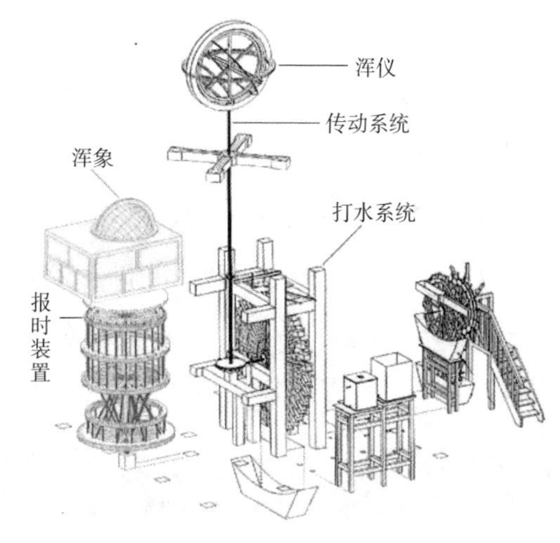

图3-22 水运浑象仪原理

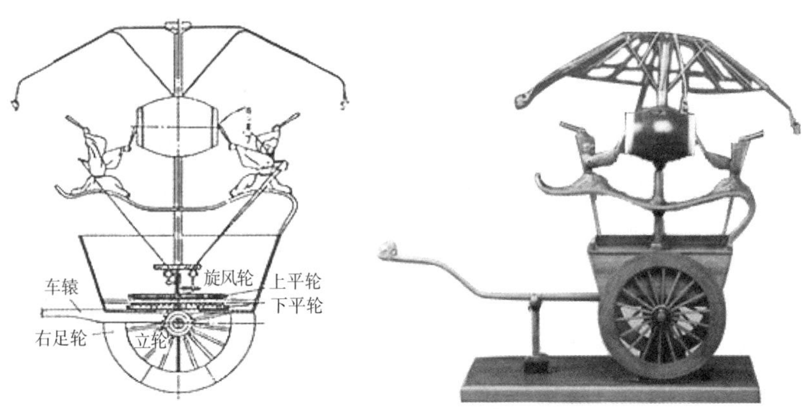

图3-23　记里鼓车

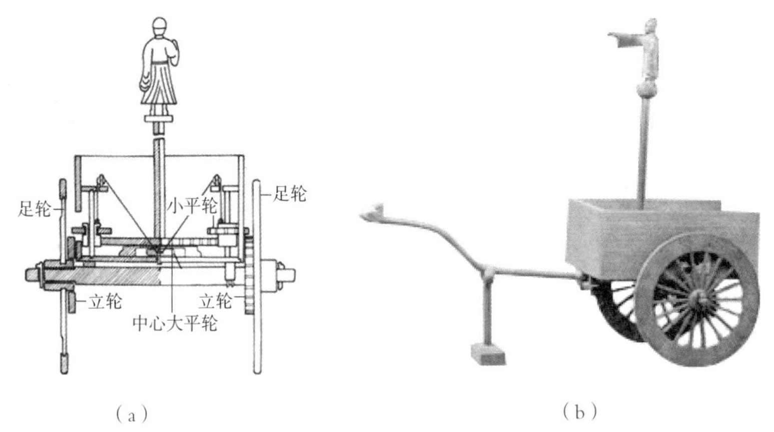

（a）　（b）

图3-24　指南车

地位，实际上，它是现代车辆上离合器的先驱。（公元265~420年）晋代的杜预发明水轮驱动的水转连磨，其中应用了齿轮系的原理，如图3-26所示。

史书中关于齿轮传动的最早记载，是《新唐书·天文志》中僧一行、梁令瓒在唐开元13年（公元725年）制造的水运浑仪的描述。《新仪象法要》详细记载了苏颂、韩公廉等人于北宋元祐3年（公元1088年）制造的水运仪象台，该台规模巨大，已有了一套比较复杂的齿轮传动系统，如图3-27所示。

北宋元祐元年（公元1086年），朝廷批准了苏颂制造水运仪象台的报告，他向朝廷推荐精通数学运算和天文学的韩公廉等人共同研制。北宋元祐三年（公元1088年）5月，苏颂制成了全部仪器的小木样。

图3-25　指南车齿轮传动系统

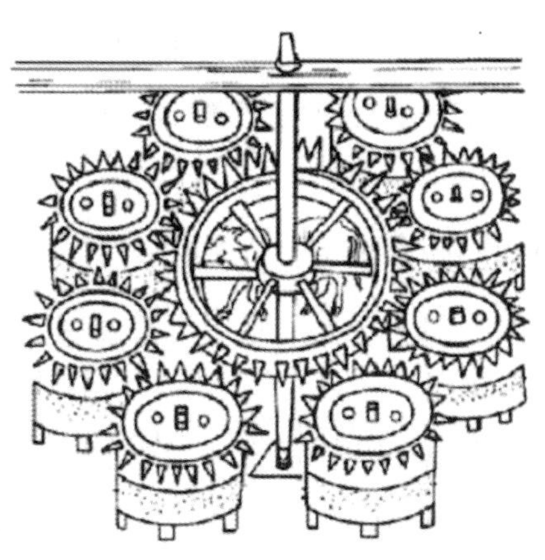

图3-26　水转连磨

● 科学引领齿轮技术高速发展。蒸汽机的出现掀开了工业革命的伟大篇章，人类从未如此深刻地感觉到人力的渺小。机械动力的巨大力量让我们感到震惊。动力的问题解决之后，机械机构的设计日新月异，齿轮也不例外。齿轮机构实际上是一种传递动力机构，基本的用途在于改变运动的速度和方向。相对于其他动力机构，齿轮传输的功率更大，安全性更高，使用寿命更长，因此齿轮在工业中得到广泛的应用。

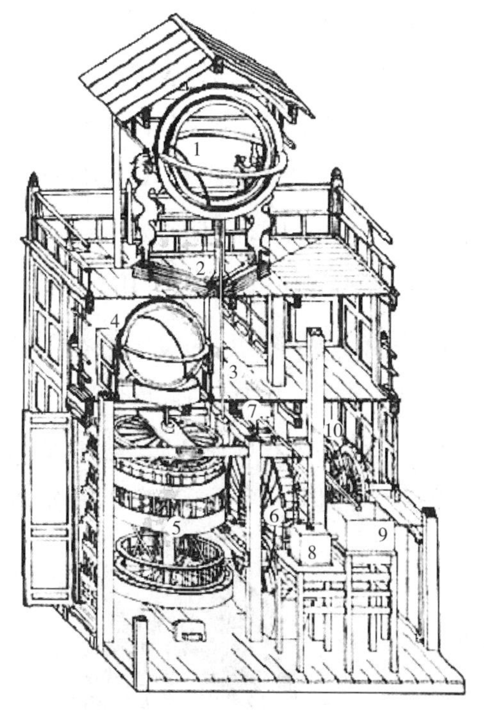

图3-27　水运仪象台结构

1—浑仪；2—圭表；3—天柱；4—地柜；5—昼夜机轮；6—枢轮；7—天锁；8—平水壶；9—天池；10—河车

早期齿轮并没有齿形和齿距的规格要求，因此连续转动的主动轮往往不能使从动轮连续转动。为了使齿轮啮合得更精确，数学家们也参加了齿轮的研究工作，希望通过计算的方法得到齿轮的形状。

● 摆线齿轮的出现。17世纪以前的齿轮，运转是不等速的。1674年，丹麦天文学家罗默提出用外摆线齿形能使齿轮等速运动的观点；1694年，法国学者海尔在巴黎科学院作了“摆线轮”的演讲，提出“外摆线齿形的齿轮与点齿轮或针齿轮啮合时是等角速度运动”的观点；1733年法国数学家卡米对钟表齿轮的齿形进行了研究，提出了著名的“啮合基本理论定理”即“Camus定理”；1832年英国里德认为“某一给定齿数的齿轮，当它与不同齿数的齿轮啮合时，其齿形应是各不相同的”，首次提出了互换性问题。19世纪中叶，英国威利斯提出节圆外侧和内侧分别采用外摆线和内摆线的复合摆线齿形，摆线滚动圆与齿数无关，这种齿形不管齿数多少都能正确啮合，是具有互换性的。不久，市面上出售根据摆线齿形设计的成形铣刀，从而使摆线齿轮普及全世界。时至今日，虽然渐开线齿轮占大多数，但摆线仍用作摆线针轮行星减速器中齿轮和罗茨轮等的齿形曲线，而钟表中的齿轮仍然是复合摆线齿形。

摆线齿轮（图3-28）是齿廓为各种摆线或其等距曲线的圆柱齿轮的统称。

摆线齿轮的齿数很少，常用在仪器仪表中，较少用作动力传动，其派生型——摆线针轮传动（图3-29）则应用较多。

● 渐开线齿轮的出现。用渐开线作为齿轮齿廓曲线，最早是法国学者海尔于1694年在一次以“摆线论”为题的演讲中提出来的。1767年，瑞士数学家欧拉在不知道海尔和卡米的研究成果的情况下，独自对齿廓进行了解析研究，他认为把渐开线作为齿轮的齿廓曲线是合适的，故欧拉是渐开线齿廓的真正开拓者。后来萨瓦里进一步完善了这一理论解析方法，成为现在研究齿廓时广泛采用的

图3-28　摆线齿轮传动

图3-29　摆线针轮行星减速器元件

Euler-Savary方程式。1837年，英国威利斯指出，当中心距变化时，渐开线齿轮具有角速比不变的优点，威利斯创造了制造渐开线齿轮的简单方法。后来渐开线齿轮的优越性逐渐为人们所认识，最后，在生产中，渐开线齿轮逐步取代了摆线齿轮，应用日趋广泛。

1900年，普福特首创了万能滚齿机，用范成法切制齿轮占据压倒性优势，渐开线齿轮在全世界逐渐占统治地位。

在齿轮的工作过程中，两齿轮的啮合点随时间变化也在变化，在这个变化中转动距离发生了变化，如果采用圆的曲线（不是渐开线，圆弧的），就会出现瞬时转动速度的变化，产生速度的脉动性（瞬时速度不等）。而在任何时候采用渐开线齿轮，齿轮速度是匀速的，没有脉动性。

现代使用的齿轮中，渐开线齿轮占绝大多数，而摆线齿轮和圆弧齿轮应用较少。渐开线齿轮种类很多，图3-30为圆柱齿轮传动和锥齿轮传动。

渐开线是一个数学概念，其定义为：将一个圆轴固定在一个平面上，轴上缠线，拉紧一个线头，让该线绕圆轴运动且始终与圆轴相切，那么线上的一个定点在该平面上的轨迹就是渐开线。齿轮的齿形由渐开线和过渡线组成时，该齿轮就是渐开线齿轮。

渐开线齿轮的特点：方向不变，若齿轮传递的力矩恒定，则轮齿之间、轴与轴承之间压力的大小和方向均不变。

圆弧齿轮是一种以圆弧作为齿形的斜齿（或人字齿）轮，如图3-31、图3-32所示。对单圆弧齿轮，通常小齿轮作成凸齿，大齿轮作成凹齿。为加工方便，

（a）圆柱齿轮传动　（b）锥齿轮传动

图3-30　渐开线齿轮传动

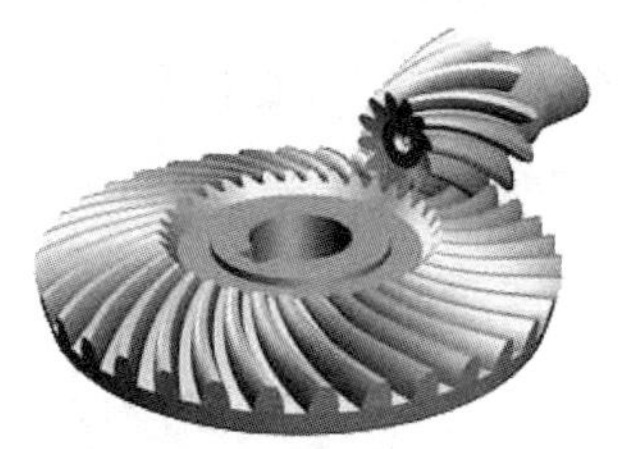

图3-31　斜齿圆弧齿轮传动

一般法面齿形作成圆弧，两端面齿形只是近似的圆弧。

齿廓为圆弧形的点啮合齿轮传动，通常有两种啮合形式：一是小齿轮为凸圆弧齿廓，大齿轮为凹圆弧齿廓，称单圆弧齿轮传动。二是大、小齿轮在各自的节圆以外部分都做成凸圆弧齿廓，在节圆以内的部分都做成凹圆弧齿廓，称为双圆弧齿轮传动。

在中国，单圆弧齿轮传动用于高速重载的汽轮机、压缩机和低速重载的轧钢机等设备上；双圆弧齿轮传动用于大型轧钢机的主传动上。

图3-32 人字形圆弧齿轮传动

● 多种齿形并存。整个20世纪，渐开线齿轮在机械传动装置中占据统治地位。1907年，英国人弗兰克·哈姆·菲利斯最早发表了圆弧齿形。20世纪50年代，出现了点啮合的圆弧齿轮，主要适用于高速重载场合。摆线齿轮除在钟表方面继续采用外，在摆线针轮行星减速器方面也取得了新的进展。为了满足工业发展的要求，目前又出现了阿基米德螺旋线齿轮、抛物线齿轮、准双曲面齿轮、椭圆齿轮、综合曲线齿轮、无名曲线齿轮等，而渐开线齿轮本身亦在不断地改进（如变位、修缘、修形等）。所有这些齿形，为了适应各种不同的要求，亦在不断地改进，而新的齿形亦在不断地产生。各种齿形并存，并相互渗透，有朝一日，有可能会出现一种能适应各种不同要求、吸取各种齿形优点的新型齿形。

人类在几千年的生产劳作过程中积累了丰富的经验，发明了齿轮，大大提升了生产力。古代所使用的原始齿轮装置中所见的齿轮，都是木工手工制造的，齿形和齿距都未考虑。到了中世纪，随着水利、风力、畜力的利用，出现了传递力相当大的齿轮。18世纪以前，虽没有理论上的正确齿形，但已能考虑齿距，凭经验制造出能正确传递旋转运动的齿轮。到了18世纪，随着以蒸汽机的发明为标志的工业革命的到来，科学引领使齿轮技术得到了高速发展。

第4章

地动仪的发明

图4–1　张衡像

张衡（图4–1）公元78年出生于河南南阳郡西鄂县石桥镇一个没落的官僚家庭，祖父张堪是地方官吏，曾任蜀郡太守和渔阳太守。张衡幼年时，家境衰落，有时要靠亲友的接济。正是这种贫困的生活使他能够接触到社会底层的劳动群众和一些生产、生活实际，从而给他后来的科学创造事业带来了积极的影响。他是我国东汉时期伟大的天文学家、数学家、发明家、地理学家、制图学家、诗人，为我国天文学、机械技术、地震学的发展作出了不可磨灭的贡献；在数学、地理、绘画和文学等方面，张衡也表现出了非凡的才能和广博的学识。

● 张衡发明了“地动仪”。东汉时期，京城洛阳及附近地区经常发生地震。据史书记载，从公元89~140年的50多年内，这些地区发生地震33次。其中，公元119年发生的两次大地震，波及范围达10多个县，造成大批房屋倒塌，大量人畜伤亡，当时人们对地震都十分恐惧。皇帝以为这是得罪了上天，因此增加人民赋税，用来举行祈祷活动。当时有一位科学家叫张衡，对天文、历法、数学都有很深的研究。张衡不相信关于地震的迷信宣传，他认为地震应该是一种自然现象，只是人们对它的认识太少了，鉴于这种情况，他加紧了对地震的研究。

张衡细心观察和记录每一次地震现象，用科学的方法分析了发生地震的原因。经过多年的反复试验，公元132年，张衡制造出了中国乃至世界上第一个能检测地震的仪器，取名“地动仪”（图4-2）。

这架“地动仪”是用青铜铸造成的，形状像一个圆圆的大酒坛，直径近1m，中心有一根粗的铜柱子，外围有八根细的铜杆子，四周浇铸着八条龙，八条龙龙头分别连着里面的八根铜杆子，龙头微微向上，对着东、南、西、北、东北、东南、西北、西南八个方向。每条龙的嘴里含着一个小铜球，每个龙头的下面蹲着一只铜蛤蟆，它们都抬着头，张大嘴巴，随时都可以接住龙嘴里吐出来的小铜球。蛤蟆和龙头的样子非常有趣，好像在互相戏耍。人们就用“蛤蟆戏龙”来形容“地动仪”的外貌。按照张衡的设计，如果哪个方向发生了地震，“地动仪”的铜杆就会朝哪个方向倾斜，然后带动龙头，使那个方向的龙嘴张开，小铜球就会从龙嘴里吐出来，掉到蛤蟆嘴里，发出“当”的一声，向人们报告那个方向发生了地震，以便官府做好抢救和善后工作。

公元133年，洛阳发生地震后，张衡的“地动仪”准确地测到了。此后四年里，洛阳地区又先后发生三次地震，张衡的“地动仪”都测到了，没有一次失误。公元138年2月的一天，张衡等人发现，向着西方的那条龙嘴里的小铜球，

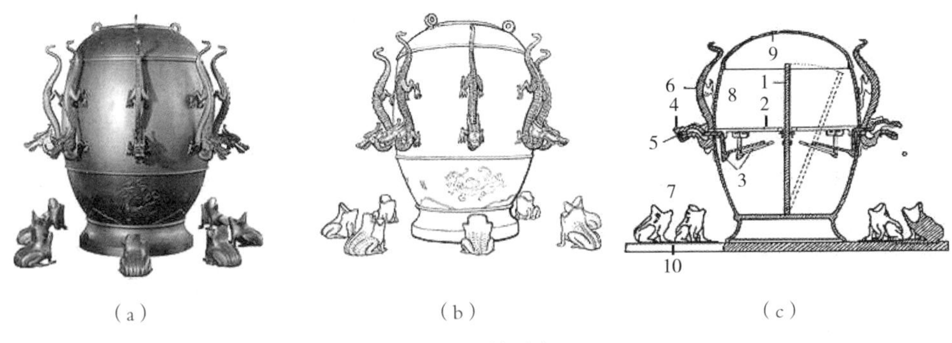

图4-2　地动仪

1—都柱；2—八道；3—牙机；4—龙首；5—铜丸；6—龙体；7—蟾蜍；8—仪体；9—仪盖；10—地盘

掉进了下面蛤蟆的嘴里，但人们却丝毫没有感觉到地动，于是一些本来就对“地动仪”持怀疑态度的学者就说“地动仪”不准，只能测到洛阳附近的地震。过了三四天，洛阳西部（现甘肃地区）来的使者报告那里发生了地震。这时候人们才真正相信张衡的“地动仪”不是“蛤蟆戏龙”，而是真正有用的科学仪器。从此以后，中国开始了用仪器远距离检测和记录地震的历史。

● 张衡创制了世界上第一架能比较准确地表演天象的漏水转浑天仪。我国古代天文学家张衡提出了“浑天说”这种宇宙学说，认为“天之包地，犹壳之裹黄”，在一些人的想象中，地球就像一个蛋黄。古人只能在肉眼观察的基础上加以丰富的想象，来构想天体的构造。“浑天说”最初认为：地球不是孤零零地悬在空中，而是浮在水上。后来又有了发展，认为地球浮在气中，因此有可能回旋浮动，这就是“地有四游”的朴素地动说。“浑天说”认为全天恒星都分布于一个“天球”上，而日月五星则附于“天球”上运行，这与现代天文学的天球概念十分接近。

浑象（图4–3）是一种表现天体运动的演示仪器，类似现代的天球仪，是一种可绕轴转动并刻画有星宿、赤道、黄道、恒隐圈、恒显圈等的圆球，浑象主要用于象征天球的运动，表演天象的变化。浑象最初是由中国天文学家耿寿昌发明于公元前2世纪中叶的西汉时期。东汉时张衡的水运浑象对后世浑象的制造产生了很大的影响，宋朝的水运仪象台达到历史上浑象发展的最高峰。中国现

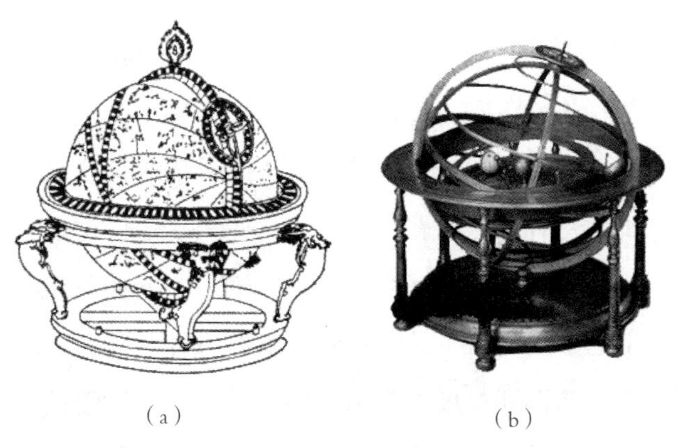

（a）　　（b）

图4–3　浑象

存最早的浑天仪制造于明朝，陈列在南京紫金山天文台。

浑象的组成结构：它的基本形状是一个圆球，象征天球，圆球上布满星辰，画有南北极、黄赤道、恒显圈、恒隐圈、二十八宿、银河等，另有转动轴以供旋转，还有象征地平的圈（在圆球之外）或框，或有象征地体的块（在圆球之内）。

浑象的工作原理：由于圆球的转动带动星辰也在转，在地平以上的部分就是可见到的天象。它把太阳、月亮、二十八宿等天体以及赤道和黄道都绘制在一个圆球面上，使人不受时间限制，随时了解当时的天象。白天可以看到当时在天空中看不到的星星和月亮，而且位置也不差。阴天和夜晚也能看到太阳所在的位置。用它能表演太阳、月亮以及其他星象东升和西落的时刻、方位，还能形象地说明夏天白天长、冬天黑夜长的道理等。

图4–4　制造浑天仪

有关浑象的最早记载为东汉时张衡的《浑天仪图注》。张衡在前人制造浑象的基础上也制作了一架水运浑天仪（又叫“漏水转浑天仪”）（图4–4），实际上它就是一个浑象。

水运浑天仪用精铜铸成，主体是一个球体模型，代表天球，球体可以绕天轴转动。天球的周长为1丈4尺6寸1分，相当于4分为1度，周天共365.25度，它的表面画有二十八宿和各种恒星，还有赤道圈、黄道圈及二十四节气，北极周围有恒显圈，南极附近有恒隐圈等。天球外面有两个圆环，一个是地平圈，一个是子午圈。天轴支架在子午圈上，和地平斜交成36°，就是说北极高出地平36°，这是洛阳地区的北极仰角，也是洛阳地区的地理纬度。天球半露于地平圈之上，半隐于地平圈之下（见图4–5）。这些设计与浑天说理论是完全一致的。张衡又利用当时已得到发展的机械方面的技术，巧妙地把计量时间用的漏壶与浑象联系起来，即以漏水为原动力，并利用漏壶的等时性，通过齿轮系的

传动，使浑象每日均匀地绕轴旋转一周。这样，浑象就能自动地、近似正确地把天象演示出来，并使浑象上的天象出没与实际天象相吻合，几乎可达到一致的程度。水运浑天仪是世界上有明确记载的第一台用水力发动的天文仪器。通过它的演示，形象地表达了“浑天说”思想，从而使“浑天说”宇宙论得以传播和推广，并得到了社会的广泛认可。

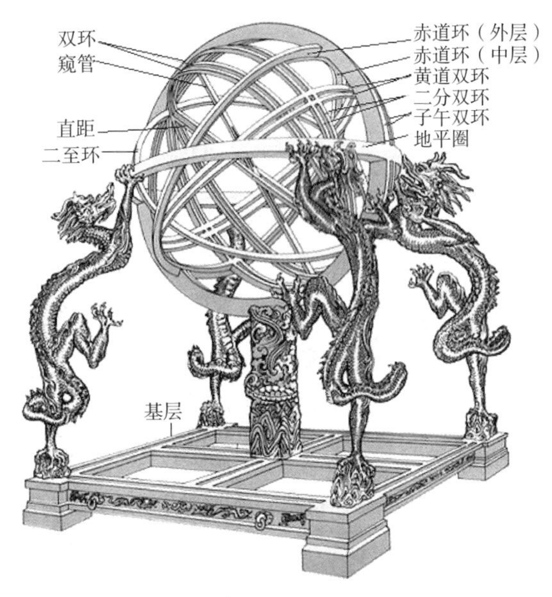

图4-5　浑天仪

张衡能取得这些成就和他小时候的立志追求是分不开的。张衡从小就爱想问题，对周围的事物总要寻根问底，弄个水落石出。在一个夏天的晚上，张衡和爷爷、奶奶在院子里乘凉，他坐在一张竹床上，仰着头，呆呆地看着天空，还不时举手指指划划，认真地数星星。

张衡对爷爷说：“我数的时间久了，看见有的星星位置移动了，原来在天空东边的，偏到西边去了，有的星星出现了，有的星星又不见了，它们是在跑动吗?”

爷爷说道：“星星确实是会移动的，你要认识星星，先要看北斗星，你看那边比较明亮的七颗星，连在一起就像一把勺子，很容易找到。”

“噢！我找到了！”小张衡兴奋地又问道，“那么，它是怎样移动的呢?”

爷爷想了想说:“大约到半夜，它就移到上面，到天快亮的时候，北斗星就翻了一个身，倒挂在天空。”

那天晚上，张衡一直睡不着，好几次爬起来看北斗星。当他看到那排成勺子样的北斗星果然倒挂着，他非常高兴，心想：这北斗星为什么会这样转来转去，是什么原因呢？天一亮，他便赶去问爷爷，谁知爷爷也讲不清楚。于是，他带着这个问题，读天文书去了。

后来，张衡长大了，皇帝得知他文才出众，把张衡召到京城洛阳担任太史令，主要任务是掌管天文历法的事情。为了探明自然界的奥秘，年轻的张衡常常一个人关在书房里读书、研究，还常常站在天文台上观察日月星辰。他创立了“浑天说”，并根据“浑天说”的理论制造了浑天仪。

张衡从一个对着天空数星星的孩子，成长为历史上著名的科学家，他大胆地追求自己的目标，不为其他世俗的名利束缚，兴趣为师、潜心科学，终成一代大科学家。人们常说兴趣是最好的老师，一旦有了感兴趣的目标，一定不要轻易放弃，而是要集中精力勇于追求，不断克服奋进过程中的艰难险阻，一步步地攀登，最终会向目标不断靠近。这就是追求的魅力，这就是追求的动力，这就是追求的教益。

我的人生哲学是工作，我要解释大自然的奥妙，为人类造福。

——爱迪生

第5章

中国古代机械发明家——马钧

图5-1　中国古代机械发明家——马钧

马钧（图5-1），陕西兴平人，生活在三国时期，是中国古代科技史上最负盛名的机械发明家之一，他的不少发明创造对当时生产力的发展起了相当大的作用。因为他在机械传动方面有很深的造诣，所以当时人们对他的评价很高，称他为“天下之名巧”。

马钧年幼时家境贫寒，自己又有口吃的毛病，虽然不善言谈却精于巧思，同时注重实践，勤于动手，后来在魏国担任给事中的官职。魏明帝时，他研究并制造出指南车，改进了诸葛亮的连弩，改进了攻城用的发石车。他制造的“水转百戏”以水为动力，以机械木轮为传动装置，使木偶可以自动表演，构思十分巧妙。马钧又改造了织绫机，使工效提高了四五倍。马钧还改良了用于农业灌溉的工具——龙骨水车，对科学发展和技术进步作出了贡献。

● 新式织绫机。绫是一种表面光洁的提花丝织品。中国是世界上生产丝织品最早的国家，可那时生产效率还很低，为了提高生产效率，中国劳动人民在生产实践中逐步发明了简单的织绫机。这种织绫机有120个蹑（踏具），人们用脚踏蹑管理它，织一匹花绫得用两个月左右的时间。后来，这种织绫机虽经多次简化，可到三国时，仍然是50根经线的织绫机50蹑，60根经线的织绫机60蹑，非常笨拙。马钧看到工人在这种织绫机上操作，累得满身流汗，生产效率还很低，就下决心改良这种织绫机，以减轻工人的劳动强度。于是，他深入到生产过程中，对旧式织绫机进行了认真研究，重新设计了一种新式织绫机。新织绫机简化了踏具，改造了开口运动机件。当时的织绫机的主要缺点是提起经线的踏板太多，如用50根经线织绫，机上的踏板就有50块，用60根经线织绫，机上的踏板就有60块，这样，每穿织一根经线，得依次踩动50块踏板或60块踏板，一天织下来，两腿又酸又疼，织成一匹绫，要花很多时间。马钧综合控制着经线的分组、上下开合，以便梭子来回穿织，并且马钧统统将其改成12块大踏板。经过这样一改进，新织绫机不仅更精致、更简单适用，而且生产效率也比原来提高了四五倍，织出的提花绫锦，花纹图案奇特，花型变化多端，受到了广大丝织工人的欢迎。新织绫机的诞生，是马钧一生中最早的贡献，它大大加快了中国古代丝织工业的发展速度，并为中国家庭手工业织布机的发展奠定了基础，见图5-2所示。

● 马钧成功地制造了指南车。指南车（如图5-3）是古代一种指示方向的车辆，也作为帝王的仪仗车辆。我们的祖先很早就创造了指南车。据中国古代传说，4000多年前，黄帝和蚩尤作战，蚩尤为使自己的军队不被打败，便作雾

图5-2　新织绫机

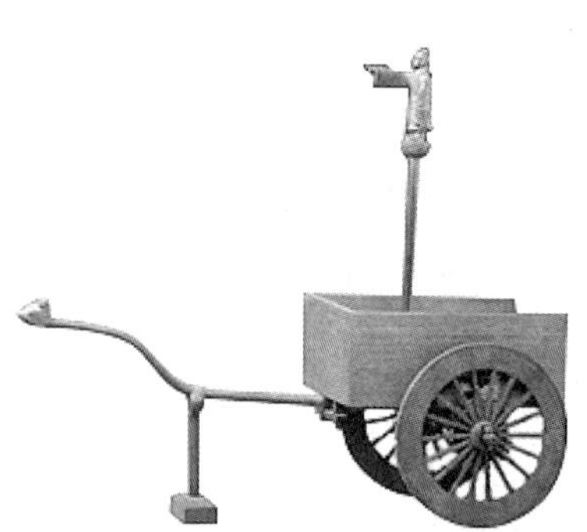

图5-3　古代指南车

气，使黄帝的军队迷失了方向。后来，黄帝制造了指南车，靠指南车辨别了方向，终于打败了蚩尤。又传说3000年前，远方的越裳氏（在今越南）派使臣到周朝，迷失了回去的路线，周公遂制造指南车相赠，以作为指向工具。这些故事，虽然是传说，特别是蚩尤作雾，更是一种神话，但是中国指南车的发明，实在是极为久远的事情。东汉时期，伟大的科学家张衡就曾利用纯机械的结构，创造了指南车，可惜张衡造指南车的方法已经失传了。最早的确切记载是在三国时期，有历史典籍显示三国时马钧是第一个成功制造指南车的人。

到三国时期，人们只从传说上了解到指南车，但谁也没见过指南车是什么模样。当时，在魏国作给事中的马钧对传说中的指南车极有兴趣，于是下定决心要把它重造出来。然而，一些思想保守的人知道马钧的决心后，都持怀疑态度，不相信马钧能造出指南车。有一天，在魏明帝面前，一些官员就指南车和马钧展开了激烈的争论。散骑常侍高堂隆说："古代据说有指南车，但文献不足，不足为凭，只不过随便说说罢了。"将军秦朗也随声附和道："古代传说不大可信，孔夫子对三代以上的事，也是不大相信的，恐怕不能有什么指南车。"马钧说："愚见以为，指南车以往很可能是有过的，问题在于后人对它没有认真钻研，就原理方面看，造指南车并不是什么很了不起的事。"高堂隆听后轻视地冷冷一笑，秦朗则更是摇头不已，他嘲讽马钧说："先生你名钧，字德衡，钧是器具的模型，衡能决定物品的轻重，如果轻重都没有一定的标准，就可以作模型吗?"马钧道："空口争论，又有何用? 咱们试制一下，自有分晓。"随后，他们一起去见魏明帝（曹睿），明帝遂令马钧制造指南车。马钧在没有资料、没有模型的情况下，苦钻苦研，反复实验，没过多久，终于运用差动齿轮的构造原理，制成了指南车。事实胜于雄辩，马钧用实际成就胜利地结束了这一场争论。马钧制成的指南车，在战火纷飞、硝烟弥漫的战场上，不管战车如何翻动，车上木人的手指始终指南，赢得了满朝大臣的敬佩。从此，"天下服其巧也"。这件事充分表现了马钧肯刻苦钻研，敢想、敢说、敢做的精神。

指南车外形是在一辆车上立一木人，木人的一只手臂平伸向前，只要开始行车的时候木人的手臂指南，此后无论车子怎样改变方向，木人的手臂始终指向南方。人们很容易将指南车与指南针相混淆，其实二者虽然都有“指南”二字，但科学原理却完全不同。指南针是利用了磁铁或磁石在地球磁场中的南北指极性而制成的指向仪器，指南车的原理是车上装有一套差动齿轮装置，当车辆左右转弯时，车上可以自动离合的齿轮传动装置就带动木人向车辆转弯相反的方向转动，使木人的手臂始终保持指南。指南车上这种利用差动齿轮装置来指示方向的机械，在今日仍有现实意义。

图5–4、图5–5为指南车结构图，在使用时先对木人进行调整，使木人的手臂指向正南。车轮转动，带动附于其上的垂直齿轮（称附轮或附足立子轮），该附轮又使与其啮合的小平轮转动，小平轮带动中心大平轮。指南木人的立轴就装在大平轮中心。若马拖着辕直走，则左右两个小平轮都悬空，车轮小齿轮和车中大平轮不发生啮合传动，因此木人不转，当然也不会改变指向。

若车子向右拐弯，则车辕的前端则必向左，而其后端则必偏右。车辕的这

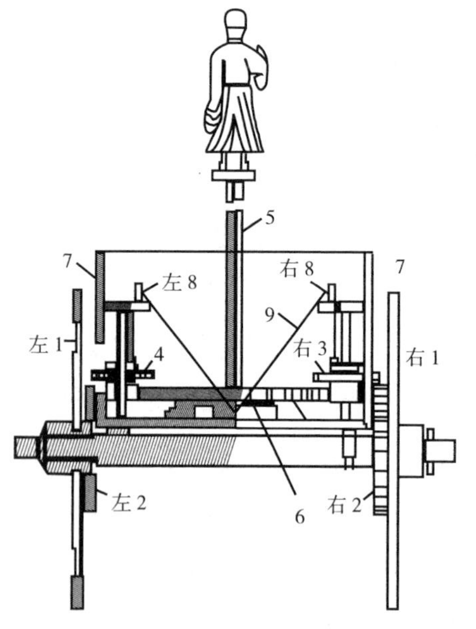

指南车后视图

1—足轮；2—立轮；3—小平轮；4—中心大平轮；
5—贯心立轴；6—车辕；7—车厢；8—滑轮；9—拉索

（a）

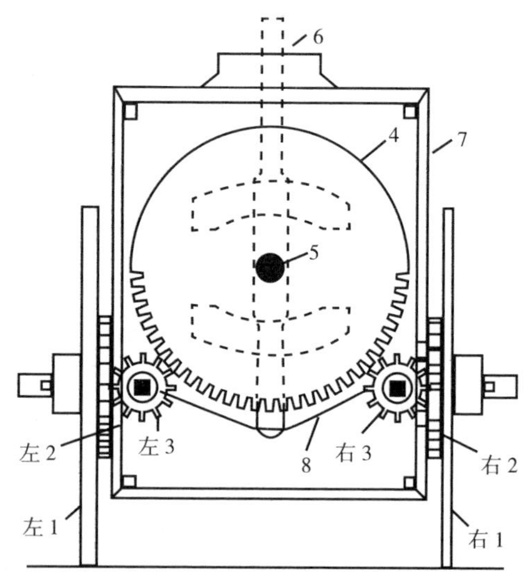

指南车俯视图

1—足轮；2—立轮；3—小平轮；4—中心大平轮；
5—贯心立轴；6—车辕；7—车厢；8—拉索

（b）

图5–4　指南车的结构图

种变化，会使系在车辕上的吊悬两小平轮的绳子发生相应的松紧，从而把左边的小平轮向上拉，但仍使它悬空；而右边的小平轮则借铁坠子及其本身的重量往下落，从而造成了车轮小齿轮和大平轮的啮合传动。若车子向左转90°，则在转弯时，左轮不动，右轮要转半周。与右轮相连的小齿轮也就转半周（即转过12个齿），经过小平轮传动到大平轮，则大平轮将以相反的方向转动90°，这样木人在和车一起左转90° 的同时，又由于齿轮的啮合传动右转了90°，其结果等于没有转动，所以它的指向仍然不变。车子向左拐弯的情况或其他运动情况的结果可以类推。总之，无论车子怎么转动，木人总能保持它的指向不变。

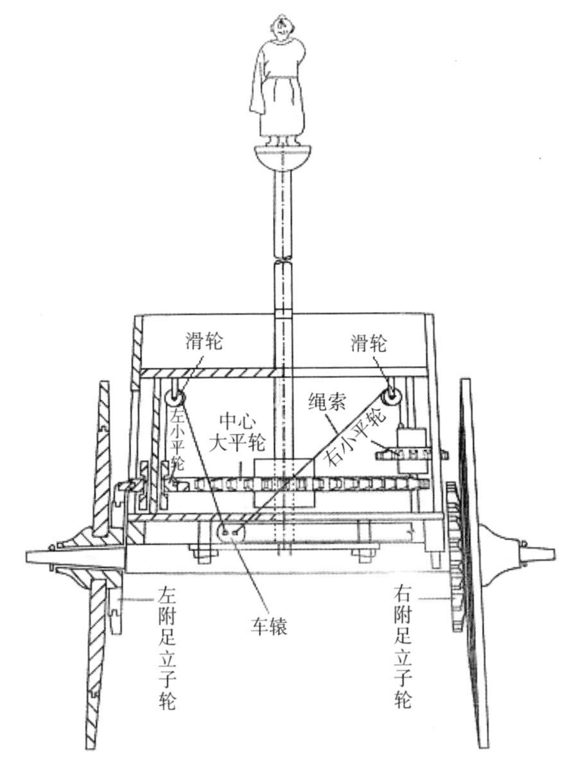

图5-5 指南车的结构图

古代指南车采用了差动齿轮装置，指南车在行驶间车身如果转90°，右边的车轮便带动小齿轮再牵动大平轮向相反的方向转90°，在各轮相互配合下，使木人一直指向一个方向，它采用了差动齿轮轮系机构。指南车是人类历史上第一架有共协稳定的机械，当驾车人与车辆成一整体看待时，它就是第一部摹控机械，如图5-6所示。

● 马钧创制了龙骨水车。在以前，中国许多地区都广泛使用着一种龙骨水车，也叫翻车，如图5-7所示。它应用齿轮的原理使其汲水，很好使用。中国应用水车有着悠久的历史，据《后汉书·张让传》记载，东汉中平三年（公元186年），毕岚曾制造翻车，用于取河水洒路。马钧在京城洛阳任职时，城内有地，

图5-6 指南车齿轮结构

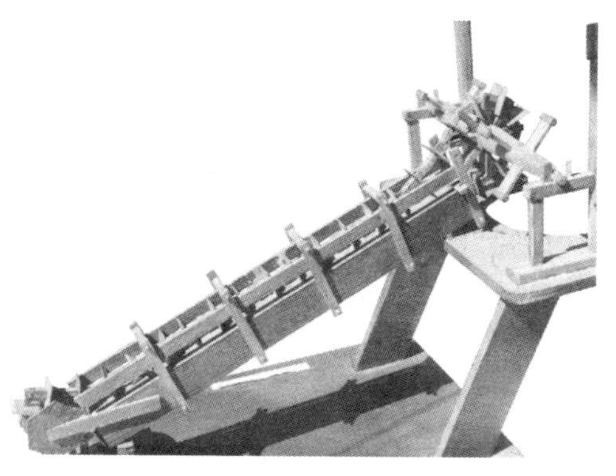

图5-7 龙骨水车

可开辟为菜园。为了能灌溉，他制造了翻车（即龙骨水车）。清代麟庆所著的《河工器具图说》记载了翻车的构造：车身用三块板拼成矩形长槽，槽两端各架一链轮，以龙骨叶板作链条，穿过长槽；车身斜置在水边，下链轮和长槽的一部分浸入水中，在岸上的链轮为主动轮；主动轮的轴较长，两端各带四根拐木；人靠在架上，踏动拐木，驱动上链轮，叶板沿槽刮水上升，到槽端将水排出，再沿长槽上方返回水中。如此循环，连续把水送到岸上。马钧所制造的翻车，轻快省力，可让儿童运转，“其巧百倍于常”，即比当时其他提水工具强好多，因此受到社会上的欢迎，被广泛应用，见图5-8所示。

● 巧妙的“水转百戏”。马钧在传动机械方面的造诣是很深的，成绩也是极其卓著的。“水转百戏”的研制成功足以说明这一点。一次，有人进献给魏明帝一种木偶百戏，造型相当精美，可那些木偶只能摆在那里，不能动作，明帝对此觉得很遗憾。明帝问马钧：“你能使这些木偶活动吗?”马钧肯定地回答道：“能!”明帝遂命马钧加以改造。没过多久，马钧则成功地创造了“水转百戏”。他用木头制成原动轮，以水力推动，使其旋转，并通过传动机构，使上层所有陈设的木偶都动起来了，有的击

图5-8 翻车

鼓、有的吹箫、有的跳舞、有的耍剑、有的骑马、有的在绳上倒立，还有百官行署，真是变化无穷，并且这些木偶出入自由，动作极其复杂，巧妙程度是原来的木偶百戏所无法比拟的。“水转百戏”在中国古代木偶艺术中应该说是非常卓越的创造。它虽然是供封建统治者玩乐的东西，但从另一方面看，马钧已能熟练掌握和巧妙利用水利和机械方面传动的原理。

科学是永无止境的，它是一个永恒之谜。

——爱因斯坦

第6章

珍妮纺纱机

● 什么是纺纱机？纺纱机是把许多植物纤维捻在一起纺成线或纱，这些线或纱可用来织成布。最早的纺纱机非常简单，是14世纪开始使用的。18世纪以后，人们发明了更好的纺纱机，就是这种纺纱机使纺织业成为第一大工业。

18世纪中期，英国商品越来越多地销往海外，手工工场的生产供应不足。为了提高产量，人们想方设法改进生产技术。在棉纺织部门，人们先是发明了一种叫飞梭的织布工具，大大加快了织布的速度，也刺激了对棉纱的需求。18世纪60年代，织布工哈格里夫斯发明了叫“珍妮机”的手摇纺纱机（图6–1）。“珍妮机”一次可以纺出许多根棉线，极大地提高了生产率。珍妮机的出现是英国工业革命开始的标志。珍妮机的出现，使大规模的织布厂得以建立。珍妮机比旧式纺车的纺纱能力提高了8倍，但仍然要用人力操作。

图6–1 英国的哈格里夫斯发明竖式、多锭、手工操作的珍妮纺纱机

● 英国的哈格里夫斯发明珍妮纺纱机。影响世界历史进程的英国工业革命，是被一个男子“一脚踢出来”的，这是一个真实的故事。

图6–2 詹姆斯·哈格里夫斯

事情要从1764年的一天说起。英国兰开夏郡有个纺织工——詹姆斯·哈格里夫斯（图6–2），他既能织布，又会做木工。妻子珍妮是一个善良勤劳的纺织能手，她起早贪黑，一天忙到晚，可纺的纱总是不多。哈格里夫斯每次看到妻子既紧张又劳累的样子，总想把那老掉牙的纺车改进一下。

一天晚上，他回家，开门后不小心一脚踢翻了妻子正在使用的纺纱机，当时他的第一反应就是赶快把纺纱机扶正，但是当他弯下腰的时候，突然愣住了，他看到那被踢倒的纺纱机还在转，只是原先横着的纱锭现在变成直立的了。他猛然想到：如果把几个纱锭都竖着排列，用一个纺轮带动，不就可以一下子纺出更多的纱了吗？哈格里夫斯非常兴奋，马上试着干，第二年他就造出用一个纺轮带动八个竖直纱锭的新纺纱机，功效提高了8倍。1764年，哈格里夫斯制成以他妻子珍妮命名的纺纱机，这是最早的多锭手工纺纱机，装有8个锭子，适用于棉、毛、麻纤维纺纱。珍妮纺纱机的出现引起当时人数众多的手工纺纱者的恐慌。

一天夜晚，哈格里夫斯夫妇晚餐后正在谈论“珍妮机”给他俩带来的日渐富裕的生活，突然一阵杂乱的脚步声出现在他们家门口，然后，门被粗暴地撞开，一群怒气冲冲的人冲进来。他们不由分说，将房里制作好的“珍妮机”通通捣毁，并称“你制作的害人机器见鬼去吧。”有人甚至还放火，点燃了哈格里夫斯的房屋，夫妇俩被赶出了兰开郡的小镇。

原来，英国工业革命发生后，大量失去土地的农民涌入城市，为工场主打工谋生。当时印度作为英国的殖民地，印度生产的棉花物美价廉，热销一时，引发了英国本土棉纺业的繁荣。虽然机械工人凯伊发明了飞梭技术，生产率大大提高，但是，织布需要的棉纱，却还是依靠众多家庭手工业的纺车慢慢纺出来的，所以棉纱供不应求，收购价格较高。珍妮纺纱机的发明使棉纱产量上升，于是，织布厂收购棉纱的价格下跌。那些没有使用珍妮纺纱机的纺纱工人不但产量低，而且棉纱又卖不出好价钱。日子久了，他们的怒气爆发，才发生了捣毁机器的那一幕。

哈格里夫斯夫妇不得不流落诺丁汉街头，但他俩还是努力改进珍妮纺纱机，如图6-3所示。若要了解珍妮纺纱机的工作原理，首先我们要了解一下纺纱的过程。锭子就是把筒形的套子间隙装在锭杆上，锭杆就是一根细杆上端带个钩子。锭杆装配在小转轮上，手摇大转轮通过绳套带动小转轮。纺纱时手拈一小段棉纱钩住锭杆上的钩子，然后扯一段棉条与棉纱接住，捻在手中，这样这段绵条就被锭杆钩与手固定了，这在纺纱上叫两端握持。手摇大转轮带动小转轮上的锭杆转动就叫加捻。边加捻边用手拉伸纱线，完成后停转或小小地倒转一个大转轮，纱线就从钩子脱离出来，再转动大转轮，减小手中的拉伸力，棉纱就卷绕到筒形的锭子上了。珍妮纺纱机实际上就是将一个锭子变成了*N*个锭子。

手摇的大转轮通过绳套连接带有小转轮的转轴，转轴上装有*N*个用绳套连接锭杆的从动轮，锭杆上同样装有锭子。粗纱穿过小走车的压板，钩住锭杆。小走车是一个能在滑道上前后移动的车子，上面装有上下两块压块，拉起后能通过粗纱，放下后能压住棉纱。

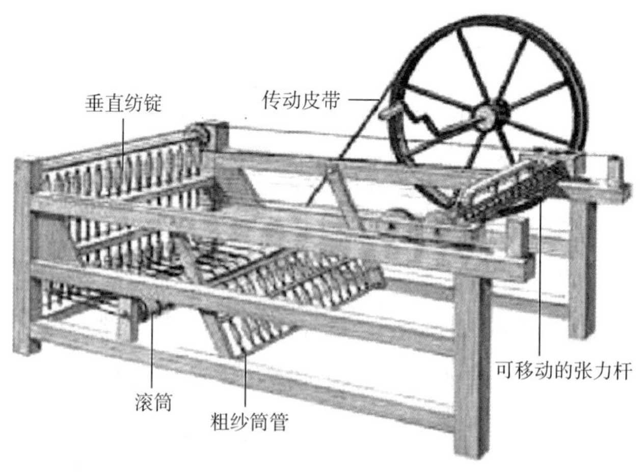

图6-3　改良后珍妮纺纱机

纱线被锭杆钩住后就被握持住了，小走车上的压板也握持了纱线，纺纱时转动大转轮，带动转轴，转轴通过绳套转动锭杆，这就是纱线的加捻过程。将小车向前推就是一个拉伸过程。完成后，小小倒转一下大转轮再顺转，使纱线从锭杆钩上脱下。放下锭子压板使锭子与锭杆同轴转动，将纱线卷绕到锭子上，整个过程就完成了。拉起走车上的压板使粗纱进一小段料。重复上面的过程就能将粗纱纺成细纱，这就是珍妮纺纱机的纺纱原理。

1768年，哈格里夫斯获得了专利；到了1784年，珍妮纺纱机已增加到八十个纱锭，四年后，英国已有两万台珍妮纺纱机了。

工业革命不断地催生出新的发明。1769年，理查德·阿克莱特发明了卷轴纺纱机。它以水力为动力，不必用人操作，而且纺出的纱坚韧而结实，解决了生产纯棉布的技术问题。但是水力纺纱机体积很大，必须搭建高大的厂房，又必须建在河流旁边，并由大量工人集中操作。在1771年，理查德·阿克莱特成立了有300名工人的工厂，十年后工人增加到600名。纺织业就这样逐渐从手工作坊过渡到大工业工厂，到1800年，英国已有300家这样的工厂。但这种机器纺出的纱太粗，还需要改进。

童工出身的塞缪尔·克隆普顿于1779年发明了走锭精纺机。它结合了珍妮纺纱机和水力纺纱机的特色，又称“骡机”。这种机器纺出的棉纱柔软、精细又结实，很快得到应用。到1800年，英国已有600家“骡机”纺纱厂。

英国纺纱业的大发展，反倒使织布业显得落后了。1785年，牧师卡特·赖特发明水力织布机，使织布工效提高了40倍。到1800年，英国棉纺业基本实现了机械化。

纺纱机、织布机由水力驱动，因此工厂必须建造在河边，而且受河流水量的季节差影响，造成生产不稳定，这就促使人们研制新的动力驱动机械。1785年，瓦特的改良蒸汽机开始用作纺织机械的动力，并很快推广开来，引发了第一次技术和工业革命的高潮，人类从此进入了机器和蒸汽时代。到1830年，英国整个棉纺工业已基本完成了从手工业到以蒸汽机为动力的机器大工业的转变。

蒸汽机作为动力，从纺织业开始后，又逐渐被广泛应用于采矿、冶金、磨面、制造和交通运输等各行各业。1807年，美国人富尔顿发明了蒸汽船；1814年，英国人斯蒂芬森发明了火车。当进入19世纪40年代，英国的主要产业均采用了机器，完成了工业近代化，成为世界上第一个工业化的资本主义国家。

就这样，从手工业过渡到机器大工业的工业革命，是先从英国的纺织业开始的。继而，工业革命的先进技术又被美国、法国、德国、俄国等欧美列强广泛吸收和采用，大大提高了劳动生产力，又促进了商业和运输业的发展，加速了城市化的进程，极大地改变了人类的生活。珍妮纺纱机被恩格斯称为使英国工人的状况发生根本变化的第一个发明。

科学的灵感，绝不是坐等可以等来的。如果说，科学上发现有什么偶然的机遇的话，那么这种“偶然的机遇”只能给那些学有素养的人，给那些善于独立思考的人，给那些具有锲而不舍的精神的人，而不是懒汉。

——华罗庚

第7章

瓦特和他的蒸汽机

● 蒸汽机的简介。蒸汽机是将蒸汽的能量转换为机械能的往复式动力机器，蒸汽机的出现引起了18世纪的工业革命。到20世纪初，它仍然是世界上最重要的原动机，后来才逐渐让位于内燃机和汽轮机等。蒸汽机需要一个使水沸腾产生高压蒸汽的锅炉，这个锅炉可以使用木头、煤、石油或天然气甚至垃圾作为燃料，然后由锅炉产生的蒸汽膨胀推动活塞做功。

● 蒸汽机的工作原理。蒸汽机的原理是将燃料的热能转化为机械能。通过锅炉将燃料燃烧后产生的热能变成高温、高压的蒸汽，然后蒸汽进入蒸汽机的汽缸，并推动活塞左右移动，再通过曲柄连杆机构将活塞左右移动的直线运动转变成曲轴的圆周运动。

图7–1中，蒸汽机燃烧燃料加热锅炉中的水，产生蒸汽推动活塞往复运动，经连杆和曲轴转换成旋转的运动，在飞轮回转一圈时，活塞做一次往返运动，而往与返都是动力冲程（都受蒸汽的推动）。在图7–1中，有一个可左右滑动的滑动阀，首先蒸汽由左方A口进入汽缸左端，推动活塞向右移动，接着滑动阀向左移动封住A口，蒸汽转由右方B口进入汽缸右端，推动活塞向左移动，因此活塞无论前进或后退都是动力冲程。

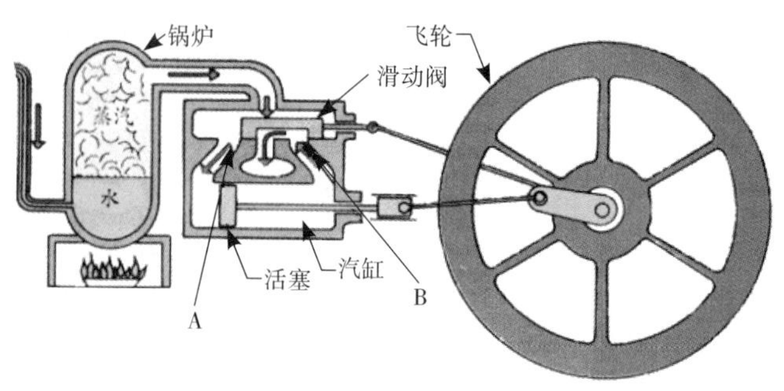

图7-1　蒸汽机的工作原理

● 蒸汽机的发明。蒸汽机的发明使得人类的生活与世界的文明改变了。过去由人们用劳力所做的事情，或由牛马、水车、风车等来转动的机器，全部由蒸汽机来替代。有了蒸汽机才有了现代的机械文明。

世界上第一台蒸汽机是由古希腊数学家希罗于1世纪发明的汽转球，它是蒸汽机的雏形，如图7-2所示。

17世纪末，英国完成了资产阶级民主革命，工业有了前所未有的发展，由于对燃料的需求量剧增，煤矿开采的规模越来越大，但开采煤矿面临的尖锐问题是，如何解决矿井的积水。为了解决这一问题，很多工程师都在潜心研制可用于生产的非人力抽水机。1698年，英国工程师萨维利在抽水机的原理基础上，发明了把动力装置和排水装置结合在一起的蒸汽泵，制造出了第一台用蒸汽作为动力的抽水机。

图7-2　气转球

萨维利制成的世界上第一台实用的蒸汽提水机（图7-3），在1698年取得标名为“矿工之友”的英国专利。它是将一个蛋形容器先充满蒸汽，然后关闭进气阀，在容器外喷淋冷水，使容器内蒸汽冷凝而形成真空。打开进水阀，矿井底的水受大气压力作用经进水管吸入容器中；关闭进水阀，重开进气阀，靠蒸汽压力将

容器中的水经排水阀压出。待容器中的水被排空而充满蒸汽时，关闭进气阀和排水阀，重新喷水使蒸汽冷凝，如此反复循环，用两个蛋形容器交替工作，可连续排水。萨维利蒸汽泵是一种没有活塞的蒸汽提水机，虽然燃料消耗很大，也不太经济，但它是人类历史上第一台实际应用的蒸汽泵。

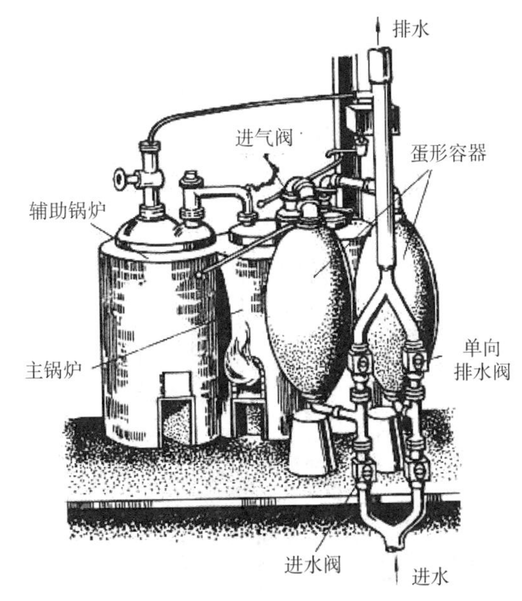

图7-3 萨维利蒸汽泵

● 纽科门的蒸汽机。1705年，英国工程师纽科门综合了萨维利和巴本蒸汽泵的优点，设计并制成了一种更为实用的蒸汽机，称纽科门蒸汽机，并取得了“冷凝进入活塞下部的蒸汽和把活塞与连杆连接以产生运动”的专利，见图7-4所示。

纽科门生于英国达特茅斯的一个工匠家庭。纽科门幼年仅受过初等教育，年轻时在一家工厂当铁工。从1680年起，他和工匠考利合伙做采矿工具的生意，由于纽科门经常出入矿山，因此非常熟悉矿井的排水难题，同时发现萨维利蒸汽泵在技术上还很不完善，便决心对蒸汽机进行革新。

为了研制更好的蒸汽机，纽科门曾向萨维利请教，并专程前往伦敦，拜访著名物理学家胡克，获得了一些必要的科学实验和科学理论知识。

纽科门认为，萨维利蒸汽泵有两大缺点：一是热效率低，原因是蒸汽冷凝是通过向汽缸内注入冷水实现的，从而消耗了大量的热；二是不能称为动力机，基本上还是一个水泵，原因在于汽缸里没有活塞，无法将火力转变为机械力，从而不可能成为带动其他工作机的动力机。对此，纽科门进行了改进。针对热效率问题，纽科门没有把水直接在汽缸中加热汽化，而是把汽缸和锅炉分开，使蒸汽在锅炉中生成后，由管道送入汽缸。这样，一方面由于锅炉的容积

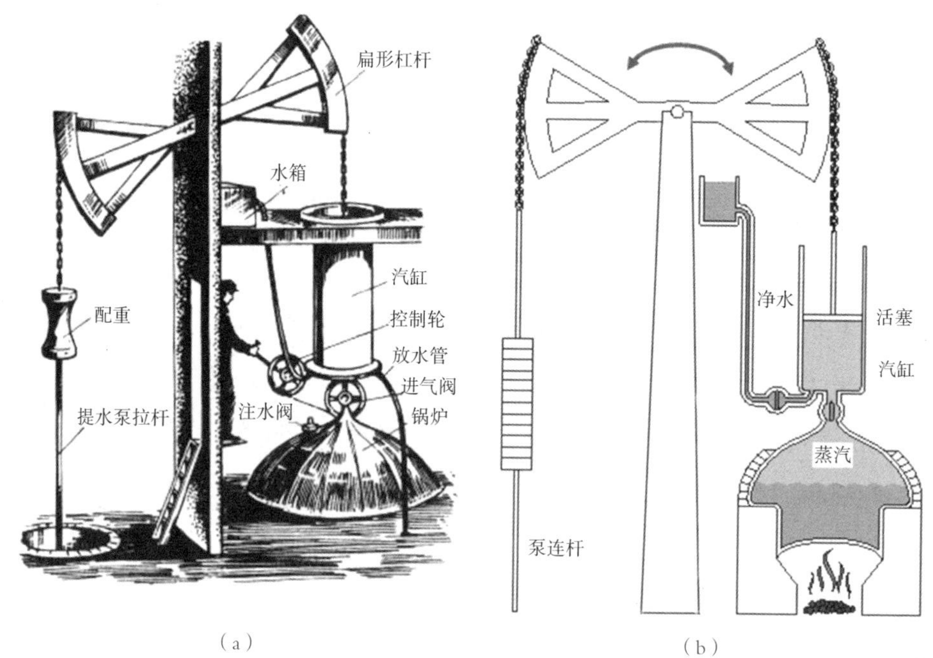

图7-4　纽科门大气式蒸汽机和工作原理

大于汽缸容积，可以输送更多的蒸汽，提高功率；另一方面，由于锅炉和汽缸分开，发动机部分的制造就相对比较容易。针对火力的转换，纽科门吸取了蒸汽泵的优点，引入了活塞装置，使蒸汽压力、大气压力和真空在相互作用下推动活塞做往复式的机械运动。这种机械运动传递出去，蒸汽泵就能成为蒸汽机。

纽科门通过不断地探索，综合了前人的技术成就，吸取了萨维利蒸汽泵快速冷凝的优点，吸取了巴本蒸汽泵中活塞装置的长处，它的蒸汽汽缸和抽水缸是分开的。蒸汽通入汽缸后在内部喷水使它冷凝，造成汽缸内部真空，汽缸外的大气压力推动活塞做功，再通过杠杆、链条等机构带动水泵活塞，如图7-4所示。纽科门蒸汽机实现了用蒸汽推动活塞做一上一下的直线运动，每分钟往返16次，每往返一次可将45.5升水提高到46.6米。该机被用于矿井的排水。

这种机器1715年在德国、1717年在俄国、1725年在法国、1727年在瑞典相继被采用。纽科门的功绩是成功地利用了活塞的动力，他的蒸汽机在实际生产中得到了广泛应用。

纽科门蒸汽机被广泛应用了60多年，在瓦特完善蒸汽机的发明后很长时间还在使用。纽科门蒸汽机是一种实用的蒸汽机，他为后来蒸汽机的发展和完善奠定了基础。

● 瓦特和蒸汽机结下了不解之缘。詹姆斯·瓦特是英国著名的发明家，是工业革命时的重要人物。1776年，他制造出第一台有实用价值的蒸汽机。以后又经过一系列重大改进，使之成为“万能的原动机”，在工业上得到广泛应用。他开辟了人类利用能源新时代，标志着工业革命的开始。后人为了纪念这位伟大的发明家，把功率的单位定为“瓦特”，见图7–5所示。瓦特改进、发明的蒸汽机是对近代科学和生产的巨大贡献，具有划时代的意义，由它引起了第一次工业革命，极大地推进了社会生产力的发展。瓦特的创造精神、超人的才能和不懈的钻研为后人留下了宝贵的精神和物质财富。

图7–5 詹姆斯·瓦特

1736年，瓦特出生在苏格兰格拉斯哥市附近的一个小镇格里诺克，他的父亲是一个经验丰富的木匠，祖父和叔父都是机械工匠。少年时代的瓦特，由于家境贫苦和体弱多病，没有受过完整的正规教育。他曾经就读于格里诺克的文法学校，数学成绩特别优秀，但没有毕业就退学了。在父母的教导下，他一直坚持自学，很早就对物理和数学产生了兴趣。瓦特从6岁开始学习几何学，到15岁时就学完了《物理学原理》等书籍。他常常自己动手修理和制作起重机、滑车和一些航海器械。

1753年，瓦特到格拉斯哥市当学徒工，由于收入过低不能维持生活，第二年他又到伦敦的一家仪表修理厂当学徒工。凭借着自己的勤奋好学，他很快学会了制造那些难度较高的仪器。但是繁重的劳动和艰苦的生活损害了他的健康，一年后，他不得不回家休养。一年的学徒工生活使他饱尝辛酸，也使他练就了精湛的手艺，培养了他坚韧的性格。

1756年，当他的身体稍有好转，瓦特再次踏上了坎坷的道路，他来到格拉斯哥市。他想当一名修造仪器的工人，但是因为他的手艺还没有满师，当时的行会不允许。幸运的是，瓦特的才能引起了格拉斯哥大学教授布莱克的重视，在他的介绍下，瓦特进入格拉斯哥大学当了修理教学仪器的工人。这所学校拥有当时较为完善的仪器设备，这使瓦特在修理仪器时了解了许多先进的技术，开阔了眼界。那时，他对以蒸汽作动力的机械产生了浓厚的兴趣，开始收集有关资料，还为此学会了意大利文和德文。在大学里，他认识了化学家约瑟夫·布莱克和约翰·鲁宾逊等，瓦特从他们那里学到了很多科学理论知识。

1764年，学校请瓦特修理一台纽科门蒸汽机。在修理的过程中，瓦特熟悉了蒸汽机的构造和原理，并且发现了这种蒸汽机的两大缺点：活塞动作不连续而且慢；蒸汽利用率低，浪费原料。为此，瓦特开始思考改进的办法，直到1765年的春天，在一次散步时，瓦特想到，既然纽科门蒸汽机的热效率低是因为蒸汽在缸内冷凝造成的，那么为什么不能让蒸汽在缸外冷凝呢？瓦特产生了采用分离冷凝器的最初设想。

● 瓦特和他的蒸汽机。1765～1790年，瓦特运用科学理论，对蒸汽机进行了一系列改进和发明，比如分离式冷凝器、汽缸外设置绝热层、用油润滑活塞、行星式齿轮、平行运动连杆机构、离心式调速器、节气阀、压力计等，使蒸汽机的效率提高到纽科门蒸汽机的3倍多，最终发明了有现代意义的蒸汽机。蒸汽机为早期蒸汽机车、汽船和工厂提供动力，因此它成为了工业的基础。

一天，瓦特一边喝茶，一边看着那不断移动的壶盖。他看看炉子上的壶，又看看手中的杯子，突然灵感来了，茶水要凉，可以倒在杯子里；蒸汽要冷，何不也把它从汽缸里“倒”出来呢？

在产生这种设想后，瓦特设计了一种带有分离冷凝器的蒸汽机。按照设计，冷凝器与汽缸之间用一个调节阀门相连，使它们既能连通又能分开。这既能把做功后的蒸汽引入汽缸外的冷凝器，又可以使汽缸内产生同样的真空，避免了汽缸在一冷一热过程中的热量消耗。

从理论上说，瓦特的这种带有分离器冷凝器的蒸汽机显然优于纽科门蒸汽机。但是，要把理论上的东西变为实际上的东西，把图纸上的蒸汽机变为实实

在在的蒸汽机，还要走很长的路。瓦特辛辛苦苦造出了几台蒸汽机，但效果却不如纽科门蒸汽机好，由于四处漏气，无法开动。尽管耗资巨大的试验使瓦特债台高筑，但他并没有在困难面前却步，继续进行试验。当布莱克教授知道瓦特的奋斗目标和困难处境时，他把瓦特介绍给了自己一个十分富有的朋友——化工技师罗巴克。当时罗巴克是一个十分富有的企业家，他在苏格兰的卡隆开办了第一座规模较大的炼铁厂。虽然当时罗巴克已近50岁，但他对科学技术的新发明仍然倾注着极大的热情。他对当时只有30多岁的瓦特发明的新装置很是赞许，当即与瓦特签订合同，赞助瓦特进行新式蒸汽机的试制。

从1766年开始，在3年多的时间里，瓦特克服了在材料和工艺等各方面的困难，终于在1769年造出了第一台样机，如图7–6所示。同年，瓦特因发明了冷凝器而获得了他在革新纽科门蒸汽机过程中的第一项专利。第一台带有冷凝器的蒸汽机虽然试制成功了，但它同纽科门蒸汽机相比，除了热效率有显著提高外，在作为动力机来带动其他工作机的性能方面仍未取得实质性的进展。就是说，瓦特的这种蒸汽机还是无法作为真正的动力机使用。

由于瓦特的这种蒸汽机仍不够理想，所以销路并不广。当瓦特继续进行探索时，罗巴克本人已濒于破产，他又把瓦特介绍给了自己的朋友——工程师兼企业家博尔顿，以便瓦特能得到赞助，继续进行他的研制工作。博尔顿对瓦特的创新精神表示赞赏，并愿意赞助瓦特。博尔顿经常参加社会活动，他是当时伯明翰地区著名的科学社团“圆月学社”的主要成员之一。参加这个学社的大多都是本地的一些科学家、工程师、学者以及科学

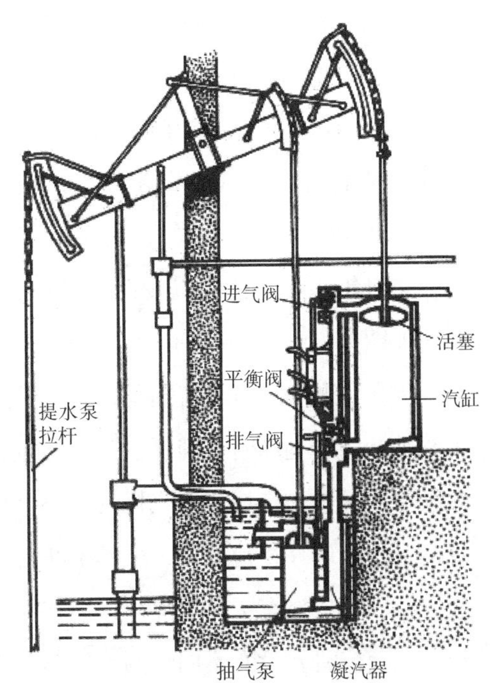

图7–6　1769年瓦特的蒸汽机

爱好者。经博尔顿的介绍，瓦特也加入了圆月学社。在圆月学社活动期间，由于与化学家普利斯特列等的交往，瓦特对当时人们关注的气体化学与热化学有了更多的了解，为他后来参加水的化学成分的争论奠定了基础。更重要的是，圆月学社的活动使瓦特进一步增长了科学知识，活跃了科学思维。

瓦特自从与博尔顿合作之后，在资金、设备、材料等方面得到了大力支持。瓦特又生产了两台带分离冷凝器的蒸汽机，由于没有显著的改进，这两台蒸汽机并没有得到社会的关注。因这两台蒸汽机耗资巨大，博尔顿也濒临破产，但他仍然给瓦特以慷慨的赞助。在他的支持下，瓦特以百折不挠的毅力继续研究。自1769年试制出带有分离冷凝器的蒸汽机样机之后，瓦特就已看出热效率低已不是他的蒸汽机的主要弊病，活塞只能作往返的直线运动才是蒸汽机效率的根本局限。

1781年，瓦特在参加圆月学社的活动时，会员们提到天文学家赫舍尔在当年发现的天王星，以及由此引出的行星绕日的圆周运动启发了他。他想到了，如果把活塞往返的直线运动变为旋转的圆周运动，就可以使动力传给任何工作机。同年，他研制出了一套被称为“太阳和行星”的齿轮联动装置，终于把活塞的往返直线运动转变为齿轮的旋转运动。为了使轮轴的旋轴增加惯性，瓦特还在轮轴上加装了一个飞轮，从而使圆周运动更加均匀。由于对传统机构的这一重大革新，瓦特发明的这种蒸汽机才真正成为了能带动一切工作机的动力机。1781年年底，瓦特以发明带有齿轮和拉杆的机械联动装置获得了第二项专利，如图7–7所示。

由于这种蒸汽机加上了轮轴和飞轮，蒸汽机在把活塞的往返直线运动转变为轮轴的旋转运动时，消耗了不少能量，导致蒸汽机的效率不是很高，动力不是很大。为了进一步提高蒸汽机的效率，瓦特在发明齿轮联动装置之后，对汽缸本身又进行了研究，他发现，虽然把纽科门蒸汽机的内部冷凝变成了外部冷凝，使蒸汽机的热效率有了显著提高，但在他的蒸汽机中，蒸汽推动活塞的冲程工艺与纽科门蒸汽机并没有不同。两者的蒸汽机都是单项运动，从一端进入，另一端出来。他想，如果让蒸汽能够从两端进入和排出，就可以让蒸汽既能推动活塞向上

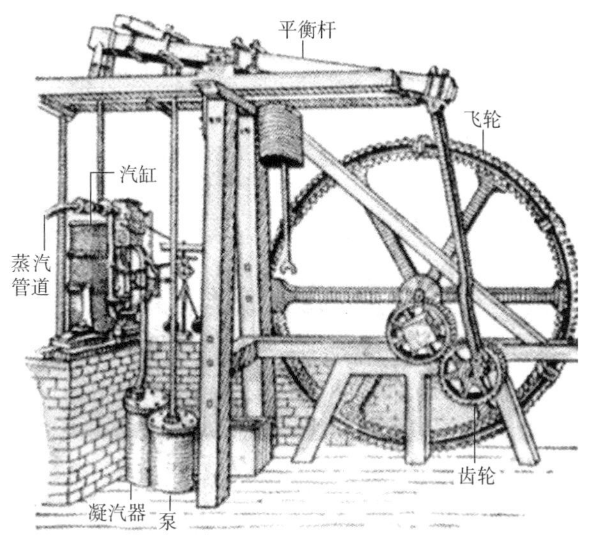

图7–7　瓦特改良的蒸汽机

运动，又能推动活塞向下运动，那么，效率就可以提高一倍。1782年，瓦特根据这一设想，试制出了一种带有双向装置的新汽缸。在活塞工作行程的中途，关闭进气阀，使蒸汽膨胀做功以提高热效率，使蒸汽在活塞两面都做功，以提高输出功率，这时的活塞既要向下拉动杠杆，又要向上推动杠杆，扇形平衡杠杆和拉链已不再适用。由此瓦特获得了他的第三项专利，把原来的单向汽缸装置改装成双向汽缸，并首次把引入汽缸的蒸汽由低压蒸汽变为高压蒸汽，这是瓦特在改进纽科门蒸汽机的过程中的第三次飞跃。通过三次技术的飞跃，纽科门蒸汽机完全演变成了瓦特蒸汽机。从最初接触蒸汽技术到瓦特蒸汽机研制成功，瓦特走过了二十多年的艰难历程。瓦特虽然多次受挫、屡遭失败，但他仍然坚持不懈、百折不挠，最终完成了纽科门蒸汽机的三次革新，使蒸汽机得到了更广泛的应用，成为改造世界的动力装置。

1784年，瓦特以带有飞轮、齿轮联动装置和双向装置的高压蒸汽机的综合组装，取得了在革新纽科门蒸汽机过程中的第四项专利。1788年，为了控制蒸汽机速度，瓦特发明了离心调速器和节气阀，如图7–8所示。1790年，瓦特发明了示功仪，用以绘出示功图。示功图表示了蒸汽在汽缸中的压力变化情况，据此可计

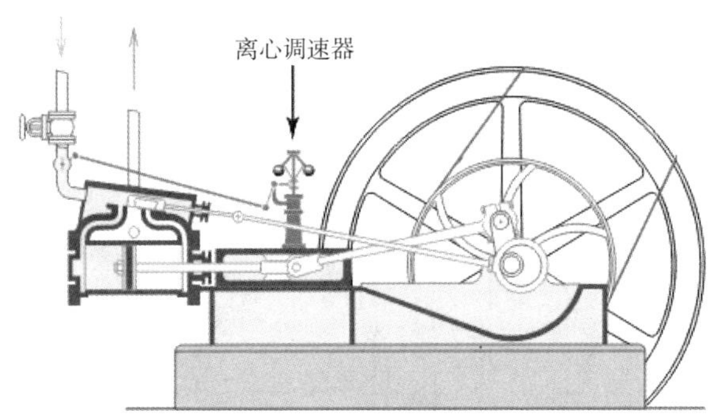

图7–8　为控制蒸汽机速度设计的离心调速器

算出蒸汽机的功率。示功图的发明，为热力发动机的研究和发展提供了重要手段。18世纪末，瓦特将曲柄连杆机构用在了蒸汽机上，如图7–9所示，有人说这才是世界上的第一台蒸汽机。

瓦特的创造性工作，使蒸汽机得到迅速的发展，他使原来只能提水的机械成为了可以普遍应用的蒸汽机，并使蒸汽机的热效率成倍提高，煤耗大大下降，因此瓦特是蒸汽机最主要的发明人。

● 蒸汽机在工业中的用途。自18世纪晚期，蒸汽机不仅在采矿业中得到广泛应用，在冶炼、纺织（图7–10）、机器制造等行业中也都获得了迅速推广。它使英国的纺织品产量在20多年内（1766～1789年）增长了5倍，为市场提供了大量的消费商品，加速了资金的积累，并对运输业提出了迫切要求。在船舶上采用蒸汽机作为推进动力的实验始于1776年，经过不断改进，至1807年，美国的富尔顿制成了第一艘实用的明轮推进的蒸汽机船“克莱蒙特”号，如图7–11所示。此后，蒸汽机在船舶上作为推进动力历百余年之久。1801年，英国的特里

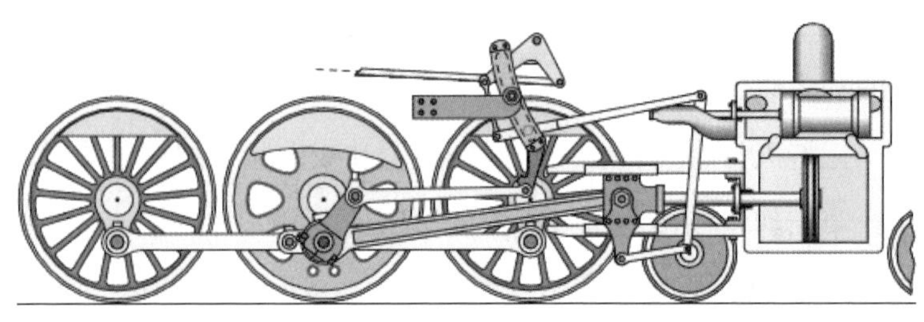

图7–9　将曲柄连杆机构用在蒸汽机上

维西克提出了可移动的蒸汽机的概念。1803年，这种利用轨道的可移动蒸汽机首先在煤矿区出现，这就是机车的雏形。英国的斯蒂芬森将机车不断改进，于1829年制造了“火箭”号蒸汽机车，该机车拖带一节载有30位乘客的车厢，时速达46千米/小时，引起了各国的重视，开创了铁路时代，如图7-12所示。

19世纪末，随着电力应用的兴起，蒸汽机曾一度作为电站中的主要动力机械。1900年，美国纽约曾有单机功率达5兆瓦的蒸汽机电站。

蒸汽机的发展在20世纪初达到了顶峰。它具有恒转矩、可变速、可逆转、运行可靠、制造和维修方便等优点，因此曾被广泛用于电站、工厂、机车和船舶等各个领域中，特别在军舰上成了当时唯一的原动机。如图7-13所示为蒸汽机在世博会亮相。

图7-10　蒸汽机驱动纺织机

图7-11　蒸汽机船“克莱蒙特”号

图7-12　蒸汽机车

图7-13　蒸汽机在世博会亮相

蒸汽的启迪

如同其他著名的科学家、发明家一样，瓦特也有一些家喻户晓的有趣的故事。

在瓦特的故乡——格林诺克的小镇子上，家家户户都是生火烧水做饭。对这种司空见惯的事，有谁留心过呢？但瓦特就留了心，他在厨房里看祖母做饭，灶上坐着一壶开水，开水在沸腾，壶盖“啪啪啪”地作响，不停地往上跳动。瓦特观察了好半天，感到很奇怪，猜不透这是什么缘故，就问祖母：“是什么使壶盖跳动呢？”祖母回答说：“水开了就这样！”瓦特没有满足，又追问：“为什么水开了壶盖就跳动？是什么东西推动了它吗？”可能是祖母太忙了，没有工夫回答他，便不耐烦地说：“不知道，小孩子刨根问底地问这些有什么意思呢？”

图7-14　蒸汽的启迪

瓦特在祖母那里不仅没有找到答案，反而受到了批评，心里很不舒服，可他并没有灰心。连续几天，每当做饭时，他就蹲在火炉旁边细心地观察着（图7-14），起初壶盖很安稳，隔了一会儿，水要开了，发出“哗哗”的响声。突然壶里的蒸汽冒出来，推动壶盖跳动了。蒸汽不住地往上冒，壶盖也不停地跳动着，好像里边藏着一个魔术师在变戏法似的。瓦特高兴地几乎叫出声来，他把壶盖揭开盖上，盖上又揭开，他还把杯子、调羹遮在水蒸气喷出的地方反复验证。瓦特终于弄清楚了，是水蒸气推动壶盖跳动。就在瓦特兴高采烈、欢喜若狂的时候，祖母又开腔了：“你这孩子，不知好歹，水壶有什么好玩的，快走开！”

他的祖母过于急躁和主观，随随便便不放在心上的话，险些挫伤了瓦特的自尊心和探求科学知识的积极性。年迈的老人不理解瓦特的心，不知水蒸气对瓦特有多么大的启示！水蒸气推动壶盖跳动的物理现象，不正是瓦特发明蒸汽机的认识源泉吗？

我发明创造的动力是想千方百计地减轻人们的劳动负担。因此，人类要不断地研究、发现和利用各种自然现象，特别是风雨雷电、燃烧和蒸发等，把它们改造成某种动力，为人们服务。

——詹姆斯·瓦特

第8章

蒸汽机车之父——斯蒂芬森

蒸汽机车（图8–1）的发明开启了人类历史上一个崭新的时代。

蒸汽机是靠蒸汽的膨胀作用来做功的，蒸汽机车的工作原理也不例外。当司炉把煤填入炉膛时，煤在燃烧过程中，把蕴藏的化学能转换成热能，把机车锅炉中的水加热、汽化，形成400℃以上的过热蒸汽，再进入蒸汽机膨胀做功，推动汽机活塞往复运动，活塞通过连杆、摇杆，将往复直线运动变为轮转圆周运动，带动机车动轮旋转，从而牵引列车前进。从这个工作过程可以看出，蒸汽机车必须具备锅炉、汽机和行走装置三个基本部分。

锅炉是燃料（一般是煤）燃烧将水加热使之蒸发为蒸汽，并储存蒸汽的设备。它由火箱、锅胴和烟箱组成。火箱位于锅炉的后部，是煤燃烧的地方，在

图8–1　蒸汽机车

内外火箱之间容纳着水和高压蒸汽。锅炉的中间部分是锅胴，内部横装大大小小的烟管，烟管外面储存锅水。这样，烟管既能排出火箱内的燃气又能增加加热面积。燃气在通过烟管时，将热传给锅水或蒸汽，提高了锅炉的蒸发效率。锅炉的前部是烟箱，它利用通风装置将燃气排出，并使空气由炉床下部进入火箱，达到诱导通风的目的。锅炉还安装有汽表、水表、安全阀、注水器等附属装置。

汽机是将蒸汽的热能转变为机械能的设备。它由汽室、汽缸、传动机构和配汽机构所组成。汽室与汽缸是两个相叠的圆筒，在机车的前端两侧各有一组。上部的汽室与下部的汽缸组合，通过进汽、排汽推动活塞往复运动。配汽机构是使汽阀按一定的规律进汽和排汽。传动机构则是通过活塞杆、十字头、摇杆、连杆等，把活塞的往复运动变成动轮的圆周运动。

蒸汽机车的行走部分包括轮对、轴箱和弹簧装置等部件。轮对分为导轮、动轮、从轮三种。安装在机车前转向架上的小轮对叫导向轮对，机车前进时，它在前面引导，使机车顺利通过曲线轨道。机车中部能产生牵引力的大轮对叫动轮。机车后转向架上的小轮对叫从轮，除了担负一部分重量外，当机车倒行时还能起导轮作用。

无论是最早的蒸汽机车，还是近代的蒸汽机车，外观和功能与如今的各种火车都相差不多，蒸汽机车是世界上第一代的火车，是以煤为原料、蒸汽机为核心的最初级最古老的火车。在人们的心目中，气势磅礴的蒸汽机车有一种特殊的意义，因为它曾以无比的巨力开启了人类历史上一个崭新的时代。

● 我们的故事就从这里开始了。当一列列火车风驰电掣般地从我们面前闪过，迅速地从视野中消失驶向远方时，我们会禁不住发出由衷的赞叹，发明火车的人真伟大，为后人留下这种既快捷又方便舒适的交通工具。1801年，英国的理查德·特里维西克提出了可移动的蒸汽机的概念。1803年，这种利用轨道的可移动蒸汽机首先在煤矿区出现，这就是机车的雏形。英国的斯蒂芬森将机车不断改进，于1829年创造了“火箭”号蒸汽机车，该机车拖带一节载有30位乘客的车厢，时速达46千米/小时，引起了各国的重视，由此开创了铁路时代。

欧洲工业革命以机器大工业代替了作坊手工业。机器大工业需要大量的燃料、原料，还要把生产出的产品送往各地。而在19世纪以前，运输依靠水上船舶，陆地上只能依赖马车，这与大工业的需求之间产生了很大的矛盾。机器大工业呼唤着现代运输工具的诞生，从蒸汽机到火车头，人类经历了大约两个世纪的艰难摸索。想知道火车是怎么发明出来的吗？

● 行驶在道路上的蒸汽机车。瓦特先生发明蒸汽机以后，英国率先在工厂、矿山、船舶等领域推广了蒸汽机的运用，但是，蒸汽机应用在行驶的车辆上还是费了不少周折。1770年，古诺先生为陆军炮兵设计制作了一台蒸汽机车，如图8-2所示，机车前面悬空一个大铁罐（锅炉），两大一小三只轮子托起车架，架子上有司机座位，用以操作方向。这辆机车每小时只能跑4千米，比步行还要慢，而且是像马车一样只能在一般道路上行驶。

●“新城堡”号火车。英国矿山技师理查德·特里维西克经过多年的探索、研究，终于在1804年发明制造了一台单一汽缸和一个大飞轮的蒸汽机车，称“新城堡”号火车，如图8-3所示。1804年，它首次在南威尔上的麦瑟尔提德维尔到阿巴台之间的轨道上做运行试验，虽然这台自重5吨的机车以时速8千米的速度

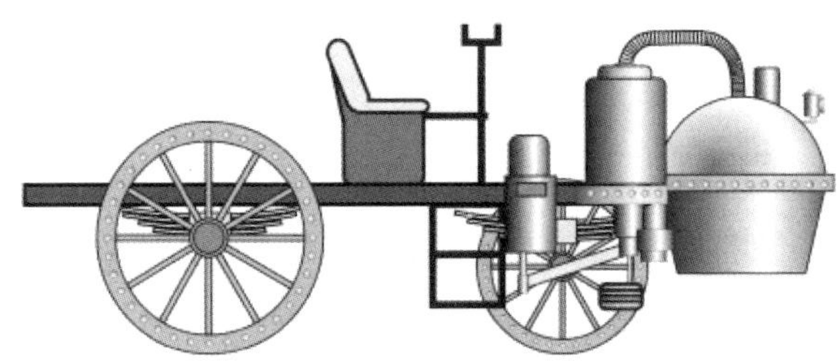

图8-2　行驶在道路上的蒸汽机车

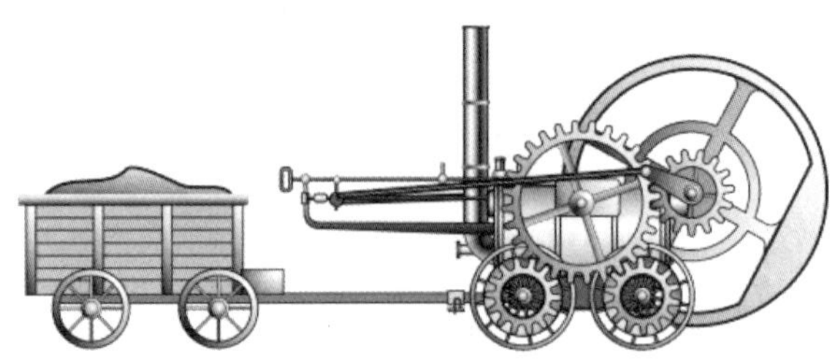

图8-3　“新城堡”号火车

行驶，只能牵引十几吨重的货物，但它却是最早在轨道上行驶的蒸汽机车——未来火车的雏形。

图8-4　乔治·斯蒂芬森

● 蒸汽机车之父——斯蒂芬森。乔治·斯蒂芬森（图8-4）1781年6月9日生于英国诺森伯兰地区的华勒姆村，工程师，第一次工业革命期间发明火车机车，被誉为“铁路机车之父”。

斯蒂芬森的父亲是煤矿上的蒸汽机司炉工，母亲没有工作，一家8口全靠父亲的工资收入生活，日子过得很艰难。14岁那年，斯蒂芬森也来到煤矿，当上了一名见习司炉工。他很喜欢这份工作，别人下班了，他还认真地擦洗机器、清洁零部件，多次的拆拆装装，使他掌握了机器的结构。他渴望掌握更多的知识，辛勤工作一天后，就去夜校上课。他从没上过学，开始学习时困难重重，但他聪明好学，勤奋钻研，很快掌握了机械、制图等方面的知识。一次，他把从书本上学到的知识运用到工作的实际中，设计了一台机器。煤矿上的总工程师看到他设计的机器草图大加赞赏，这给了斯蒂芬森很大的鼓励，因此他学习工作更加努力和勤奋，不久便成了名熟练的机械修理工。

● “布鲁克”号机车。1804年，英国矿山技师特里维西克利用瓦特的蒸汽机制造出了第一台蒸汽机车。由于没有驾驶室，司机必须在火车头旁一边走一边驾驶。它的最高时速只有8千米，机车还经常出现毛病，更可怕的是它有时会出轨，甚至翻车。斯蒂芬森总结了他们失败的经验，1810年开始着手制造蒸汽机车，他改进了产生蒸汽的锅炉，把立式锅炉改成卧式锅炉，并作出了一个极有远见的重大决断，决定把蒸汽机车放在轨道上行驶，并在车轮的边上加了轮缘，以防止火车出轨，又在承重的两条路轨间加装了一条有齿的轨道。因为当时考虑蒸汽机车在轨道上行驶，虽可避免在一般道路上因自身太重而难以行驶的缺点，可在轨道上会产生车轮打滑的问题，所以，就在机车上装上棘轮，让它在有齿的第三轨道上滚动而带动机车向前行驶，从而避免车轮打滑问题。

1814年，斯蒂芬森的蒸汽机车（火车头）问世了。他发明的这个火车头有5吨重，车头上有一个巨大的飞轮，它可以利用惯性帮助机车运动，斯蒂芬森为他发明的蒸汽机车取了个名字叫“布鲁克”。1814年7月25日，斯蒂芬森自己动手制作的第一台机车开始运行，这台机车有两个汽缸、一个2.5米长的锅炉，有凸缘防止打滑的车轮，它可以拉着8节矿车，载重30吨，以每小时6.4千米的速度前进。

“布鲁克”号机车在斯蒂芬森家门口的煤矿里的轨道上行驶，如图8-5所示。机手是斯蒂芬森的弟弟詹姆斯，给蒸汽机车的锅炉生火的是詹姆斯的妻子。第一次运行时，煤矿上的居民看到蒸汽机车行驶起来，烟囱直往外喷火，就给它取了一个名字叫“火车”。“火车”这个名字在今天已经流传到全世界，蒸汽机车被叫作“火车头”，也一直沿用到今天。

在以后的10年中，斯蒂芬森造了12辆与“布鲁克”号相似的火车头。虽然在设计上没有突破前人的成就，但斯蒂芬森还是自信地预言：“我深信，一条可以使用我的蒸汽火车头的铁路，效果远较运河为佳。我敢打赌，我的蒸汽机车在一条长长的良好铁路上，每天可以运载着40～60吨货物行驶100千米路程。”

图8-5 “布鲁克”号蒸汽机车

● “旅行者号”蒸汽机车。“布鲁克”号蒸汽机车工作时会从烟囱里冒出火来，它一次只能拖上30吨货物，速度不快，车身震动剧烈，轰鸣声还会让牲畜受惊，废气熏得车内和路旁的树木黑不溜秋的。因此，斯蒂芬森经过改进，终于制造出了一辆更先进的蒸汽机车，并将它命名为“旅行者”号，如图8-6所示。1825年9月27日，在英国的斯托克顿附近挤满了4万余名观众，铜管乐队整齐地站在铁轨边，人们翘首以待，望着那蜿蜒远去的铁路。忽然人们听到一声激昂的

图8-6 “旅行者号”蒸汽机车

汽笛声，一台机车喷云吐雾地疾驶而来，机车后面拖着12节煤车，另外还有20节车厢，车厢里还乘着约450名旅客，这列火车由斯蒂芬森亲自驾驶。火车驶近时，大地在微微颤动，观众惊呆了，简直不相信自己的眼睛，不相信眼前的这铁家伙竟有这么大的力气。火车缓缓地停稳后，人群中爆发出一阵雷鸣般的欢呼声，铜管乐队奏出激昂的乐曲，七门礼炮同时发射。这列火车以每小时24千米的速度，从达灵顿驶到了斯托克顿，铁路运输事业从这天开始。

● “火箭”号蒸汽机车。1829年，斯蒂芬森制造了蒸汽机车“火箭”号，如图8–7所示。“火箭”号蒸汽机车横卧在钢轨上，一大一小两对车轮托起一个啤酒桶模样的锅炉，细小的汽缸倾斜着装在锅炉的两侧，用连杆将汽缸的动力传导到两侧的大车轮上，复杂连杆密布在锅炉上，锅炉上还有冒着黑烟的高烟筒，锅炉后面是一个装着煤炭和一个大水桶的煤水车。

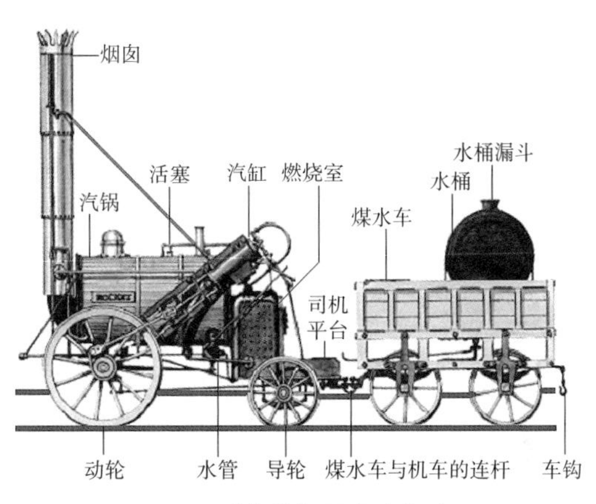

图8–7　“火箭”号蒸汽机车

斯蒂芬森驾驶“火箭”号机车，速度达58千米/小时，将与他比赛的马车远远甩在身后，使得铁路运输取代了马力运输，见图8–8所示。

图8–8　斯蒂芬森驾驶着“火箭”号

此时，火车的优越性已充分体现出来了，它速度快、平稳、舒适、安全可靠，随即在英国和美国掀起了一个修建铁路、建造机车的热潮。仅1832年这一年，美国就修建了17条铁路，蒸汽机车也在这段时间有了很大的改进，从最初斯蒂芬森建造的两对轮子的机车，一直发展到5对，甚至6对轮子。斯蒂芬森作为这个革命性运输工具的发明者和倡导者，不仅解决了火车铁路建设、桥梁设计、机车和车辆制造的许多问题，他还在英国国内和国外许多铁路工程中担任顾问。就这样，火车在世界各地很快发展起来了，直到今天，火车仍然是世界上重要的运输工具之一，在国民经济中发挥着巨大的作用。

尽管掌握蒸汽机技术的国家并非只有英国，1851年在伦敦世博会上英国展出的蒸汽机车，还是令其他参展国惊讶不已。庞大而刚劲的蒸汽机车作为英国人最值得骄傲的技术成就，吹响了工业化的号角。

困难只能吓倒懦夫懒汉，而胜利永远属于敢于攀登科学高峰的人。

——茅以升

第9章

蒸汽机船“克莱蒙特”号的诞生

图9–1　蒸汽机船

蒸汽轮船（图9–1）是用蒸汽机作动力的机械推进船舶。蒸汽机的出现使船舶动力发生了革命性变化，从而完成了船舶动力的革命。船舶的推动力从人力、自然力转变为机械力，船舶用蒸汽机提供的巨大动力，使人类建造越来越大的船，运载更多的货物。

世界上第一艘以蒸汽机作动力的轮船，是由美国发明家罗伯特·富尔顿（图9–2）制造的。他制造的世界上第一艘以蒸汽机作动力的轮船，长21.35米，1803年在法国的塞纳河试航成功，但当晚轮船被暴风雨所毁。后来他得到瓦特的支持，于1805年3月获得新的更大的船用蒸汽机主体。两年后，富尔顿在美国制造出用明轮推进的蒸汽机船“克莱蒙特”号，长45米，于1807年8月18日在纽约州的哈德逊河上进行了历史性的航行。

● 富尔顿发明萌芽。罗伯特·富尔顿在1765年11月14日生于美国宾夕法尼亚州的兰卡斯特，他父亲是一个贫苦的农民。他从小读书很少，父母没有钱

图9-2 罗伯特·富尔顿

供他去学校学习，他后来取得的成就，全凭个人的奋斗。富尔顿从小就爱幻想，当他帮助大人干完农活之后，常常一个人坐在农家阁楼上，在带有木格条的小窗户前，向田野望去，看蔚蓝色的天空，苦思冥想，一坐就是几个钟头。

有一天，天气晴朗，河水清澈，小富尔顿和邻居大叔一起驾着小船到河的上游去找活干。他们悠闲地撑着篙，逆流而上。小富尔顿离开自己的村庄去外地，心情格外高兴，情不自禁地唱着民谣，河水的“哗哗”声和小富尔顿的悠扬、婉转的歌声交织在一起，令人心醉。早晨的太阳愈升愈高，阳光洒在水波中，像碎银洒在绿色的缎带上。突然，水流湍急，小船在河中打转，小富尔顿和邻居大叔拼命地撑篙，汗水湿透了他们的衣服，但船仅能艰难地移动。小富尔顿心想：撑篙太费力了，假如有一种东西能让船自动行驶该多么好啊！他想象的翅膀在河中飞翔，好像看见在河中出现了一只自动行驶的船。他的神思又回到现实中来，对邻居大叔说：“大叔，撑篙又费劲，又缓慢，如果有一种东西能让船自动行驶该多么好啊！”

邻居大叔正用力撑着篙，听了小富尔顿的话，情不自禁地笑了。他用手背擦擦自己脸上的汗水，笑着说：“假如有一种东西能让船自动行走，那这样东西是什么呢?”“是啊，这东西是什么呢?”小富尔顿的脸刹那间红了起来，他用劲地撑了一下篙，低下了头，又陷入了沉思。自此以后，“怎样使船自动行驶”就成了小富尔顿苦思冥想的中心问题。这使他长大以后，努力奋斗，终于成为了制造人类第一艘蒸汽机船——“克莱蒙特”号的著名科学家。富尔顿发明的轮船是第一次工业革命时期的重要发明之一。

● 富尔顿的求学之路。富尔顿幼年丧父，9岁时才上学，在校学习时间不长，功课学得也不好。但是，他心灵手巧，从小爱好美术和手工。少年时代，他就爱思考各种问题。据说他15岁时，曾在一条小船上装了一个手摇桨叶，用手摇动，靠桨叶转动打水就能推动船只前进，这充分地显示了他的创造才能。

他只上了几年学，14岁时就进了一家珠宝商店当学徒，富尔顿还从一位制枪匠那里学到了制造气枪的技术和各种枪支的试验方法。17岁时，他到费城学绘画，并在一家机器制造工厂里做机械制图工作。

1787年，也就是他22岁那年，他前往英国伦敦学习绘画，正赶上瓦特50岁生日，瓦特请他去画一张肖像，这样，他就结识了蒸汽机发明家瓦特和其他几位机械发明家，他了解了蒸汽机的原理和作用，对机械技术产生了兴趣。瓦特对他有很大的启发，后来他改变了自己的想法，不想当画家了，决心当一名工程师。在那段时间里，他边工作边自学，勤奋地学习了高等数学、化学、物理学和机械制图，还学习了法文、德文和意大利文。

● 蒸汽轮船“克莱蒙特”号的诞生。1803年的一天，富尔顿在巴黎的塞纳河上初次试验了他的汽船。这艘船其貌不扬，船上的主要部位安放着一台烧煤的大蒸汽锅炉，看上去十分笨重。人们对这个“丑八怪”简直不屑一顾，称之为“富尔顿的蠢物”。这“蠢物”也真令人泄气，在塞纳河上吐气冒烟地走走停停，走了不多远干脆不动了。于是，第一次试航就在人们的哄笑声中结束了。

可富尔顿没有泄气，他像许多父母钟爱自己的子女一样热爱这艘初生的轮船，他有信心把这个“蠢物”改造成一个人见人爱的“宠物”。

1807年，富尔顿终于在美国纽约建成了另一艘蒸汽机船“克莱蒙特”号（图9-3）。船长45米、宽4米，是个比塞纳河中的船更神气庞大的家伙。然而，由于过去试验多次失败，人们不相信这个庞然大物会成功地航行，仍把它嘲笑为“富尔顿的蠢物”。

图9-3　“克莱蒙特”号

这天，天气晴朗，万里无云，纽约市的哈德逊河两岸挤满了人，原来，这天是“克莱蒙特”号的试航日。在众目睽睽下，“克莱蒙特”号的大烟囱冒出了滚滚黑烟，蒸汽机轰响起来，两舷的船桨在机器带动下开始划水，船慢慢离开了码头，向前驶去。这时，船上的

40名乘客和岸上的人群都欢呼起来，在船尾亲自操纵机器的富尔顿更是热泪盈眶，激动万分。不料，刚开出不久，“克莱蒙特”号不动了，人们骚动起来，有人嚷道：“富尔顿，你的那个蠢物真蠢啊”！可这只是一个小小的机械故障，富尔顿修理后马上排除了故障，在人们的嘲笑声中，机器声又响起来了，一位贵妇人惊叫起来：“天哪，那蠢物又动了”。是的，“克莱蒙特”号正以每小时9公里的速度破浪前进，机器的轰鸣声和浪花的飞溅声向人们证实：富尔顿成功了！从此，富尔顿的名字传遍了美国和欧洲，他被誉为“轮船之父”。美国人还把他的故乡——宾夕法尼亚州的兰卡斯特县命名为“富尔顿县”，用以纪念他对人类作出的杰出贡献。

“克莱蒙特”号的成功，是富尔顿认真研究、反复试验、不屈不挠、艰苦探索的结果。在造船和修船期间，富尔顿每天早晨5点就到工地，整天在那里和木工、油工、水手们一起工作。试航获得成功，富尔顿胜利了。从此，“克莱蒙特”号成为哈德逊河的定期航轮，“克莱蒙特”号在行进中相当稳，而且速度也比较快，从纽约沿哈德逊河逆流而上，到达上游150英里的阿尔巴尼城，只用32小时。

● 蒸汽轮船“克莱蒙特”号是一艘明轮船。明轮船是指在船的两侧装有轮子，且轮子的一部分露在水面上的船。它一般有两种推进方式，一种是原始的以人力踩踏木轮推进，另一种是现代的以蒸汽机和螺旋桨推进。明轮船的原理为用蒸汽机带动明轮，使桨轮转动，桨轮上叶片拨水，推动船舶前进。后来，人们把这种装有蒸汽机带动明轮来推进的船舶称为轮船。

美国的“克莱蒙特”号是世界上最早出现的蒸汽机船，它就是一艘明轮船。船舶用上了蒸汽机，明轮推进器要比篙、桨、橹等推进工具先进，其主要特点是可以连续运转，把人力或机械力转化为船舶推进力，使船舶前进。

19世纪，西方国家广泛使用了蒸汽机推进的明轮船（图9–4）。

由于明轮船结构笨重、效率低，特别是遇到风浪，明轮叶片部分或全部露出水面，使船舶不能稳定航行，而且，明轮的叶片在使用时易损坏。明轮转动时有一半叶片在空中转动，不仅增加了船的宽度和航行时的阻力，而且当它在

码头停靠时，与两旁的轮船很容易发生碰撞，既影响自己的安全行驶，也存在着擦伤别的轮船的可能性。另外，如果水草一类的缠绕物绞住明轮的叶片或轴，明轮就有失去转动的可能。

图9-4　明轮船

正是明轮推进器的这些缺点，到了19世纪60年代，明轮船被装着螺旋桨的先进蒸汽机船取代。

人们说，没有当初的“克莱蒙特”号，哪有后来的“泰坦尼克”号呢？

科学的每一项巨大成就，都是以大胆的幻想为出发点的。

——杜威

第10章

内燃机的发明

你知道什么是内燃机吗？内燃机是一种动力机械，它是通过燃料在机器内部燃烧，并将其放出的热能直接转换为动力的热力发动机，图10–1为汽车发动机。

● 了解内燃机。广义上的内燃机不仅包括往复活塞式内燃机、旋转活塞式发动机和自由活塞式发动机，也包括旋转叶轮式的燃气轮机、喷气式发动机等，但通常所说的内燃机是指活塞式内燃机。

活塞式内燃机以往复活塞式最为普遍。活塞式内燃机将燃料和空气混合，在其汽缸内燃烧，释放出的热能使汽缸内产生高温高压的燃气，燃气膨胀推动活塞做功，再通过曲柄连杆机构或其他机构将机械运动输出，驱动机械工作。

图10–1　汽车发动机

常见的汽油机和柴油机都属于往复活塞式内燃机，是将燃料的化学能转化为活塞运动的机械能从而对外输出动力。图10–2（a）为汽油内燃机，图10–2（b）所

示为柴油内燃机，这两种内燃机都是将燃料的化学能转换为机械能的机器。

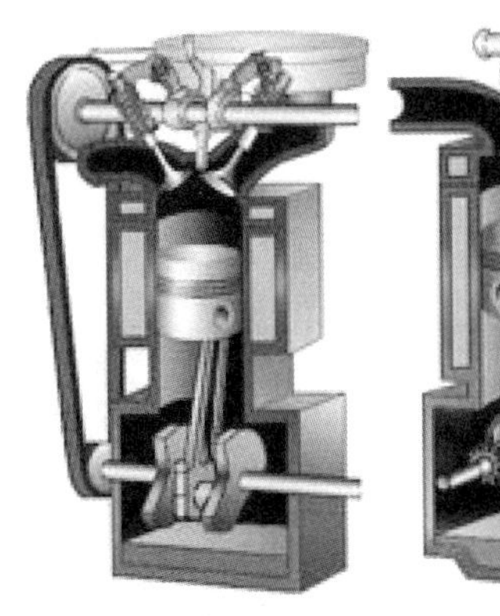

（a）汽油内燃机

（b）柴油内燃机

图10–2 常见的内燃机

● 内燃机的工作原理。图10–3为单缸汽油内燃机的结构图。单缸发动机是所有发动机中最简单的一种，它只有一个汽缸，是发动机的基本形式。单缸发动机工作时，曲轴每转一圈，活塞在汽缸中直线往复做两次运动完成一个工作程序（二冲程），或每转两圈，活塞在汽缸中直线往复做四次运动完成一个工作程序（四冲程），汽缸内的混合气体点火燃烧一次，爆发的气体推动活塞通过曲轴连杆机构使曲轴做旋转运动，实现活塞在汽缸中做往复直线运动，活塞连续的上下运动变为曲轴的连续旋转运动，将动力不断输出，使发动机正常运转工作。

● 单缸四冲程汽油内燃机的工作原理。汽油内燃机的工作循环：内燃机每做一次功完成进气、压缩、做功和排气四个过程称为一个工作循环。

四冲程内燃机见图10–4，活塞经过四个行程（进气冲程、压缩冲程、做功冲程和排气冲程）完成一个工作循环的内燃机。

发动机工作时，活塞在汽缸内往复直线运动，曲轴做旋转运动。发动机需要正常工作，需要进气、压缩、做功和排气这一循环。为了完成这一工作循环，需要有配气机构配合实现气门的定时打开和关闭。对汽油机来说，需要供给系统一定浓度的汽油和空气的混合气体。点火系统产生高压电作用于火花塞，在适当的时候点燃汽缸内的混合气体。

发动机工作原理——进气冲程

图10–4（a）中曲轴带动活塞由上止点向下止点运动，进气门打开，汽油和空气的混合气被吸入汽缸，至活塞到达下止点，进气冲程结束。

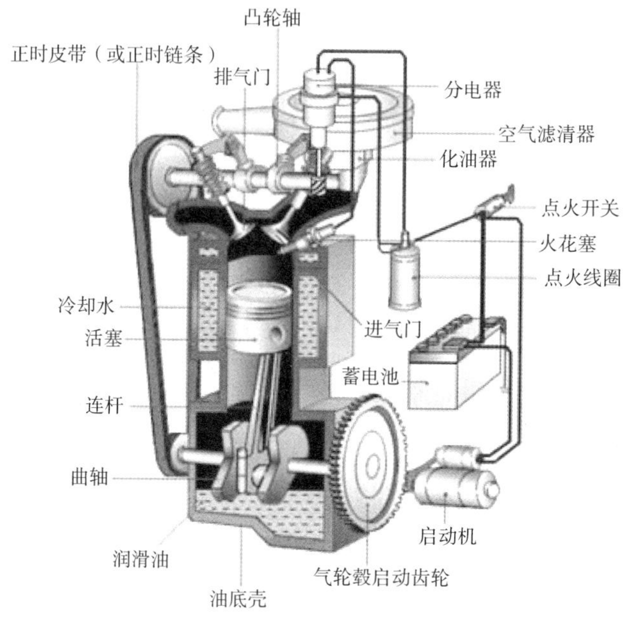

图10–3　单缸汽油内燃机的结构图

发动机工作原理——压缩冲程

图10–4（b）中曲轴带动活塞由下止点向上止点运动，进气阀和排气阀均关闭，混合气被压缩，压力和温度升高，至活塞到达上止点，压缩冲程结束。

发动机工作原理——做功冲程

图10–4（c）中压缩行程即将结束，活塞到达上止点前的某一刻，点火系统提供的高压电作用于火花塞，火花塞跳火，点燃汽缸的混合气，由于活塞的运行速度极快而迅速地越过上止点，同时混合气体迅速燃烧膨胀做功，推动活塞下行，带动曲轴输出动力，到达下止点，做功行程结束。

发动机工作原理——排气冲程

图10–4（d）中曲轴带动活塞由下止点向上止点运动，排气阀打开，燃烧后的废气经排气阀排出。排气结束后，活塞处于上止点。

四冲程汽油机的工作原理

发动机完成进气、压缩、做功、排气称为一个工作循环，需要四个冲程，曲轴转两圈，所以称为四冲程发动机。

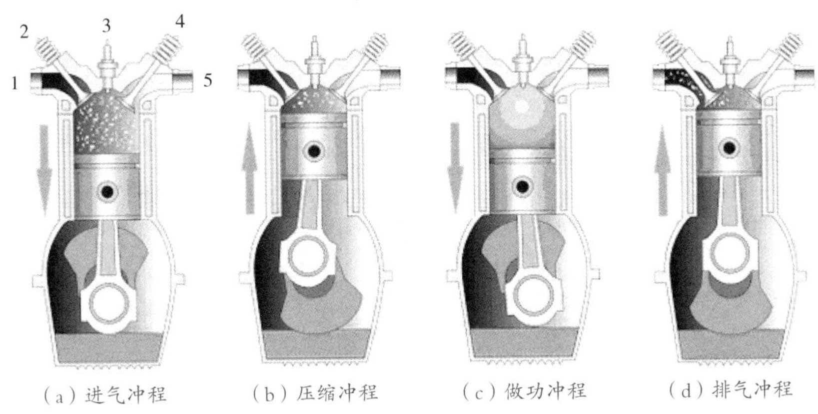

图10-4　单缸汽油内燃机工作原理图

1—排气道；2—排气气门；3—火花塞；4—进气气门；5—进气道

● 柴油内燃机的工作原理。柴油内燃机是一种将柴油喷射到汽缸内与空气混合，燃烧得到热能后转变为机械能的热力发动机，即依靠燃料燃烧时的燃气膨胀推动活塞做直线运动，通过曲柄连杆机构，使曲柄旋转，从而输出机械功。

柴油机工作过程——进气冲程

图10-5（a）中曲轴带动活塞由上止点向下止点运动，进气阀打开，纯空气被吸入汽缸，活塞到达下止点，进气冲程结束。

柴油机工作过程——压缩冲程

图10-5（b）中曲轴带动活塞由下止点向上止点运动，进气阀和排气阀均关闭，混合气被压缩，压力和温度升高，活塞到达上止点，压缩冲程结束。因为柴油机的压缩比较大，所以压缩结束时汽缸内气体的压力和温度较汽油机高。

柴油机工作过程——做功冲程

图10-5（c）中在压缩即将结束，活塞到达上止点的某一刻，喷油器向汽缸内喷射高压雾状的柴油并迅速形成混合气体，因汽缸的高温而自行点燃。由于活塞运行速度较快，它（活塞）迅速地越过上止点，高压燃气膨胀做功推动它（活塞）下行。柴油机的着火方式称为压燃式。

柴油机工作过程——排气冲程

图10-5（d）中曲轴带动活塞由下止点向上止点运动，排气阀打开，燃烧后

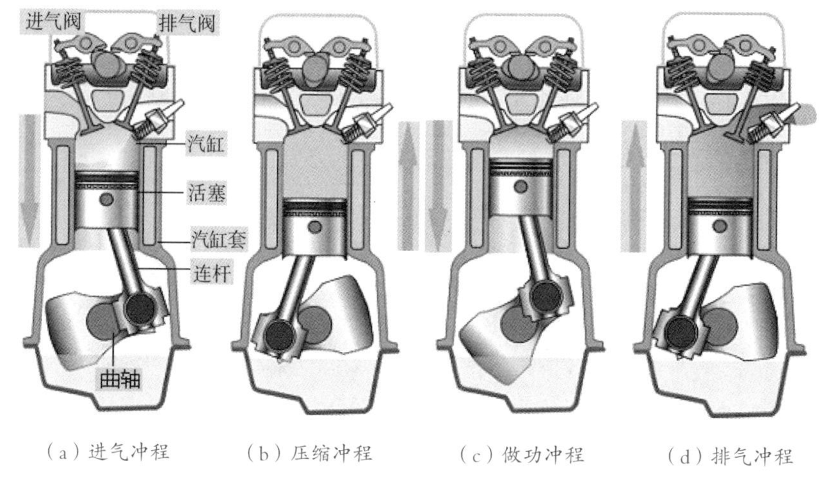

图10-5　单缸四冲程柴油机工作原理图

的废气经排气阀排出，排气结束，活塞处于上止点。

汽油机和柴油机的区别

汽油机和柴油机在工作原理上的区别：在进气冲程，柴油机吸入汽缸的是空气，汽油机吸入的是汽油和空气的混合气体。在压缩冲程，气体受到压缩时，压力和温度升高，在压缩结束后，柴油机汽缸内的压力和温度比汽油机高。在压缩即将结束，活塞到达上止点的某一刻，柴油机的喷油器向汽缸内喷射高压雾状的柴油并迅速形成混合气，柴油机汽缸内的气体通过高温而自行点燃，它的着火方式称为压燃式，而汽油机由点火系统产生高压电作用于火花塞点燃混合气，所以汽油机的着火方式称为点燃式。

柴油机和汽油机在性能上的区别：因为柴油机的压缩比较汽油机大，压缩结束时汽缸内的压力和温度比汽油机高，在做功时的爆发力大，输出转矩大，但相应的振动和噪声较汽油机大，所以货车及客车等多采用柴油机。但是随着现代柴油机燃油供给系统实现了电子控制，发动机的振动和噪声明显减小，在轿车上开始广泛应用其。

● 内燃机的发明。蒸汽汽车出现后，由于用蒸汽机作为汽车的动力存在着许多的不足，所以人们并没有停止对汽车动力来源的探索。蒸汽机不仅体积庞大，而且实用性差，装在火车上还凑合，但如果把它装在对机动性要求较高

的道路行驶车辆上，就显得笨拙了。为了获取更灵巧、更方便、更经济的发动机，有很多科学家和工程师都献身于这一领域。

我们知道，蒸汽机的燃料是在发动机外面燃烧的，是将汽缸中的水加热产生蒸汽推动活塞，进而驱动车轮前进的，所以也称蒸汽机为“外燃机”。1670年，荷兰的物理学家、数学家和天文学家惠更斯发明了采用火药在汽缸内燃烧膨胀推动活塞做功的机械，即“内燃机”。用火药作燃料的火药发动机是现代内燃机原理的萌芽。

● 历史上最成功的内燃机发明者。内燃机不是某一个人发明的，正如蒸汽机并非是瓦特一个人发明的一样，瓦特只是发明了他那个时代最先进的一种蒸汽机而已。内燃机的发明同样经历了一个漫长的历史过程，很多人都对内燃机工作原理、设计和实用化起到了重要作用。历史上最为成功的内燃机是德国奥托发明的汽油机和狄赛尔发明的柴油机，他们的设计奠定了现代内燃机的基础。

● 四冲程内燃机的发明人——尼古拉·奥古斯特·奥托。罗斯·奥古斯特·奥托（图10-6），德国发明家，在1876年制造出第一台四冲程内燃机，它是至今已生产出数以亿计的四冲程内燃机的样机。

图10-6　尼古拉·奥古斯特·奥托

● 青少年时代的尼古拉·奥古斯特·奥托。尼古拉·奥古斯特·奥托是德国近代著名的机械工程师，四冲程内燃机的发明者和推广者。1832年，奥托出生在德国霍兹豪森镇的一个工匠家庭里，他的父亲是一名制表匠，母亲是一个普通的农民，家里的收入不高，全家过着清苦而祥和的生活。奥托是他家里6个孩子之中的长子，也许与他的父亲是一名制表工匠有关，他从懂事起就对机械很感兴趣。小时候，奥托常常一个人躲在角落里注视着父亲工作，一堆大大小小的齿轮、皮带经过父亲的手后，就变成了一台台精巧的钟表，颇让他感到不可思议。从那时起，小奥托就迷上了机械制造这门技术。

正当奥托准备好好学习，以后大干一番事业时，父亲却因积劳成疾而病倒了，按当时德国的传统，家庭的重担一下子落在了作为长子的奥托的肩上。他不得不中断学业，只身前往经济繁荣的科隆，在那里的一个小工匠铺安下身来，赚些钱养家糊口，而且一干就是10年。在科隆的日子里，他并未因繁忙的工作而放弃对知识的追求。他白天努力地工作，晚上则躲在被子里看有关机械方面的书籍。时间久了，对于机械制造方面的基础知识，他有了较多且深入的认识和了解，这也更加坚定了他儿时的兴趣。这段艰苦地求学、工作与生活，在他的记忆中留下了深刻的印象，也培养了他不屈不挠的奋斗精神，为他日后战胜一个又一个的困难奠定了良好的基础。

1854年，就在奥托22岁时，一篇批评当时被炒得沸沸扬扬的蒸汽机的文章引起了他的注意。也就是从那一年起，奥托对蒸汽机的改造产生了浓厚的兴趣。蒸汽机制造中的一系列问题，使他立志要发明一种可以取代老式蒸汽机的新型动力设备。从此，奥托走上了一条改变他的命运，也改变了人类历史的道路。

● 动力工程史上新的一页。作为一种强大的动力机械，蒸汽机出现在18世纪后半叶。当时它的体积很大，而且还需要配有锅炉这一令人感到棘手的庞然大物。同时，由于当时制造锅炉的技术还比较落后，锅炉时有爆炸的危险，加上锅炉需要消耗大量的能源，且需要解决能源燃烧产生的烟气的排放等一系列复杂的问题，因此，人们一方面不得不继续使用蒸汽机，另一方面更加强烈地希望能有一种既小又方便且安全可靠的动力装置来取代它。

1860年，人们的这种希望得到了初步的实现。法国工程师莱诺尔制造了一台以煤气为燃料的内燃机。这种新型煤气内燃机造型小巧，比起老式的蒸汽机，它的使用方法简单而安全，但美中不足的是，由于没有在内燃机的机箱内对空气进行必要的压缩，所以它的热效率并不高。但是，这毕竟走出了老式蒸汽机的模式，开启了内燃机研制工作的第一步。1862年，法国工程师罗夏提出，内燃机的动力方式应当采取四冲程方式，即在四个冲程内完成一个进气、压缩、燃烧膨胀和排气的工作循环。这是一个非常富有创意的想法，如果付诸实际运用，将大大地提高内燃机的工作热能效率，从而弥补莱诺尔内燃机的不足。但是，罗夏只是提出了这样一个想法，并没有真正把这一想法变成现实，

这种想法在很长的时间里不为人所知。

成功所垂青的往往是那些坚忍不拔、努力不懈的人。虽然奥托对罗夏的想法不甚了解，但此前许多人的探索，给在内燃机研制道路上一度彷徨不前的奥托指明了前进的方向。在周围环境和条件都不是很好的情况下，他独自钻研、反复研究，最终也提出了内燃机动力方式的四冲程想法。由于奥托的这种想法一开始就是以实践运用为目的的，因此，他的想法要比罗夏的想法详细且成熟得多。奥托在他的日记中这样写道："一切商业上成功的内燃机，其共同特征都包含了以下几方面：①空气的压缩；②燃料在提高了压力的空气中进行燃烧，从而使空气压缩，并使空气的温度升高；③已加热的空气膨胀到初始压力，并开始做功；④排气，由此完成整个循环过程。"

奥托提出了内燃机动力方式的四冲程原理：在煤气进入内燃机之前，先与空气混合成一种可燃性混合气体，然后进入汽缸，在汽缸内进行压缩，这种提高了压力的可燃性混合气体在汽缸内燃烧，使汽缸内温度升高，而后，膨胀了的气体逐步减压到初始状态时的大气压力，并推动气阀运动，由气阀运动产生的能量推动机车的运动，最后，汽缸排出所有的气体。这是对四冲程内燃机原理和特征的第一次简单而清楚的概括。后来，人们把内燃机的四冲程循环称之为"奥托循环"。

奥托循环的一个周期是由吸气冲程、压缩冲程、膨胀做功冲程和排气冲程这四个冲程构成的，如图10-7所示。

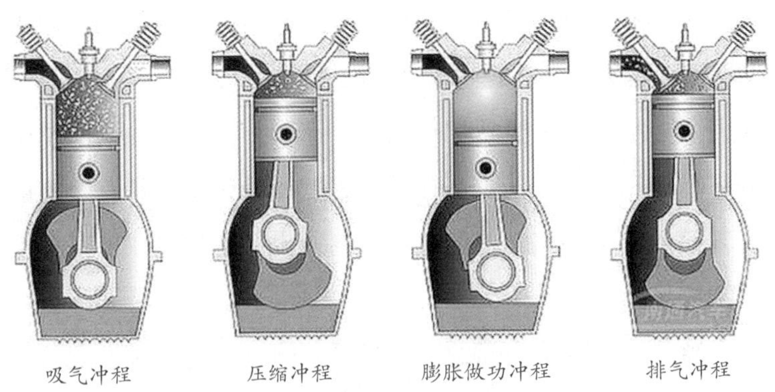

图10-7　四冲程汽油机

吸气冲程——活塞向下运动使燃料与空气的混合体通过气阀进入汽缸。

压缩冲程——关闭进气阀，活塞向上运动压缩混合气体。

膨胀做功冲程——在接近压缩冲程顶点时由火花塞点燃混合气体，燃烧的混合气体膨胀所产生的推力迫使活塞向下运动。

排气冲程——完成做功冲程，活塞上行，最后将燃烧过的气体通过排气阀排出汽缸。

图10-8　奥托四冲程内燃机

1876年，奥托根据托德·罗沙的四冲程内燃机工作原理，设计并制造出第一台以煤气为燃料的火花点火式四冲程内燃机（图10-8），从此开创了现代汽车用发动机的先河。在1878年的巴黎万国博览会上，奥托设计的四冲程内燃机受到了极高的评价。这种内燃机体积小、重量轻、消耗的煤气少，转速可达200r/min。

1886年，奥托作出了一项惊人的声明：取消自己获得的四冲程内燃机的专利。这种新型内燃机赢得了工程技术界的普遍称赞，认为它是自瓦特以来在动力方面取得的最大成就。

那么，奥托为什么要作出这样的决定呢？原来，一个偶然的机会，他看到了法国工程师罗沙写的一本小册子，册子中比较完整地提出了四冲程内燃机的原理。由于这本小册子是在奥托发明四冲程内燃机之前出版的，出于对别人的尊重，他便毅然决定放弃已获得10年之久的专利权。

法国人阿尔方斯·博·罗沙在1862年设计出一种和四冲程内燃机基本相似的装置，并获得专利权。但是人们并没有将罗沙看作是一位有影响的人物，他的发明也从未进入市场，实际上他也从未制造出一台样机，奥托也不了解有关他发明的任何情况。

奥托的高尚品德博得了人们的高度赞誉。同时，大家认为虽然是罗沙较早地阐述了四冲程内燃机的原理，但是，第一个研制出这种内燃机的人是奥托，

所以人们后来仍然把四冲程循环称为奥托循环。

1891年，奥托离开了人世，终年59岁。现在的内燃机早已今非昔比，但它们依然是按照奥托的原理在运转着。

如果说奥托以他的内燃机发明掀开了人类动力工程史上新的一页的话，那么随后，他努力将自己的发明产业化，则为这一页书写了更多、更精彩的内容。他与许多取得成功的发明家一样，在初步成功之后，继续探索、精益求精，更加用心地考虑怎样进一步发展、完善他的发明成果，使这种新型的内燃机在使用过程中更加有效、更加安全和方便。

● 柴油内燃机的发明者——鲁道夫·狄赛尔。鲁道夫·狄赛尔是德国的发明家和热机工程师（图10-9）。19世纪90年代，他发明了以他自己的名字命名的内燃机，生产了一系列越来越成功的不同型号的柴油机。1897年展示的25马力、四冲程单缸立式压缩柴油机是他发明的顶峰。

图10-9　鲁道夫·狄赛尔

● 发明历程。在科学史上，人们总是会对那种“无心插柳柳成荫”的故事津津乐道，比如伦琴射线、青霉素、宇宙微波背景辐射等。当然能有上述的成就固然可敬，但还有一种同样可敬的人：他们在有生之年不断探索，但成就却不被世人承认，直到多年之后他们的成就才被认可。柴油机的发明者鲁道夫·狄赛尔就是其中一位。

狄赛尔1858年出生在法国巴黎，他的父亲是德国奥古斯堡的精制皮革制造商。成年之后，狄赛尔进入了德国慕尼黑技术大学读书。1876年，就在他读大学期间，德国人奥托成功地研制了第一台四冲程煤气发动机，这是法国技师罗夏的内燃机理论第一次得到实际运用。这一成就鼓舞了当时从事机械动力研究的许多工程师，这其中既包括后来汽车的发明者卡尔·本茨和戈特利普·戴姆勒，也包括对机器动力十分感兴趣的年轻人狄赛尔。

与致力于改造奥托发动机的本茨和戴姆勒不同，狄赛尔的想法更为超前，他想完全舍去发动机中的点火系统，靠压缩空气发热，喷入燃料后自燃做功，这种方式完全区别于吸入燃气混合气点燃做功的方式，后人称狄赛尔的原理为“压缩式内燃机”原理。当然狄赛尔这样的设想也并不是空穴来风，因为当时并没有发明分电器和高压点火线圈，点火装置非常简单和不稳定，狄赛尔想跳过这个技术障碍是完全可以理解的。不久，他在法国人约瑟夫·莫勒特发明的气动打火机上找到了灵感，并坚持不懈地探索下去。

狄赛尔没有料到，他的想法实现起来远远比发明点火系统复杂得多，他遇到的第一个问题就是燃料。常用的汽油非常活跃，也非常容易点燃，但汽油却不能适应有很高压缩比的压燃式发动机，一旦把汽油雾化喷入含有高温、高压空气的燃烧室，就会发生猛烈地敲缸甚至爆炸。放弃汽油是必然的，狄赛尔创造性地把目标指向了植物油，经过一系列试验，对于植物油的尝试也失败了，但他是第一个把植物油料引入内燃机的人，因而近现代宣扬“绿色燃料”者都把狄赛尔尊为鼻祖。

图10-10　狄赛尔柴油内燃机

最终的燃料锁定在了石油裂解产物中一直未被重视的柴油上。柴油相对于汽油来说性质非常稳定，柴油稳定的特性恰恰适合于压燃式内燃机，在压缩比非常高的情况下柴油也不会出现爆震，这正是狄赛尔所需要的。经过近20年的潜心研究，狄赛尔终于在1892年成功试制了第一台压燃式内燃机，也就是柴油机（图10-10）。

这台柴油机用汽缸吸入纯空气，再用活塞强力压缩，使空气体积缩小到1/15左右，温度上升到500～700℃，然后用压缩空气把雾状柴油喷入汽缸，与缸中高温纯空气混合，由于汽缸已经有了较高的温度，因而柴油喷入后自行燃烧做功。1892年2月27日，狄赛尔取得了此项技术的专利。

柴油机的最大特点是省油、热效率高，但狄赛尔最初试制的柴油机却很不

稳定。1894年，狄赛尔改进了柴油机并使其能运行1分钟左右，尽管他的柴油机还并不稳定，但狄赛尔却迫不及待地把它投入了商业生产，因为他的竞争对手早在1886年就把汽油机安装在了车辆上，而8年之后，汽油机汽车已经投入了商业运作。只了解技术并不了解商业运作的狄赛尔犯下了一生中最大的一次错误，他急于推向市场的20台柴油机由于技术不过关，纷纷遭到了退货，这不但给他造成巨大的经济负担，更重要的是影响了柴油机在公众心中的印象，在随后的几年里几乎没有厂家或个人乐意装配柴油机。没有了资金来源又负债累累，这就使得狄赛尔的晚年陷入了极端贫困。1913年10月29日，55岁的狄赛尔独自一人呆站在横渡英吉利海峡的轮船甲板上，被巨浪卷入了大海。为了纪念狄赛尔，人们把柴油发动机命名为狄赛尔（Diesel）。

● 狄赛尔发明闪光。狄赛尔做梦都想看到自己发明的柴油机能大规模装载在汽车上，但他始终都没有看到这一天。客观地讲，狄赛尔的柴油机确实存在着不少缺陷，其中最大的问题就是重量。由于柴油机汽缸压力比汽油机高很多，因而柴油机的缸体要比汽油机粗壮许多，同时早期的柴油机使用的空气压缩机质量也非常巨大，这就使得柴油机整体上十分笨重，极不适应当时骨架还很娇嫩的汽车。但柴油机拥有汽油机不可比拟的转矩优势，在功率相同时柴油机又拥有很大的燃油经济性优势，这使得人们并没有放弃它。

1924年，美国的康明斯公司正式采用了泵喷油器，这一发明有效地提高了柴油机的质量，同年在柏林汽车展上，MAN公司展示了一台装备柴油机的卡车，这是第一台装有柴油机的汽车。不久，博世公司开始正式生产标准泵喷油器，柱塞泵的普及为柴油机安装在汽车上提供了基础。1936年，奔驰公司生产出了第一台柴油机轿车260D，这一年距狄赛尔去世已经有23年了。

尽管20世纪30年代已经有轿车安装了柴油机，但真正为柴油机提供舞台的还是重型机械和装甲车辆。第二次世界大战中，美国的谢尔曼坦克和德国虎式坦克都使用汽油机，虎式坦克以其强大的火力和厚重的装甲占得了上风，美军只能拿数量来抗衡。但在苏联战场上，苏军的T-34坦克的火力和装甲虽也不及虎式坦克，但T-34使用了柴油发动机，它在中弹后不易起火，这样就大大提高了坦克战场生存能力。战后，各国汲取了战争中的教训，都为自己的坦克换装了柴油发动机。

20世纪50年代以后，两大冷战阵营在坦克功率方面进行了不断的军备竞赛，这无形中大大加速了柴油机技术的发展。人们知道喷油压力直接影响着柴油机输出的功率和转矩，因而世界各大柴油机制造公司都在努力提高柴油机的喷油压力，康明斯公司研制成功的完全不同于柱塞泵的PT喷油系统，大规模地提高了喷油压力。

● 狄赛尔得偿夙愿。如果说柴油机在重型机械上得到应用是狄赛尔的无心插柳，那么电控技术使柴油机回到了轿车领域，才真正让狄赛尔得偿夙愿。

如果想把柴油机引入轿车领域，那么必须解决柴油的排放和柴油机的震动问题。实际上，柴油机的排气中CO和HC的含量比汽油机少得多，NO_x排放量与汽油机相近，只是排气微粒较多，这与柴油机的燃烧机理有关。柴油机是一种非均质燃烧，混合气形成时间很短，而且混合气体形成与燃烧过程交错在一起。经过研究发现，柴油机的喷油规律、喷入燃料的雾化质量、汽缸内气体的流动以及燃烧室形状等均直接影响燃烧过程的进展以及有害排放物的生成。除了靠提高喷油压力和柴油雾化效果来改善排放，使用预喷射也是行之有效的方法。预喷射就是在主喷射之前的某一时刻精确地喷入1～2毫升的预喷油量，从而使燃烧室被加热，缩短了随后进行的主喷射的着火延迟期，于是温度与压力上升减缓，降低了燃烧噪声和NO_x的排放。20世纪70年代以后，博世公司把电控汽油机喷射技术运用到柴油机，从而让柴油机的发展和使用进入了一个新纪元。

最先出现的是电控喷油泵技术，而后又出现了电控泵喷嘴技术和高压共轨喷射技术，后两种技术是最主要的柴油机电控喷射技术。其中，电控泵喷嘴技术的喷油压力非常高，可以达到2050bar（205MPa），并且泵和喷嘴装在一起，所以只需要很短的高压油引导部分，泵喷嘴系统就可以实现很小的预喷量，其喷油特性是三角形的，并采用了分段式预喷射，这很符合发动机的要求（大众公司的TDI发动机就是使用这种技术）。但电控泵喷嘴技术的喷油压力受发动机转速影响，使用蓄压系统的高压共轨技术可以解决这个问题，但它的喷油压力

低于泵喷嘴系统，能达到1600bar（160MPa），有些公司看中了它对任意缸数的发动机喷油压力调节很宽泛的特点，对其大加采用（最早使用高压共轨的轿车是阿尔法罗密欧156和奔驰C级车）。

话说到这里，和柴油机相关的话题告一段落了，但柴油机的故事肯定还没有讲完，因为人们越来越发现柴油机的无穷魅力：高转矩、高寿命、低油耗、低排放，柴油机已成为解决汽车能源问题最现实和最可靠的手段。狄赛尔肯定没有想到当年他那只没人问津的“丑小鸭”，现在100%的重型车和近30%的乘用车都在使用。但可以让狄赛尔感到欣慰的是，每当打开这些车的发动机盖，都会看见一个名字——Diesel。

天底下什么样的乐趣最高尚？天底下什么事最令人感到得意？新发现！晓得自己走的路，是旁人从未走过的；晓得自己看到的东西，是凡人从未见过的；晓得自己呼吸到的空气，是人家从未吸过的。

——马克·吐温

第11章

世界上第一辆汽车的诞生

● 汽车的组成。图11-1为汽车的基本结构。

图11-2为汽车的三个部分两个系统，即原动机部分——发动机；传动部分——离合器、变速箱、传动轴、差速器等；执行部分——车轮；辅助系统——各类仪表、车灯、雨刮器等；控制系统——方向盘、排挡杆、刹车、油门等。

汽车的基本结构由发动机、底盘、车身、电气设备四大部分组成。

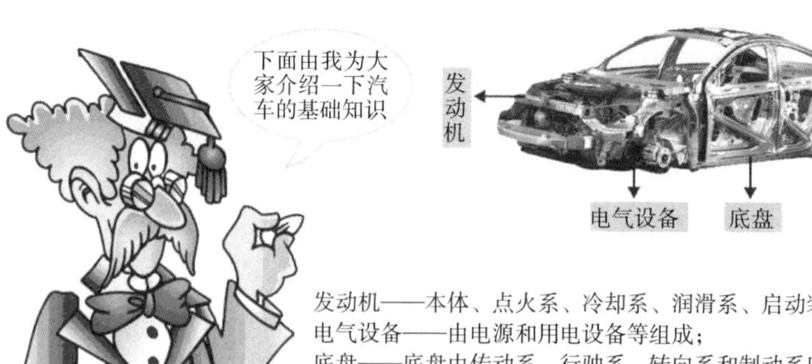

发动机——本体、点火系、冷却系、润滑系、启动装置、燃料供应系统等；
电气设备——由电源和用电设备等组成；
底盘——底盘由传动系、行驶系、转向系和制动系四块组成；
车身——组成车体的骨架结构，提供乘坐、载货空间。

图11-1 汽车的基本结构

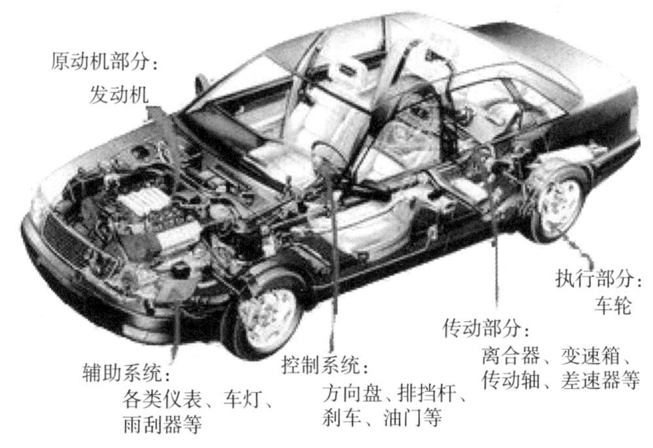

图11-2　轿车的三个部分两个系统

汽车发明于一百多年前，从第一辆开始到现在全球共计超过十亿辆，汽车的运用极大地提高了人类的生产力和生活质量。那么，到底是谁发明了世界上第一辆汽车呢？

● 奔驰汽车创始人——卡尔 · 本茨。卡尔 · 本茨（图11-3），德国著名梅赛德斯-奔驰汽车公司的创始人之一，现代汽车工业的先驱者之一，人称“汽车之父”。

1844年11月25日，本茨出生于德国巴登-符腾堡州卡尔斯鲁厄的一个手工业者家庭，父亲约翰 · 乔治 · 本茨原是一位火车司机。1846年，本茨2岁时，父亲因一次火车事故丧生。

在中学时期，本茨就对自然科学产生了浓厚的兴趣。由于家境清贫，他要靠修理手表来挣零用钱。1860年，遵从母亲的意愿，本茨进入了卡尔斯鲁厄综合科技学校，并有幸遇到了两位深信“资本发明”学说的老师，他们影响了本茨的一生。本茨在这个学校较为系统地学习了机械构造、机械原理、发动机制造、机械制造经济核算等课程，为以后的事业打下了基础。

图11-3　卡尔 · 本茨

在先后经历了卡尔斯鲁厄机械厂学徒、制秤厂的设计师、桥梁建筑公司工长等工作后，1872年本茨决定要创建一家以自己名字命名的铁器铸造和机械工厂。但由于受到经济不景气的影响，工厂成立不久就面临倒闭。无力偿还朋友的借款，穷困潦倒中的本茨想起了老师的“资本发明”理论，决定制造可以获取高额利润的发动机作为人生的转机。

● 世界上第一辆汽车诞生。汽车制造的前提是设计、制造出体积小、效率高的动力机。蒸汽机既大又笨重，显然不能使用。德国工程师卡尔·本茨在总结前人经验的基础上，设计了一台轻内燃机，它使用的是轻液体燃料，在汽缸内燃烧。

卡尔·本茨领来了生产奥托四冲程煤气发动机的营业执照，经过一年多的设计与试制，于1879年12月31日新年钟声敲响时，在德国曼海姆成功研制了火花塞点火汽油机。但这台发动机并没有改变奔驰公司的经济窘境，破产的威胁依然存在。但这位不服输的德国人并没有被清贫所打败。

经过多年努力，1885年10月，德国的卡尔·本茨制造出世界上第一辆以汽油机为动力的三轮汽车（图11-4）。这辆汽车装有卧置单缸二冲程汽油发动机，785毫升容积，0.89马力，每小时行驶15公里。该车前轮小、后轮大，发动机置于后桥上方，动力通过链和齿轮驱动后轮前进。该车已具备了现代汽车的一些基本特点，如电点火、水冷循环、钢管车架、钢板弹簧悬挂、后轮驱动、前轮

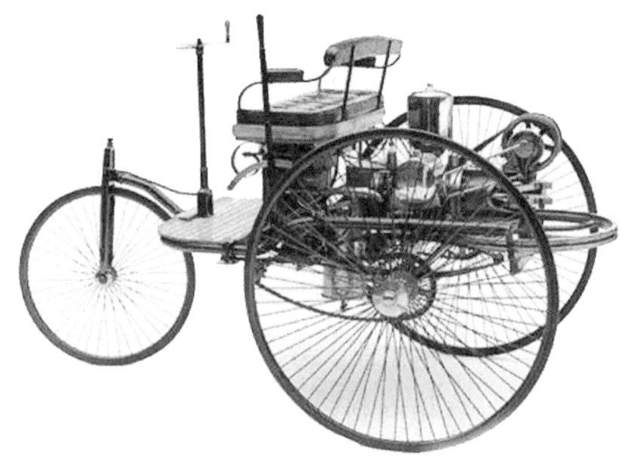

图11-4　世界上第一辆汽车诞生

转向和制动手把等。其齿轮齿条转向器是现代汽车转向器的鼻祖。

由于汽车存在着一些技术问题，性能还未完善，发动机工作时噪声很大，而且传递动力的链条质量不过关，常常发生断裂，造成汽车在行驶中抛锚，被别人嘲讽为“散发着臭气的怪物”，怕出洋相的本茨不敢在公共场合驾驶它。但终究这是第一辆实际投入使用的汽车，卡尔·本茨因此被称为“汽车之父”。后来，中国人根据本茨姓氏的译音，译为“奔驰”车，巧妙而恰当地表现出这种汽车的特征。

1886年1月29日，本茨为他发明的三轮汽车成功申请了德国发明专利。政府授予了他专利证书（专利号：37435），标志着世界上第一辆汽车正式诞生。此后，这辆车终于以全新的面貌行驶在曼海姆城的大街上，因此德国人把1886年称作汽车的诞生年。就在这一年，戴姆勒发明了世界上第一辆四轮汽车，因此他被人们称作“现代汽车之父”。

本茨发明的三轮汽车，现珍藏在德国慕尼黑科技博物馆，保存完整无缺，还可以发动，旁边悬挂着“这是世界第一辆汽车”的说明牌。

● 历史性的试验。“每个成功男人的背后都有一个伟大的女人”。这句话用在卡尔·本茨身上，是非常贴切的，贝瑞塔·本茨全力支持自己的丈夫，使他成为世界汽车第一人（图11–5）。

图11–5 卡尔·本茨的妻子贝瑞塔·本茨

本茨创业初期，既没有场地也没有资金，贝瑞塔就变卖了自己的嫁妆和首饰，毫无怨言地支持本茨的研究，陪伴本茨走过了饿着肚子研究汽车的艰苦日子，成为本茨工作的最大支持者。

1888年8月的一天早上5点多钟，本茨还在梦乡，贝瑞塔就唤醒两个孩子，把汽车推出来，然后发动启动机，向100多公里之外的普福尔茨海姆进发，去探望孩子的祖母。当时全世界还没有任何一辆汽车跑过这么远的路程。汽车离开曼海姆市不久，天就渐渐亮了，马路两旁早起的人们听到怪异的响声都从窗口伸出头看这个“飞奔的怪物”，有的人还壮着胆子走近它，但一闻到那难闻的汽油味就又走开了。

汽车在行驶14公里后，燃料没有了，他们只好到一家药房购买粗汽油；在行驶70公里后，一个陡坡拦住了去路，只得由小儿子驾车，贝瑞塔和大儿子在后推车，最后终于把汽车推过陡坡；发动机的油路堵塞了，就用发针修理；电气设备发生短路了，只好用袜带作绝缘垫。直到日落西山，母子三人才又饿又累到达目的地。孩子的祖母惊叹不已，小城的人都跑出来围观这个“怪物”。兴奋的贝瑞塔立即给丈夫发了一封电报：“汽车经受了考验，请速申请参加慕尼黑博览会。”本茨接到电报两手发抖，几乎不敢相信这是事实，但妻子确实驾着自己发明的三轮汽车到了普福尔茨海姆。他很快办妥了参展手续，在慕尼黑工业博览会上，他成功地展示了自己的汽车，吸引了大批客户，从此他的事业蓬勃发展，拥有了德国最大的汽车制造厂，生产名扬四海的奔驰牌汽车。而本茨太太也因为这次历史性的试验被称为世界上第一位女汽车驾驶员。

无可否认，创造力的运用、自由的创造活动，是人的真正的功能；人的创造活动，是人的真正的功能；人在创造中找到他的真正幸福，证明了这一点。

——阿诺德

第12章

现代汽车工业的先驱者

● 现代汽车工业的先驱者——戈特利布·戴姆勒。戈特利布·戴姆勒（图12-1）是德国工程师和发明家，现代汽车工业的先驱者之一。

图12-1　戈特利布·戴姆勒

● 少年时代的戈特利布·戴姆勒。1834年3月17日，戴姆勒出生于德国符滕堡雷姆斯河畔舍恩多夫的一个手工业工人家庭，父亲是一位面包店老板。戴姆勒是家中的次子，其兄威尔海姆继承了家业——面包房。1848年，14岁的戴姆勒便开始在铁炮锻造工厂当学徒。1852年，他18岁时进入斯图加特的工业补习学校学习，1857年，进入斯图加特高等工业学校学习。少年时代的戴姆勒就对燃气发动机产生了浓厚的兴趣，并开始学习研制奥托循环式燃气发动机。在1859年进入工业补习学校实习时，受到梅斯纳的关照，在蒸汽机车工厂工作。1861年，戴姆勒成为在英国曼彻斯特的阿姆斯特朗·霍特瓦士工厂学习的研究生。1862年在参观伦敦世界博览会后戴姆勒回到德国，在斯特拉夫的机械工厂协助斯特拉夫之子海因里希制造水车、水泵。

● 研究改进发动机。戈特利布·戴姆勒追求的是开发通用发动机的目标，他与威廉·迈巴赫一起在他自己的工作车间内设计了体积更小、功率更大的发动机。今天人们仍然可以在Cannstatt温泉公园内参观这个工作车间，它早已成为历史古迹。1886年，戴姆勒在一辆四轮马车上安装了自己发明的发动机，于是戴姆勒四轮汽车诞生了。1890年，他成立的戴姆勒发动机公司，为两年后首次向摩洛哥苏丹交付汽车奠定了基础。

● 戴姆勒卧式发动机的问世。戴姆勒受到奥托与兰根的邀请，与迈巴赫一起转入德意志瓦斯发动机公司，协助改进四冲程发动机。由于坚持工厂动力源的奥托和兰根，与坚持制造小型高速汽油机的戴姆勒、迈巴赫意见不合，戴姆勒于1882年离开了该公司，迈巴赫也随之离开了公司。在离开公司后，戴姆勒和迈巴赫在斯图加特的郊外康斯塔特设立了工厂，着手制造汽油机，他们将奥托四冲程发动机改进后，于1883年推出他们首部戴姆勒卧式发动机。1884年又推出了性能更好的立式发动机（取名立钟，风冷，1/4马力，最高转速600转/分），并于1885年4月3日获得德国发明专利。

● 戴姆勒发明世界上第一辆摩托车。1883年，戴姆勒卧式发动机问世后，他将发动机安装在木质双轮车上，并让儿子保罗驾驶，该车很快就获得了专利，成为世界上第一辆摩托车，如图12-2所示。

图12-2　戴姆勒发明的世界上第一辆摩托车

在造出摩托车的前一年，戴姆勒就主张优先发展这种两轮装置。

但是，发动机驱动两轮车的创意最早并非来自于戴姆勒，戴姆勒也并不是第一个将这种装置变成现实的人。曾参加过美国内战的西尔维斯特·罗佩尔，早在1867年就造出了“摩托车”原型。所以罗佩尔的支持者认为，他应该享有“摩托车之父”的殊荣。

之所以将造出世界上第一辆“真正”摩托车的头衔授予戴姆勒，是因为他造出的摩托车将汽油作为燃料，而罗佩尔在美国内战后发明的摩托车原型采用小型两缸发动机，由蒸汽机驱动。戴姆勒制造的摩托车基本上采用木制自行车结构（脚踏板被拆除），由一台奥托循环发动机驱动，还有一个喷雾器类型的化油器。

● 世界上第一辆汽油发动机驱动的四轮汽车的诞生。1883年戴姆勒与威廉·迈巴赫合作，制成了第一台高速汽油实验性发动机，又在迈巴赫的协助下，于1886年制成了世界上第一辆“无马之车”。该车是本茨为庆祝妻子43岁生日而购买的一辆四轮“美国马车”，安装上了他们制造的功率为0.8千瓦、转速为650转/分的发动机。该车以每小时18公里的当时所谓“令人窒息”的速度，从斯图加特驶向康斯塔特，由迈巴赫成功地完成了试车。世界上第一辆由汽油发动机驱动的四轮汽车就此诞生了，如图12-3所示。

图12-3　第一辆戴姆勒四轮汽车

遗憾的是，当时的摩托车与四轮汽车在1903年的火灾中荡然无存，现在斯图加特的戴姆勒·奔驰博物馆的展车是于1905年制造的列普里加样车。

1883年，戴姆勒把一台引擎附系在一辆自行车上，由此制造出世界上第一台摩托车。翌年，戴姆勒制造出他的第一辆四轮汽车。但是卡尔·本茨却抢先一步，他在几个月前就制造出了他的第一辆汽车——三轮汽车，一辆无可否认的汽车。本茨的汽车与戴姆勒的汽车一样，也是用奥托引擎作动力。由于本茨引擎的转速远没有达到400转/分，这就不足以使他的汽车有实用价值。本茨不断地改进自己的汽车，几年内成功地打入了市场。戈特利布·戴姆勒的汽车比本茨的稍迟些打入市场，但也获得了成功。最后，本茨和戴姆勒两家公司合并成一家，著名的梅赛德斯-奔驰牌汽车就是由这家合并公司生产的。

世界上所有美好的事物都是创造力的果实。

——米尔

第13章

现代车床的发明人——亨利·莫兹利

普通车床是人类由手工业时代进入机械时代所生产出来的第一类车床，也被称为卧式车床。普通车床作为车床的第一发展阶段，是车床的典型代表。

● 什么是车床。车床是人类发明的专门用于加工圆形工件与产品的机械，是一类主要用车刀对旋转的工件进行车削加工的机床。在车床上还可以用钻头、扩孔钻、铰刀、丝锥、板牙和滚花工具等进行相应的加工。车床有很多种类，如卧式车床及落地车床、立式车床、转塔车床、单轴自动车床、多轴自动和半自动车床、仿形车床及多刀车床、专门化车床等。在所有种类的机床中，以卧式车床应用最为广泛。

● 卧式车床的基本结构。普通卧式车床（图13–1）在机械制造类工厂中使用极为广泛。普通卧式车床主要由床身、主轴箱、进给箱、溜板箱、刀架、光杠、丝杠和尾座等组成，如图13–2所示。

图13–1　普通卧式车床

● 卧式车床的工作原理。普

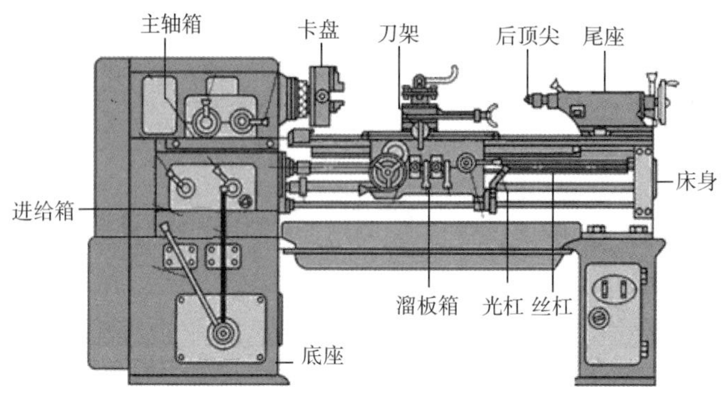

图13-2　卧式车床的基本结构

通车床的电动机将动力传给主轴箱，经主轴箱中的齿轮变速，主轴前端装有卡盘，用以夹持工件，由电动机经变速机构把动力传给主轴，使主轴带动工件按规定的转速做旋转运动，为切削提供主运动。溜板箱把进给箱传来的运动传递给刀架，使刀架实现纵向进给、横向进给、快速移动进给，为切削提供进给运动。进给箱内装有进给运动的变换机构，用于改变运动的进给量或改变被加工螺纹的导程。

● 卧式车床主要加工的零件。图13-3中，车床主要用于加工轴、盘、套等具有回转表面的工件。

图13-3　卧式车床主要加工的零件

● 最早的车床。早在古埃及时代，就已出现简单的车削技术。起初，人们是用两根立木作为支架，架起要车削的木材，利用树枝的弹力把绳索卷到木材上，拉动绳子转动木材，用刀具车削。后来又发展出弓车床，也就是用绳弓牵引工件旋转进行切削的车床。图13–4中为树木车床。

● 中世纪欧洲用脚踏板驱动的加工木棒的车床。到了中世纪，有人设计出了用脚踏板旋转曲轴并带动飞轮，动力再传动到主轴的“脚踏车床”，图13–5为脚踏车床。

图13–4 树木车床

图13–5 脚踏车床

到了18世纪，又有人设计了一种用脚踏板和连杆旋转曲轴，可以把转动动能储存在飞轮上的车床，并从直接旋转工件发展到了旋转床头箱，床头箱是一个用于夹持工件的卡盘。

到19世纪，车床结构更加完善，现代意义上的车床开始出现。车床机械的发明，使人类加工生产某些产品的能力极大地提高，促进了社会经济与社会文明的发展。

在发明车床的故事中，最引人注目的是一个名叫亨利·莫兹利的英国人。

● 现代车床的发明人——亨利·莫兹利。从18世纪中叶到19世纪中叶，英国机械工业得到了突飞猛进的发展。怀特·鲍尔发明的滚筒使纺织实现了从手动向机械运动的转变，以此为开端，在机械加工中取代了手工而使用了各种机床。工业、农业等行业的发展离不开机器。要制造机器，车床发挥着中流砥柱的作用，也可以说车床是“机器之母”。由此可见，就对整个工业的发展所起的作用和产生的影响来说，车床的发明几乎可以和蒸汽机的发明相提并论。

一提到蒸汽机，人们马上想到了瓦特。其实最先发明蒸汽机的并不是瓦特，但由于瓦特对蒸汽机进行了根本性的改进，蒸汽机才真正发挥了其应有的作用。

图13-6 亨利·莫兹利

同样，一说到车床，人们也马上想到了亨利·莫兹利（见图13-6）。其实最先发明车床的人也不是莫兹利，但在他对车床进行了创造性的改进之后，真正意义上的车床才算诞生。因此，人们称莫兹利为“车床之父”是完全正确的。

18世纪的英国机械工业的改进和发明接连不断，日新月异。机械工业的发展给社会结构也带来了很大的影响，这就是历史上众所周知的英国工业革命。

● 兴趣是最好的老师。1771年8月22日，亨利·莫兹利生于英国沃尔里奇的一个军人家庭。莫兹利小时候没有受过正规教育，12岁时，他在制造兵器的工厂劳动，劳动了两年左右；14岁时，又到一个细工木匠那里去当学徒工；15岁时，他在家附近的一个铁匠铺当了一名学徒工，加工铁制品。由于他勤奋好学，在较短的时间里他不仅学到了一手加工金属的好手艺，而且还掌握了作为机械工人的基本技术。

● 莫兹利从艺布拉马。18世纪后期，由于人们的生活不断地改善，很多人都有了过去只有上层社会人物持有的钟表等物品。所以当时在欧洲各地出现了很多锁匠、钟表匠，而且，这些人都是优秀的机械工人，对推动机械技术的发展起了极其重要的作用。当时英国有一名安全锁制造者约瑟夫·布拉马，他就是机械制造技术的权威人士，他的工厂是每个想成为优秀机械工人的人向往的地方。

当时在英国有一种习惯，当学徒必须连续工作7年方能满徒。莫兹利18岁的时候，他的7年学徒期还没有满期，那时正逢布拉马想雇一名帮手，莫兹利很想进入布拉马的工厂学习，提高自己的技术。布拉马的要求很高，经人引荐，布拉马对莫兹利进行了严格考试。莫兹利对自己的技术很有把握，布拉马看到莫

兹利出色地完成了自己提出的各种技术考核项目，决定录用他。莫兹利作为技术高超的机械工被录取了，他如愿以偿地成为布拉马的弟子。由于布拉马技术超群、要求严格并言传身教，莫兹利很快就成为一名优秀的技师。

● 莫兹利的第一项发明——进给箱。加工金属需要车床。在莫兹利出生之前就已有了车床，只是还不够完善。莫兹利是依据这个原理发明进给箱的——当人们吃苹果、梨等水果的时候，首先要削皮，一只手转动苹果，另一只手将水果刀插进果皮里面，一圈一圈慢慢转，皮就均匀地削下来了，一个苹果可以削出一整条长皮。

在今天，车床带有进给箱是理所当然的事情，然而，在很早以前车床上是没有这种进给箱的。锁匠和钟表匠为制作小型机械零件，就需要自己组装小型车床进行加工。那时的车床只能用于加工木料，木匠用双脚踩动踏板，使车床转动，手执削刀接触木棒，木屑便被削掉，这样车出的木棒比较光滑。后来，有人对车床进行过某些改进，但改进后的车床仍然是靠木工手执刀具凭直觉和经验切削木棒的。但是，这样削出来的零件很不精密。莫兹利在布拉马那里工作了8年，因为他喜欢机械，工作中又勤奋好学，很快各种技术都达到了较高的水平，他被誉为布拉马工厂里最有才能的机械工，不久就当了总工长。莫兹利的技术在那里迅速地得到了提高，不仅如此，他还对机械技术的新事物具有十分准确、敏锐的眼光。另外，就机械技术的发展动向而言，他也具有准确的判断力。

在制锁时，莫兹利就注意到这样的问题，即为了满足需要量，如果再采用手工制锁方式的话，其产量就满足不了需要。同时，他也考虑到只有借助机械，才能进行大批量生产。因此，他认为需要改进过去已有的机床。

按照这一设想，莫兹利开始了对车床的研制。首先，他碰到的第一个问题是机器启动后，由于转速高、力量大、床身易动。于是他就用铸铁制造床身，床身易动的问题便解决了；接着，他在床身上装上滑动刀架，使它与一根粗大的丝杠啮合，这样，滑座便可以左右移动，滑动刀架上便可固定切削刀具。刀架还安了个手柄，摇动它可使刀具前后移动，这样，加工时可控制切削深度。

于是，这个刀架便能解决前后左右的矛盾，没有死角，达到了灵活自如的程度。在这台改进后的车床上，可以加工出按规定要求的任何尺寸的部件。1794年，他成功制作了刀具的自动进给装置——进给箱。

● 莫兹利对车床做了进一步改进。莫兹利于1797年制成第一台螺纹切削车床，它带有丝杠和光杠，采用滑动刀架——莫氏刀架和导轨，可车削不同螺距的螺纹。

由于莫兹利对车床做了进一步改进，这种机床通过上述发明的进给箱和安装在车床上的丝杠相啮合而自动进给，与过去的螺纹加工机床相比，可以加工出十分精确的螺纹。用几个齿轮把主轴与丝杠连接起来，机器启动后，齿轮的转动带动了丝杠转动，只要更换大小不同的齿轮，便可改变丝杠的转速，这样就能自动加工出不同螺距的螺纹，如图13-7所示。

● 莫兹利完善车床。莫兹利不断地对车床加以改进。他在1800年制造的车床，用坚实的铸铁床身代替了三角铁棒机架，用惰轮配合交换齿轮对代替了更换不同螺距的丝杠来车削不同螺距的螺纹。这是现代车床的原型（图13-8），对英国工业革命具有重要意义。他采用手工铲点子的刮削法制成标准平板，用来检验平面的精度，曾制成精度达0.0001英寸（1英寸=2.54厘米）的千分尺。他还研究了白布印花法、制币法、炮身镗削、青铜铸造设备和水压机等，改进了瓦特蒸汽机，采用十字头直接驱动曲柄。莫兹利于1815年制成了第一台紧凑的台式发动机，这是船用发动机制造业的始端。

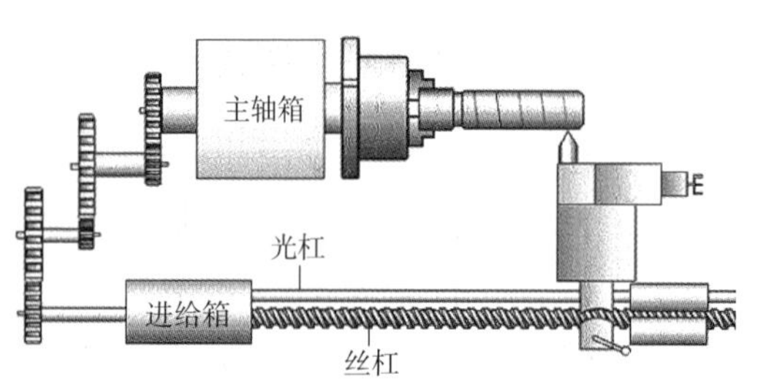

图13-7　车床丝杠螺旋传动

图13-8　更加完善的车床

1794年，莫兹利发明了刀架，刀架是机床的核心，后来相继出现的刨床、钻床、镗床等各种机床，都离不开刀架。所以，人们称莫兹利为“车床之父”。

1797年，他制成了第一台螺纹车床，这是一台全金属的车床，有能够沿着2根平行导轨移动的刀具座和尾座。导轨的导向面是三角形的，在主轴旋转时带动丝杠使刀具架横向移动。这是近代车床的主要机构，用这种车床可以车制任意节距的精密金属螺钉。

我们不应该忘记，莫兹利在提高机床精度方面所作出的巨大贡献，正是他制造出了机械化加工工件的真正的机床。

● 车床的发展。自从车床诞生以来，车床的发展历程经过了普通车床、数控车床等发展阶段，在这个过程中，车床为机械生产发挥了极大的作用，同时，车床技术依旧在不断发展中。在未来的发展道路上，采用适当的发展手段，把握发展机遇，就能够实现车床技术的不断进步。

18世纪末，现代车床的雏形在英国问世（见图13-9）。

19世纪中叶，通用机床类型已大体齐备（见图13-10）。

19世纪末，自动化机床、大型机床出现。

近代，随着生产模式的变化，社会需求日益增长。20世纪初叶，机械制造进入了大批量生产模式的时代（见图13-11）。

随着数字技术的发展和应用，数控车床随之诞生，这是机械加工业的又一次飞跃式的发展。数控车床可以简单地理解为运用数字技术控制车床的工作流

图13-9 车床的雏形

图13-10 19世纪初的车床

图13-11　20世纪初叶的车床

程，从而生产出人们所需要的零件。数控车床的特点是较高的精确度、较高的生产效率以及自动化。相对于普通车床来说，数控车床在外观和内部结构以及操作方式、工作原理等方面都发生了很大的变化。

计算机的发明——科学技术发展史上划时代的大事。计算机控制系统和伺服电机被引入到传统加工机器中来，使其组成、面貌和功能发生了革命性的变化（见图13-12、图13-13）。

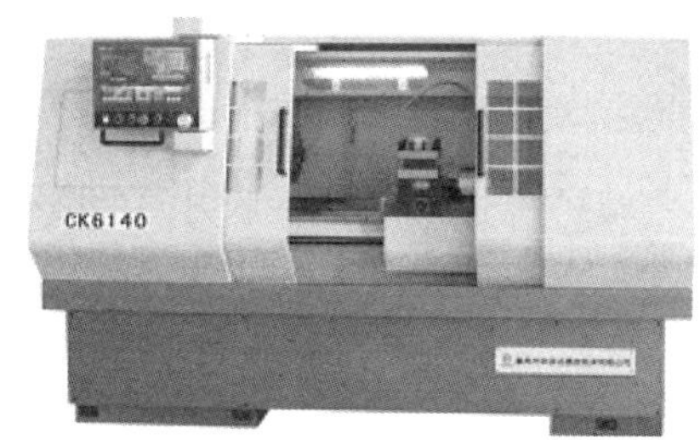

图13-12　数控车床

图13-13　数控加工中心

经过200多年的风风雨雨，机床的家族已日渐成熟，真正成了机械领域的“工作母机”。

天才是百分之一的灵感加百分之九十九的勤奋。

——爱迪生

第14章

是谁发明了电动机？

电动机是第二次工业革命中最重要的发明之一，它至今仍在我们的社会生产生活中起着极为重要的作用，如机床、水泵需要电动机带动，电力机车、电梯需要电动机牵引，家庭生活中的电扇、冰箱、洗衣机，甚至各种电动玩具都离不开电动机。电动机已经应用在现代社会生活的各个方面。

电动机是把电能转换成机械能的一种设备。图14-1为电动机的内部结构

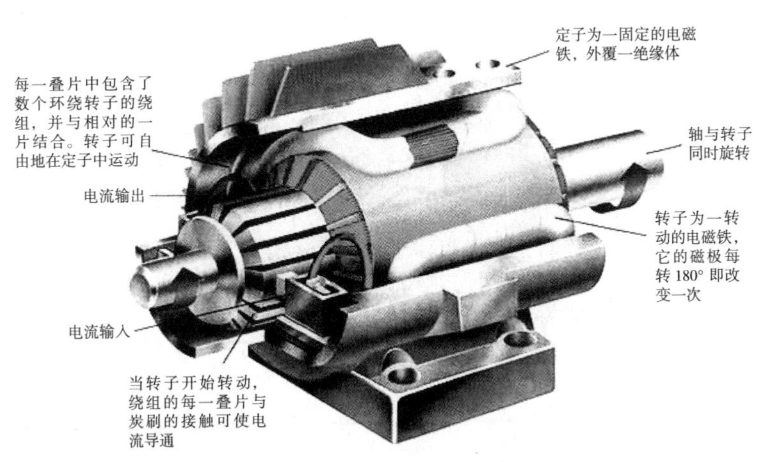

图14-1　电动机的结构示意图

图，它是利用通电线圈产生旋转磁场，并作用于转子形成磁电动力旋转转矩。电动机按使用电源不同分为直流电动机和交流电动机，电力系统中的电动机大部分是交流电机，可以是同步电动机或者是异步电动机（电动机定子磁场转速与转子旋转转速不保持同步速）。电动机主要由定子与转子组成，通电导线在磁场中受力运动的方向跟电流方向和磁感线（磁场方向）方向有关。电动机工作原理是磁场对电流力的作用，使电动机转动。

电动机的种类很多，下面了解一些常见的机器上所采用的电动机。

● 直流电机。输出或输入为直流电能的旋转电机，称为直流电机，它是实现直流电能和机械能互相转换的电机。当它作电动机运行时是直流电动机，将电能转换为机械能；作为发电机运行时是直流发电机，将机械能转换为电能。

● 直流电动机的基本结构。直流电动机的基本结构：直流电动机和直流发电机的结构基本一样。直流电动机由静止的定子和转子两大部分组成，在定子和转子之间存在一个间隙，称作气隙。定子的作用是产生磁场和支撑电机，它主要包括主磁极、换向磁极、机座、电刷装置、端盖。转子的作用是产生感应电动势和电磁转矩，实现机电能量的转换，通常由电枢铁芯、电枢绕组以及换向器、转轴、风扇等组成。直流电动机的结构，如图14-2所示。

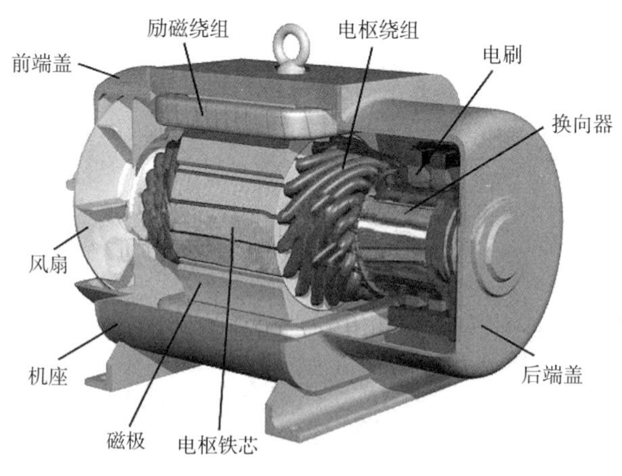

图14-2　直流电动机的基本结构

图14-3　迈克尔·法拉第

● “电机之父”迈克尔·法拉第。迈克尔·法拉第（图14–3）是世界著名的自学成才的科学家，英国物理学家、化学家、发明家，是发电机和电动机的发明者。

● 博览群书，汲取知识。迈克尔·法拉第于1791年9月22日出生在英国萨里郡纽因顿一个贫苦家庭。他的父亲是个铁匠，体弱多病、收入微薄，仅能勉强维持生活的温饱。但是他的父亲非常注意对孩子们的教育，教育他们要勤劳朴实，不要贪图金钱、地位，要做一个正直的人，这对法拉第的思想和性格产生了很大的影响。由于贫困，法拉第家里无法供他上学，因而法拉第幼年时只读了两年小学。1803年，为生计所迫，他在街头当了报童，第二年又到一个书商兼订书匠的家里当学徒。订书店里书籍堆积如山，法拉第带着强烈的求知欲望，如饥似渴地阅读各类书籍，汲取了许多自然科学方面的知识，尤其是《大英百科全书》中关于电学的文章，强烈地吸引着他。他努力地将书本知识付诸实践，利用废旧物品制作静电发电机，并进行简单的化学和物理实验。

法拉第不放过任何一个学习的机会，在他哥哥的资助下，他有幸参加了学者塔特姆领导的青年科学组织——伦敦城哲学会。通过一些活动，他初步掌握了物理、化学、天文、地质、气象等方面的基础知识，为以后的研究工作打下了良好的基础。法拉第的好学精神感动了一位书店的老主顾，在他的帮助下，法拉第有幸聆听了著名化学家汉弗莱·戴维的演讲。他把演讲内容全部记录下来并整理清楚，回去和朋友们认真讨论研究。他还把整理好的演讲记录送给了戴维，并且附信，表明自己愿意献身科学事业的决心。最后，他如愿以偿，20岁时做了戴维的实验助手。从此，法拉第开始了他的科学生涯。戴维虽然在科学上有许多了不起的贡献，但他说，我对科学最大的贡献是发现了法拉第。

法拉第勤奋好学，工作努力，很受戴维器重。1813年10月，他随戴维到欧洲大陆国家考察，虽然他的公开身份是仆人，但他不计较地位，也毫不自卑，把考察当作学习的好机会。他见到了许多著名的科学家，参加了各种学术交流活动，还学会了法语和意大利语，大大开阔了眼界，增长了见识。

● 迈克尔·法拉第发明了世界上第一台电动机。1820年，奥斯特发现了电流的磁效应，而后建立了毕奥–萨伐尔定律和安培定律，这些激动人心的科学进展，使得思想敏锐的法拉第由此前的主要做化学实验研究，转而进入电磁学的研究领域。

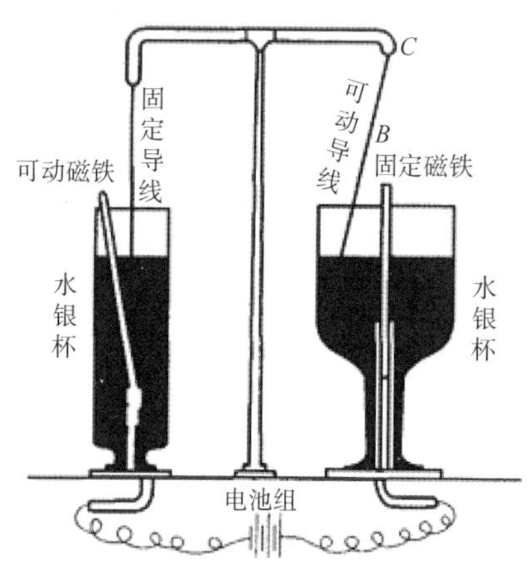

图14–4　法拉第的电磁旋转装置示意图

1821年9月，法拉第重复了奥斯特的实验，发现电流对磁极有横向作用力，使之有绕电流做圆周运动的倾向。根据这个效应，法拉第设计制造了一个磁棒绕通电导线旋转和通电导线绕磁棒旋转的对称实验装置，如图14–4所示，图中左边的导线固定，当导线与水银接触且有电流通过时，导线周围产生了环形磁场，使得可动磁铁绕导线不停转动；右边的磁铁固定在水银槽里，当可动导线接触水银表面而有电流通过时，因为反作用，使得导线也不停地转动起来。

法拉第的这个“电磁旋转”实验，实现了电能向机械能的转化，同时也实现了连续的转动，实验装置成为人类第一台电动机。此后的各类直流电动机，虽然在结构上有了很大的变化，例如用电磁铁代替永久磁铁，这样就获得了更大的磁场，用多匝线圈代替单根导线，可以得到更大的力矩，但原理却没有本质上的区别。

● 法拉第发明了圆盘发电机。1820年，奥斯特发现电流的磁效应后，受到科学界的广泛关注。1821年，英国《哲学年鉴》的主编邀请戴维撰写一篇文章，评述自奥斯特的发现以来，电磁学实验的理论发展概况。戴维把这一工作交给了法拉第，法拉第在收集资料的过程中，对电磁现象产生了极大的兴趣，并开始转向电磁学的研究。他仔细地分析了电流的磁效应现象，认为既然电能够产生磁，反过来，磁也应该能产生电。于是，他试图在静止的磁力对导线或线圈的作用中产生电流，但是结果失败了。经过近10年的不断实验，到1831年

法拉第终于发现，一个通电线圈的磁力虽然不能在另一个线圈中产生电流，但是当通电线圈的电流刚接通或中断的时候，另一个线圈中的电流计指针有微小偏转。法拉第心明眼亮，经过反复实验，最后证实了当磁作用力发生变化时，另一个线圈中就有电流产生。他又设计了各种各样的实验，比如两个线圈发生相对运动，磁作用力的变化同样也能产生电流。这样，法拉第终于用实验发现了电磁感应定律。法拉第的这个发现，清除了探索电磁本质道路上的障碍，开创了在电池之外大量产生电流的新道路。根据这个电磁感应规律，1831年10月28日法拉第发明了圆盘发电机，这是法拉第第二项重大的电发明。这个圆盘发电机，虽然结构简单，但它却是人类创造出的第一个发电机。现在世界上产生电力的发电机就是从它开始的。

图14–5为法拉第做成的世界上第一台发电机模型的原理图。将铜盘放在磁场中，让磁感线垂直穿过铜盘，图中a、b导线与铜盘的中轴线处在同一平面内，转动铜盘，就可以使闭合电路获得电流。

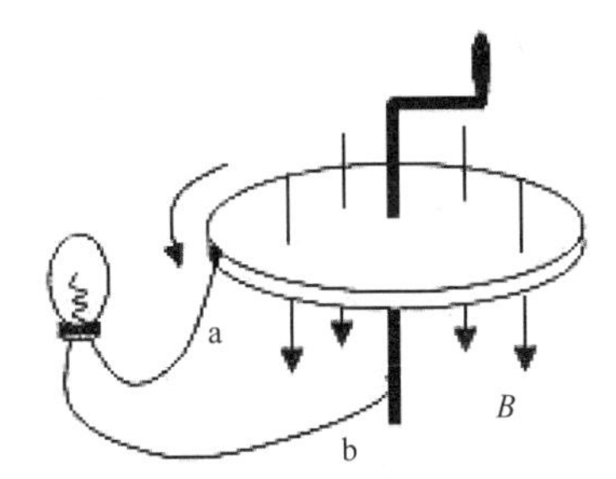

图14–5　圆盘发电机的工作原理

第一台发电机原理：当圆盘在转动过程中，每一条沿半径方向的导体都会切割磁感线，所以圆盘就相当于电源，由右手定则可知，圆盘边缘上的点电势最高，圆心的点电势最低。由法拉第电磁感应定律，可解得每个电源的电动势，这一个个的电源是并联关系，对外输出的电动势也是并联的。在正常情况下，a端电势低，b端电势高，相当于形成了电源，但a端与圆盘是一直固定的，还是在不断摩擦的，需要分情况考虑。

● 电动机是这样广泛应用起来的。1821年，世界上第一台电动机的雏形由英国物理学家法拉第完成，其是利用通电线圈在磁场里受力转动的原理制成的。10年后，法拉第发现了电磁感应现象，发电机就是利用电磁感应现象制成的，根据这一现象他又制成了世界上第一台发电机模型。

1834年，德国人雅可比最先制成了世界上第一台电动机。与此同时，美国的达文波特也成功地制造出了驱动印刷机的电动机，但这两种电动机都没有多大的商业价值，用电池作电源，成本太高、不实用。

1866年，西门子的创始人维尔纳·冯·西门子制成了直流自励、并励式发电机，并制成了一架大功率直流电机。

1867年，在巴黎世界博览会上展出了第一批样机，西门子完成了把机械能转换成为电能的发明，从而开始了19世纪晚期的“强电”技术时代。

1870年，比利时工程师格拉姆发明了直流发电机。在设计上，直流发电机和电动机很相似，但是这种直流发电机的优点在于当人们向直流发动机输入电流时，其转子会像电动机一样旋转。于是，这种格拉姆型电动机大量制造出来。格拉姆发明的直流发电机标志着第一台实用直流发电机的问世，这时候电动机才广泛应用起来。

● 交流电动机。是将交流电的电能转变为机械能的一种机器。由于交流电力系统的巨大发展，交流电动机已成为最常用的电动机。与直流电动机相比，交流电动机由于没有换向器，因此结构简单、制造方便、比较牢固，容易做成高转速、高电压、大电流、大容量的电动机。交流电动机功率的覆盖范围很大，从几瓦到几十万千瓦，甚至上百万千瓦。20世纪80年代初，最大的汽轮发电机已达150万千瓦。

交流电动机主要由一个用以产生磁场的电磁铁绕组或分布的定子绕组和一个旋转电枢或转子组成，它是利用通电线圈在磁场中受力转动的现象而制成的。

● 交流电动机的原理及主要用途。交流电动机的原理：通电线圈在磁场中转动。大家都知道，直流电动机是利用换向器来自动改变线圈中的电流方向，从而使线圈受力方向一致而连续旋转的。因此只要保证线圈受力方向一致，电动机就会连续旋转。交流电动机就是应用这个原理。交流电动机由定子和转子组成，在模型中，定子就是电磁铁，转子就是线圈。而定子和转子接同一电源，所以，定子和转子中电流的方向变化总是同步的，即线圈中的电流方向改变，电磁铁中的电流方向也同时变。根据左手定则，线圈所受磁力方向不变，线圈能继续转下去。两个铜环的作用：两个铜环配上相应电刷，电流就能源源不断地被送入线圈。这个设计的好处是避免了两根电源线的缠绕问题，因为线

圈是不停地转的，用两条导线向线圈供电的话，两根电源线便会缠绕。线圈中的电流由于是交流电，会有电流等于零的时刻，不过这个时刻同有电流的时间比起来实在很短，更何况线圈有质量，具有惯性，所以线圈就不会停下来。交流电动机是根据交流电的特性，在定子绕组中产生旋转磁场，然后使转子线圈做切割磁感线的运动，使转子线圈产生感应电流，感应电流产生的感应磁场和定子的磁场方向相反，才使转子有了旋转力矩。

交流电动机的工作效率较高，又没有烟尘、气味，不污染环境，噪声也较小。由于它的这些优点，在工农业生产、交通运输、国防、商业及家用电器、医疗电器设备等各方面得到了广泛应用。

● 交流电动机的结构。图14-6为交流电动机由定子和转子组成，并且定子和转子是采用同一电源，所以定子和转子中电流的方向变化总是同步的，交流电动机就是利用这个原理而工作的。

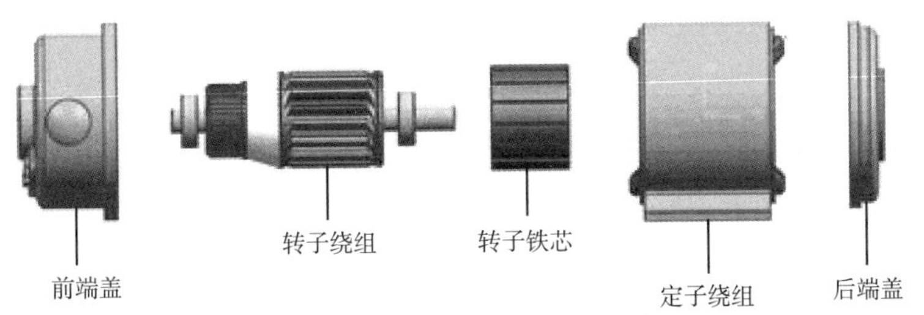

图14-6 交流电机的基本结构图

交流电动机分为异步电动机和同步电动机两种，异步电动机又有三相异步电动机和单相异步电动机之分。在异步电动机中，通常将功率大的做成三相异步电动机，多用于各个生产领域，例如机床、起重机、鼓风机、水泵以及各种动力机械，将功率小的做成单相异步电动机，多用于家电和医疗器械。

● 三相异步电动机。三相异步电动机是靠同时接入380V三相交流电源（相位差120°）供电的一类电动机，由于三相异步电动机的转子与定子旋转磁场以相同的方向、不同的转速旋转，存在转差率，所以叫三相异步电动机。

异步电动机是基于气隙旋转磁场与转子绕组感应电流相互作用产生电磁转矩而实现能量转化的一种交流电动机。在异步电动机中，较为常见的是单相异步电动机和三相异步电动机，其中三相异步电动机是异步电动机的主体。

● 三相异步电动机的结构。三相异步电动机的结构如图14–7所示。三相异步电动机由定子和转子两个基本部分组成，电动机的定子和转子之间并没有直接相连，中间一般有一定厚度的空气隙。

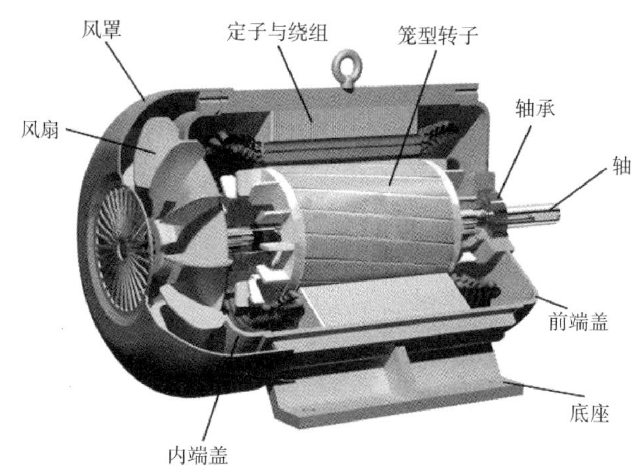

图14–7　三相异步电动机结构图

三相异步电动机中固定不动的部分称为定子，包括机座、定子铁芯、定子绕组和端盖等。

● 三相异步电动机的工作原理。三相异步电动机的定子绕组接入三相交流电源，便有三相对称电流流入绕组，在电动机的气隙中产生旋转磁场，旋转磁场切割转子绕组，在转子绕组中产生感应电动电势，当转子绕组形成闭合回路时，在转子绕组中会有感应电流流过。这样转子电流与旋转磁场相互作用产生电磁力，形成转矩，转子便沿着转矩的方向旋转。

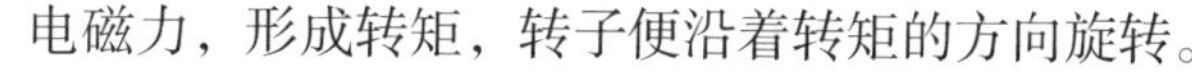

图14–8　尼古拉·特斯拉

● 交流电动机的发明者——尼古拉·特斯拉。尼古拉·特斯拉（图14–8），塞尔维亚裔美籍发明家、物理学家、机械工程师、电气工程师。他被认为是电力商业化的重要推动者，并因主持设计了现代交流电系统而最为人知。在迈克尔·法拉第发现的电磁场理论的基础上，特斯拉在电磁场领域有着多项革命性的发明。他的多项

相关专利以及电磁学的理论研究工作，是现代的无线通信和无线电的基石。

1888年，在特斯拉发明了交流电动机。它是根据电磁感应原理制成，又称感应电动机。这种电动机结构简单、使用交流电、无需整流、无火花，因此被广泛应用于工业和家庭电器中。

● 早年的尼古拉·特斯拉。1856年7月10日，尼古拉·特斯拉出生在一个塞尔维亚族家庭，他是五个孩子中的老四。这个村庄位于奥匈帝国（今克罗地亚共和国）的利卡省戈斯皮奇附近。

小时候，特斯拉在克罗地亚的卡尔洛瓦茨上学。1875年，他在奥地利的格拉兹科技大学修读电子工程专业。在那里，他学习了物理学、数学、机械学和交流电的应用。至少有两份材料说明他在格拉兹科技大学获得了学士学位。然而他的学校却宣称他从来没有获得过学位，他在大学一年级只上了第一学期的课，第二年被军事边境局撤销资格，他失去了助学金，因交不起学费被迫退学，特斯拉没有毕业。1877年特斯拉到布拉格学习了两年，他一边去大学里旁听课程，一边在图书馆学习；在1878年，他离开了格拉兹，并且与家里断绝了所有的联系，1879年他去了斯洛文尼亚的马尔博里，在那里他首次被聘为助理工程师，在这期间他患上了神经衰弱。他的父亲一直劝他回到布拉格大学的分校学习，特斯拉便返回布拉格继续完成他的学业，于1880年在那里读了夏季学期。

然而当他父亲去世后，他离开了大学。特斯拉热衷于阅读各种书籍，能够记下整本书，他的记忆就像照相机一般生动。特斯拉在他的自传里叙述了他所经历的灵感的每一部分细节。在早年，他经历了一次又一次的病痛折磨，承受着奇怪的痛苦，眩目的闪光时常会出现在他的眼前，并伴随着幻觉。大多数时候，这些幻觉是关于一个词或者一个即将闪现的念头。仅仅听到一个词，他就能想象这个物体的实际细节。特斯拉能够在试验制造以前在脑中详细地视觉化他的发明，这是一个如今被称为视觉思维的技巧。特斯拉也经常快速地回忆起发生在他早年生活的事，这种情况在他的孩提时代就已经出现了。

1884年，他前往美国，从此留在美国并加入美国国籍。特斯拉第一次踏上美国国土，来到了纽约，除了前雇主查尔斯·巴切罗所写的推荐信外，他几乎一无所有，这封信是写给托马斯·爱迪生的，信中提到："我知道有两个伟大的人，一个是你，另一个就是这位年轻人。"

爱迪生雇用了特斯拉，安排他在爱迪生机械公司工作。一开始特斯拉为爱迪生进行简单的电器设计，由于他进步很快，不久就可以解决公司一些非常难的问题，最后特斯拉完全负责了爱迪生公司直流电动机的重新设计。

● 尼古拉·特斯拉发明了交流电动机。在特斯拉众多的发明里，最惠及大众的，莫过于他发明的各种交流电动机。

特斯拉一生的发明无数。1882～1883年，他在爱迪生电话公司巴黎分公司制成了第一台交流电动机的模型（于1888年取得专利），并通过交流电成功制造了旋转磁场，这是后来交流电动机得以大规模应用的基础；1884～1885年，特斯拉在爱迪生公司纽约总部担任电器开发部主管，短短一年就发明了20余项新设备；1885年他和爱迪生产生矛盾，自立门户；1886年，他发明了三相感应电动机；1887年，他发明了三相异步电动机；1888年，他制成了真正意义上的交流电动机，这种电机采用三相制，无需整流、无火花，因而被大规模应用。

在19世纪80年代，特斯拉对交流电的一系列完善工作，改变了单相交流电相对于直流电的劣势，而树立了多相交流电（尤其是三相交流电）的真正统治地位。1895年，他替美国尼亚加拉发电站制造了发电机组，致使该发电站至今仍是世界著名的水电站之一；1897年，他使马可尼的无线电通信理论成为现实；1898年，他制造出世界上第一艘无线电遥控船，无线电遥控技术取得专利；1899年，他发明了X光摄影技术；以他名字而命名的磁密度单位（1T=10000Gs）更突出了他在磁学上的贡献。年轻时的特斯拉非常聪明，可以在脑子中飞快地完成复杂计算，老师总认为他在作弊；特斯拉能流利地说7种语言：捷克语、英语、法语、德语、匈牙利语、意大利语、拉丁语。中年时，特斯拉与马克·吐温成为了亲密的朋友，他们在实验室和其他地方共度了许多时光。

爱迪生发明直流电后，电器得到广泛应用，由于电费十分高昂，所以经营输出直流电成为了当时最赚钱的生意。1885年，特斯拉离开了爱迪生公司，随

后遇上西屋公司负责人乔治·威斯汀豪斯，在他的支持下，于1888年正式将交流电带到了当时的社会。在1893年5月的哥伦比亚博览会上，特斯拉展示了交流电照明，成为“电流之战”的赢家。事后，特斯拉取得了尼亚加拉水电站电力设计的承办权。

从此，交流电取代了直流电成为供电的主流。特斯拉拥有着交流电的专利权，在当时，每销售一马力交流电就必须向特斯拉缴纳2.5美元的版税。在强大的利益驱动下，当时一股财团势力要挟特斯拉放弃此项专利权，并意图独占牟利。经过多番交涉后，特斯拉决定放弃交流电的专利权，前提条件是交流电的专利将永久公开。从那以后，他便撕掉了交流电的专利，损失了收取版税的利益。从此交流电就再没有专利，成为一项免费的发明，如果交流电的发明专利不送给全人类免费使用，则每一马力交流电就给特斯拉带来2.5美元的“专利费”，他将会是世界上最富有的人。

● 天才出于勤奋，为了科学研究事业献出了他的毕生精力。由于家境贫寒，父亲希望小尼古拉·特斯拉子承父业当一名神职人员，但他却对神灵无动于衷，立志当电气工程师，并因此常常和父亲发生冲突。17岁前的特斯拉“中了邪”般地沉浸在发明创造的幻想里，脑袋里经常浮现出种种异常奇怪的现象。17岁时，特斯拉惊奇地发现，自己能够充分利用想象力，完全不需要任何模型、图纸或者实验，就可以在脑海中把所有细节完美地描绘出来，和实际情况没有丝毫差别。后来，特斯拉发明创造都依靠这种能力。特斯拉说：“从具有可行性的理论到实际数据，没有什么东西是不能在脑海中预先测试的。人们将一个初步想法付诸实践的过程，完全是对精力、金钱和时间的浪费。”

特斯拉说：“电给我疲乏衰弱的身躯注入了最宝贵的东西——生命的活力、精神的活力。”他为了把构思转变成现实发明，舍不得睡觉，每天只睡2个多小时，最终独自获得1000多项发明专利。特斯拉的专利是他个人独自构思和撰写的，他是名副其实的专利发明人。

“科学界普遍认为，人类有史以来有两个旷世奇才，一个是达·芬奇，另一个就是尼古拉·特斯拉。”但他却是一个被世界遗忘的伟人。他的梦想就是给世界提供用之不竭的能源。特斯拉从不在意他的财务状况，于穷困且被遗忘的情况下病逝，享年86岁。虽然他是一个绝世天才，但很遗憾没有多少人记得他。

世界著名的天才发明家尼古拉·特斯拉，一生有很多重大发明，为人类社会进步起了很大的推动作用。

一旦科学插上幻想的翅膀，它就能赢得胜利。

——法拉第

第15章

实现飞天梦想的莱特兄弟

什么是飞机？飞机是由固定翼产生升力，由推进装置产生推力，在大气层中飞行的重于空气的航空器。飞机的种类很多，除了极少特殊形式的飞机外，大部分飞机主要由机身、机翼、动力装置、起飞装置、着陆装置五大部分组成，如图15–1、图15–2所示。

飞机能飞上天空，主要是透过四种力量交互作用所产生的结果。这四种力量是引擎的推力、空气的阻力、飞机自身的重力和空气的升力。飞机以引擎提供的

图15–1　客机透视图

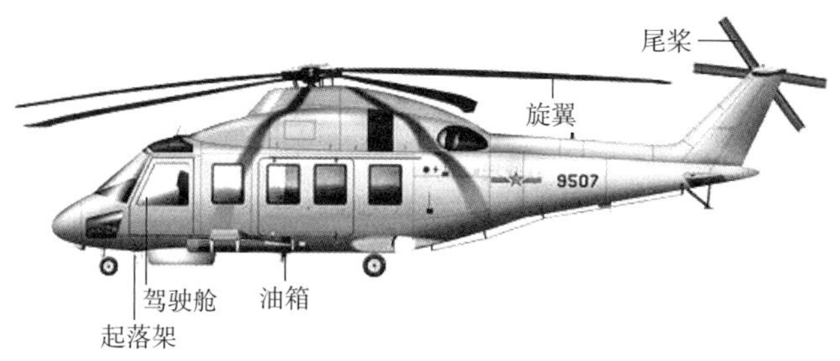

图15-2　直升机

推力产生速度，并且以升力克服重力，使机身飞在空中；当空气流经机翼时，在飞机的机翼截面形成拱形，上方的空气分子因在同一时间内走较长的距离，因此机翼下方的空气分子跑得较快，造成在机翼上方的气压会比下方低，这样下方较高的气压就将飞机支承着，并浮在空气中，这就是物理学的伯努利原理。当推力大于阻力、升力大于重力时，飞机就能起飞爬升；待飞机爬升到巡航高度时，就收小油门，称为平飞，这时候推力等于阻力，重力等于升力，也就是所谓的定速飞行。

在科学技术飞速发展的今天，飞机仍然有着不可取代的地位。在运输方面，它既可载物，也能载人，飞行变得愈来愈快速及便利。

是谁发明了世界上第一架飞机，创造了人类航空史的骄傲？是莱特兄弟，是他们首次代表人类飞上蓝天。“飞行者”号是莱特兄弟发明创造的，在它身上，凝聚了此前众多航空先驱的心血和对航空事业的伟大贡献。

图15-3　维尔伯·莱特

图15-4　奥维尔·莱特

莱特兄弟，指的是维尔伯·莱特（图15-3）和奥维尔·莱特（图15-4），两位美国发明家，飞机的制造者。他们于1903年12月17日首次完成完全受控制、附机载外部动力、机体比空气重、持续滞空不落地的飞行，因此“发明了世界上第一架飞机”的成就就归功于他们。

● 少年时代的莱特兄弟。莱特兄弟几乎在懂事的时候就对机械产生了浓厚的兴趣。成年后的奥维尔每当向别人回忆自己童年生活时，讲的几乎都是与机械设计有关的故事。他常常津津乐道地回忆起他在5岁生日那天，在一大堆生日礼物中，首先看中了一只回旋陀螺，尽管它支撑在刀形支承的刃口上，但仍能够保持自身的旋转和平衡。

1877年冬天，一场大雪降在美国的代顿地区，城郊的山冈上到处是白茫茫一片。一群孩子来到堆着厚厚白雪的山坡上，乘着自制的爬犁飞快地向山坡下滑去。

在他们旁边，有两个男孩静静地站着，眼睁睁地看着欢快的爬犁从上而下滑过。大一点的男孩叹道：“嗨！要是我们也有一架爬犁该多好啊！”

另一个孩子噘着嘴说道：“谁叫我们爸爸总不在家呢！”他灵机一动，又接着说道：“哥哥，我们自己动手做吧！”被叫作哥哥的男孩一听，顿时笑了起来，愉快地说道：“对呀！我们自己也可以做。走，奥维尔，我们回去！”于是，两个孩子一蹦一跳地跑下山坡，飞快地向家里跑去。

这两个男孩就是莱特兄弟，年龄大的叫维尔伯，年龄小的便是奥维尔。他们从小就喜欢摆弄一些玩意，经常在一起做各种各样的游戏。他们的爷爷是个制作车轮的工匠，屋里有各种各样的工具，兄弟两个把那里当作他们的乐园，经常跑去看爷爷干活。时间一长，他们就模仿着制作一些小玩具。有一天，兄弟俩决定，要做架爬犁，拉到山坡上与同伴们比赛。当天晚上，兄弟俩就把这个想法告诉了妈妈。妈妈一听，非常高兴地说道：“好，咱们共同来做吧！”于是，兄弟俩就跑到爷爷的工具房里，找到很多木条和工具，不假思索地就做了起来。“不行！”妈妈阻止他们说，“干什么事情得有个计划，我们首先得画一个图样，然后再做！”

妈妈首先量了兄弟俩身体的尺寸，然后画出一个很矮的爬犁。“妈妈，别人的爬犁都很高，为什么你画的爬犁这么矮？这能行吗？”弟弟奥维尔不解地问。“孩子，要想让爬犁跑得快，就得制成矮矮的，这样可以减小风的阻力，速度也就会快多了。”妈妈温和地解释道。兄弟俩这才明白，做任何事情都不应莽撞，应首先弄懂道理。兄弟俩明白了这个道理，就同妈妈一起设计图样。

过了一天，莱特兄弟的矮爬犁做成了。兄弟俩把它推到小山冈上，刚放在山坡上，就跑来了一个男孩。“快来看呀，莱特兄弟扛了一个怪物！”那个男孩大惊小怪地叫道。不一会儿，孩子们都围了上来，指手画脚地议论着这个怪模怪样的东西。莱特兄弟不以为然，勇敢地说道：“谁和我们比赛！”先前跑过来的男孩连忙叫道：“我来！我来与你们比赛！”说完，就把自己爬犁拉了过来。比赛结果，自然是莱特兄弟获胜，孩子们再也不嘲弄那个爬犁，反而围起来左瞧右看，似乎想从中找到什么。莱特兄弟非常高兴，带着胜利的喜悦回家去了。

圣诞节快到了，莱特兄弟的爸爸也从外地回来。在圣诞节早晨，爸爸送给了他们礼物，兄弟俩急不可耐地打开一看，是一个不知名的玩具，样子挺奇怪的。

爸爸告诉他们，那是飞螺旋，能在空中高高地飞行。“鸟才能飞呢！它怎么也会飞！”维尔伯有点怀疑。

爸爸笑了笑，当场做了表演，只见他先把上面的橡皮筋扭好，一松手，飞螺旋就发出“呜呜”的声音，向空中高高地飞去。兄弟俩这才相信，除了鸟、蝴蝶之外，人工制造的东西，也可以飞上天。于是，兄弟俩便把它拆开了，想从中探索一下，为何它能飞上天。

从那以后，在他们的幼小心灵里，就萌发了将来一定制造出一种能飞上高高蓝天的东西，这个愿望一直影响着他们。

● 为梦想而努力。莱特兄弟一直着迷于当时誉满大西洋两岸的无动力滑翔飞行家——德国的李林达尔。通过自学，两个人读了大量的书，掌握了基本航空理论，开始了艰难的探索。

1896年，兄弟俩听闻了德国航空先驱奥托·李林达尔在一次滑翔飞行中不幸遇难的消息。按说，这条消息对那些梦想飞行的人是一个打击，但熟悉机械装备的莱特兄弟却从中认识到，人类进行动力飞行的基础实际上已经足够成熟，李林达尔的问题在于，他还没有发现操纵飞机的诀窍。对李林达尔的失败进行了一番总结后，莱特兄弟满怀激情地投入了对动力飞行的钻研。

那时候，莱特兄弟开着一家自行车商店。他们一边干活挣钱，一边研究飞行的资料。三年后，他们掌握了大量有关航空方面的知识，决定仿制一架滑翔机。

首先他们观察老鹰在空中飞行的动作。他们常常仰面朝天地躺在地上，一连几个小时仔细观察鹰在空中的飞行，研究和思索它们起飞、升降和盘旋的机理，然后一张又一张地画下来，之后开始着手设计滑翔机。

1900年10月，莱特兄弟终于制成了第一架全尺寸的滑翔机，是一架无人驾驶的双翼滑翔机，可以像风筝一样把它放上天。他们在飞机的前面安装了升降舵，也就是一种摆动舵，可以用来操纵横轴，然后，他们把它带到离代顿很远的吉蒂霍克海边，那里十分偏僻，周围既没有树木也没有民房，而且那里风力很大，非常适宜放飞滑翔机。

兄弟俩用了一个星期的时间，把滑翔机装好，然后把它系上绳索，像风筝那样放飞，结果成功了。然后，由维尔伯坐上去进行试验，虽然滑翔机飞了起来，但只有1米多高。

第二年，兄弟俩在上次制作的基础上，经过多次改进，又制成了一架滑翔机。这年秋天，他们又来到吉蒂霍克海边进行试验，飞行高度一下子达到180米。

1900～1903年，他们制造了3架滑翔机并进行了1000多次滑翔飞行，设计出了较大升力的机翼截面形状。在此期间，他们的滑翔机滑翔距离多次超过1000米。弟兄俩非常高兴，但对此并不满足，他们想制造一种不用风力也能飞行的机器。从1903年夏季开始，莱特兄弟着手制造这著名的“飞行者”1号双翼机。

兄弟俩认为要建造一架飞行机器，主要有三个障碍：如何制造升力机翼；如何获得驱动飞机飞行的动力；在飞机升空之后，如何平衡以及操纵飞机。

针对这些问题，他们首先仔细研究了前人的试验数据，再通过大量风筝、滑翔机以及风洞试验做验证，设计出了最佳的机翼剖面形状和角度，以获得最大的升力。然后又把一般大小的机翼增大一倍，达到308平方英尺（1平方英尺=0.09平方米）。最重要的是，他们设计了通过直接控制机翼来操纵飞机飞行姿态的机构，同时，在飞机整体的升力增加后，飞机对于驾驶员自身位置的变化也不那么敏感了，这就使得飞机尽管机翼面积大大增加，但可操纵性能并不比小机翼飞机差。三个问题解决了两个。

兄弟俩反复思考，把有关飞行的资料集中起来，反复研究，但始终想不到用什么动力可以把庞大的滑翔机和人运到空中。有一天，他们家门前停了一辆汽车，司机向他们借一把工具来修理汽车的发动机。兄弟俩灵机一动，能不能用汽车的发动机来推动飞行？

从那以后，兄弟俩围绕发动机开动了脑筋。他们首先测出滑翔机的最大运载能力是90千克，于是，他们希望向工厂订制一台不超过90千克的发动机。但当时最轻的发动机是190千克，工厂无法制出这么轻的发动机。

后来，一名制造发动机的工程师知道了这件事情，答应帮助莱特兄弟。过了一段时间，这位工程师果然造出了一部12马力、重量只有70千克的汽油发动机。兄弟俩非常高兴，很快便着手研究怎样利用发动机来推动滑翔机飞行。经过无数次的试验，他们终于把发动机安装在滑翔机上，并在滑翔机上安上螺旋桨，由发动机来推动螺旋桨旋转，带动滑翔机飞行。

“飞行者”1号的结构，如图15-5所示。

“飞行者”系列共有3架，分别命名为“飞行者”1号、2号、3号。“飞行者”1号采用了双层翼，机身为木制构架，布制蒙皮，机翼剖面呈弧形，翼尖上翘，翼展13.2米，起飞着陆装置为木制滑橇，依靠滑轨起飞，机上安装一台88千瓦的水冷式内燃机和两副推进式螺旋桨。

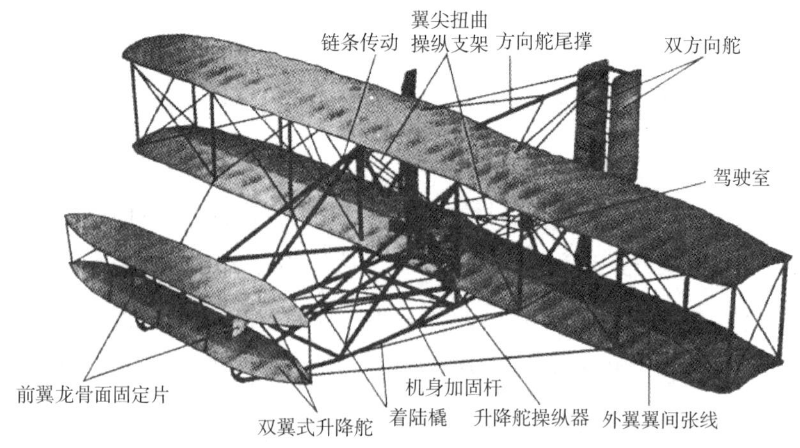

图15-5 “飞行者”1号的结构

“飞行者”1号采用了升降舵在前、方向舵在后的鸭式布局，包括一名飞行员在内飞机总重340千克，机翼总面积47.4平方米，翼尖有卷角，以便飞机的横侧操纵和稳定，飞行员基本上是趴在敞开的驾驶舱内驾驶的。

● 实现人们的飞天梦想。1903年9月，莱特兄弟带着他们装有发动机的飞机再次来到吉蒂霍克海边试飞，虽然试飞失败了，但他们从中吸取了很多经验。过后不久，他们又连续试飞多次，但仍旧存在很多问题，不是螺旋桨的故障，就是发动机出了毛病，或是驾驶技术的问题。

莱特兄弟毫不气馁，仍然坚持试飞。就在当时，一位名叫兰莱的发明家，受美国政府的委托，制造了一架带有汽油发动机的飞机，在试飞中坠入大海。

莱特兄弟得知这个消息后，便前去调查，并从兰莱的失败中吸取了教训，获得了很多经验。他们对飞机的每一部件做了严格的检查，并制订了严格的操作规定。1903年12月14日，莱特兄弟又来到吉蒂霍克海边进行试飞试验。

那天下午，兄弟俩先在地面上安置两根固定在木头上的铁轨，铁轨有一定的斜度，好让飞机方便地滑行。接着，他们就把制造的飞机放在铁轨上面。维尔伯上机后，伏卧在飞机正中，不一会儿便发动了飞机，发动机传出轰鸣的声音，螺旋桨也慢慢地转了起来，飞机在斜坡上刚滑行3米，就挣脱了结在后面的铁丝升到空中。“飞起来啦！”奥维尔兴奋地叫道，话音未落，飞机突然减慢速度，很快掉落在地上。奥维尔赶快跑上前去，维尔伯已从掉落的飞机里跳了出来，兄弟俩赶紧观察飞机，发现飞机并未受损。“是什么问题呢？”兄弟俩左思右想，逐一检查。发动机没毛病，螺旋桨转动很好，技术操作也完全正确……“哥哥，我知道原因了！”奥维尔满面笑容地说道，“咱们是利用斜坡滑行的，只有3米距离，飞机就起飞了，而这时螺旋桨的转动还没有达到高速，所以一会儿就掉了下来。”“对呀！”维尔伯点头称道，接着说道，“咱们不能利用斜坡滑行起飞，而要靠螺旋桨的力量飞上去，这样吧，把铁轨装在平整的地方再试验一下。”他们连续工作了三天，把铁轨又重新安置在一片平坦的地面上。

1903年12月17日上午10点钟，在美国大西洋沿岸北卡罗来纳州吉蒂霍克的基尔德维尔山海边，天空低云密布，寒风刺骨。莱特兄弟将他们的作品——“飞行者”1号放在预先安装好的滑轨上。今天对他们来说，是意义重大的一天，无数的心血和探索，都将在随后的试飞中得到检验。兄弟俩决定以掷硬币的方式确定谁先登机试飞，结果奥维尔赢了。只见他爬上飞机，伏卧在操作杆后面的位置上，手中紧紧握着木制操纵杆。然后维尔伯开动发动机，并推动它滑行。飞机在发动机的作用下先是剧烈震动，发动机开始轰鸣，螺旋桨开始转动。经过短暂的震动后，飞机便在滑轨上加速前进，很快便像一只刚学会飞行的小鸟一样飞了起来。

“飞起来啦！飞起来啦！”附近的几个农民高兴地呼喊着，并且随着维尔伯在飞机后面追赶着。

飞机飞行了36米后，稳稳地着陆了。维尔伯冲上前去，激动地扑到刚从飞机里爬出来的弟弟身上，热泪盈眶地喊道：“我们成功了！我们成功了！”尽管这第一次升空仅仅持续了12秒，但它具有的意义却是非凡的，它标志着人类开始征服蓝天，向着更自由的领空跃进。

45分钟后，维尔伯也飞了一次，飞行距离达到53米，又过了一段时间，奥维尔又飞了一次，飞行了61米，最后一次是维尔伯飞行了59秒，距离达到260米。这标志着，人们梦寐以求的空中载人持续动力飞行终于成功了！但随后，突然刮来的一阵狂风把“飞行者”1号掀翻了，尽管飞机严重损坏，但它已经完成了历史使命，人类动力航空史就此拉开了帷幕。

1904~1905年，莱特兄弟又相继制造了“飞行者”2号和“飞行者”3号。其中“飞行者”3号是世界上第一架适用型飞机，能在空中转弯、倾斜盘旋和做8字飞行，留空时间长达38分钟，飞行超过38千米。不久，兄弟俩又制造出能乘坐两个人的飞机，并且，在空中飞了一个多小时。

消息传开后，美国政府非常重视，决定让莱特兄弟做一次试飞表演。

1908年9月10日这天，天气异常晴朗，飞机场上围满了观看的人群，大家兴致勃勃地等待着莱特兄弟的飞行。10点左右，弟弟奥维尔驾驶着他们的飞机，在一片欢呼声中，自由自在地飞向了天空，两支长长的机翼从空中划过，像一只展翅飞翔的雄鹰。

人们再也抑制不住他们内心的激动，昂首天空，呼唤着奥维尔的名字，多少人的梦想终于变为现实。飞机在76米的高度飞行了1小时14分，并且运载了一名勇敢的乘客。当它着陆之后，人们从四面八方围了过来，庆祝飞行的胜利。

就在那一年，莱特兄弟接受了美国陆军的订货，并成立了莱特飞机公司。同年，莱特兄弟还赴法国进行了100多次飞行表演。从此，世界范围内掀起了航空的热潮，飞机成为人类征服蓝天的有利工具。

可以说，是“飞行者”号的成功，让人类增强了信心，同时也加快了人类航空技术发展的步伐。

我平生从来没有做出过一次偶然的发明，我的一切发明都是经过深思熟虑和严格实验的结果。

——爱迪生

第16章

计算机的先驱者——查尔斯·巴贝奇

自计算机问世以来，计算机技术以惊人的速度飞速发展，并深入到各个领域。曾有人说，机械可使人类的体力得以放大，计算机则可使人类的智慧得以放大。计算机作为人类智力的劳动工具，对社会的发展产生了深刻和巨大的影响。

● 计算机的用途。科学计算：计算机广泛地应用于科学和工程技术方面的计算，这是计算机应用的一个基本方面，也是我们比较熟悉的。如人造卫星轨迹计算、导弹发射的各项参数的计算、房屋抗震强度的计算等。

数据处理：用计算机对数据及时地加以记录、整理和计算，加工成人们所要求的形式，称为数据处理。数据处理与数值计算相比较，它的主要特点是原始数据多，处理量大，时间性强，但计算公式并不复杂。在计算机应用普及的今天，计算机已经不再只是进行科学计算的工具，计算机更多地应用在数据处理方面。如对工厂的生产管理、计划调度、统计报表、质量分析和控制等；在财务部门，用计算机对账目登记、分类、汇总、统计、制表等。我们还可以用计算机实现办公自动化。用计算机进行文字录入、排版、制版和打印，比传统铅字打印速度快、效率高，并且使用更加方便；用计算机通信即通过局域网或广域网进行数据交换，可以方便地发送与接收数据报表和图文传真。

自动控制：自动控制也是计算机应用的一个重要方面。在生产过程中，采用计算机进行自动控制，可以大大提高生产产品的数量和质量、提高劳动生产率、改善人们的工作条件、节省原材料的消耗、降低生产成本等。

从人造卫星到日常生活，从科学计算到儿童玩具都有计算机的踪影。

● 查尔斯·巴贝奇。今天出版的许多计算机书籍扉页里，都登载着这位先生的照片（图16–1）：宽阔的额头，狭长的嘴，锐利的目光显得有些愤世嫉俗，坚定的但绝非缺乏幽默的外貌，给人以一种极富深邃思想的学者形象。

图16–1　查尔斯·巴贝奇

● 勇于攀登。查尔斯·巴贝奇，1792年出生在英格兰西南部的托特纳姆，是一位富有的银行家的儿子。童年时代的巴贝奇就显示出了极高的数学天赋，考入剑桥大学后，他发现自己掌握的代数知识甚至超过了其老师。毕业后，24岁的查尔斯·巴贝奇受聘担任剑桥大学的数学系教授，这是一个很少有人能够获得的殊荣，假若巴贝奇继续在数学理论领域耕耘，他本来可以走上鲜花铺就的坦途。然而，查尔斯·巴贝奇却选择了一条少有人敢于攀登的崎岖险路。

18世纪末，法国发起了一项宏大的计算工程——人工编制《数学用表》，当时没有先进的计算工具，人工编制《数学用表》是件极其艰巨的工作。法国数学界调集大批精兵强将，组成了人工手算的流水线，费了很大的力气，才完成了17卷大部头书稿。即便如此，计算出的《数学用表》仍然存在着大量错误。

有一天，巴贝奇与著名的天文学家赫舍尔凑在一起，对天文数学用表进行检查，翻一页就是一个错，翻两页就有好几处错。面对错误百出的《数学用表》，巴贝奇目瞪口呆，他甚至喊出声来："天哪，但愿上帝知道，这些计算错误已经充斥整个宇宙！"这件事也许就是巴贝奇萌生研制计算机构想的起因。巴贝奇在他的自传《一个哲学家的生命历程》里写到了大约发生在1812年的一件事："有一天晚上，我坐在剑桥大学的分析学会办公室里，神志恍惚地低头看着面前打开的一张对数表。一位会员走进屋来，瞧见我的样子，忙喊道：‘喂！你梦见什么啦?’我指着对数表回答说：‘我正在考虑这些表也许能用机器来计算!’”巴贝奇的第一个目标是制作一台“差分机”，那年他刚满20岁。他从法国人杰卡德发明的提花织布机上获得了灵感，差分机设计闪烁出了程序控制的灵光——它能够按照设计者的旨意，自动处理不同函数的计算过程。

1822年，巴贝奇的第一台差分机呱呱坠地。但是当时的工业技术水平极差，从设计绘图到零件加工，都得亲自动手。好在巴贝奇自小就酷爱并熟悉机械加工，车钳刨铣磨，样样拿手。在他孤军奋战下造出的这台机器，运算精度达到了6位小数，当即就演算出好几种函数表。后来的实际运用证明，这种机器非常适合于编制航海和天文方面的数学用表。

图16-2　巴贝奇的差分机

成功的喜悦激励着巴贝奇，他连夜奋笔上书皇家学会，要求政府资助他建造第二台运算精度为20位的大型差分机。英国政府破天荒地与科学家签订了第一个合同，财政部为这台大型差分机提供1.7万英镑的资助。巴贝奇自己拿出1.3万英镑，用以弥补研制经费的不足（见图16-2）。

第二台差分机大约有25000个零件，主要零件的误差不超过每英寸千分之一，即使使用现在的加工设备和技术，要想造出这种高精度的机械也绝非易事。巴贝奇把差分机交给了英国最著名的机械工程师约瑟夫·克莱门特所属的工厂制造，但工程进度十分缓慢。设计师巴贝奇心急火燎，从剑桥到工厂，从工厂到剑桥，一天几个来回。他把图纸改了又改，让工人把零件一遍又一遍重做。日复一日，年复一年，直到1832年又一个10年过去后，巴贝奇依然望着那些不能运转的机器发愁，全部零件也只完成了不足一半。参加试验的同事们再也坚持不下去了，纷纷离他而去。巴贝奇独自又苦苦支撑了第三个10年，终于感到自己

再也无力回天。那天清晨，巴贝奇蹒跚走进车间。偌大的作业场空无一人，只剩下满地的滑车和齿轮，四处一片狼藉。他呆立在尚未完工的机器旁，深深地叹了口气，难受地流下了眼泪。在痛苦的煎熬中，他无计可施，只得把全部设计图纸和已完成的部分零件送进伦敦皇家学院博物馆供人观赏。

● 共同的理想。就在这痛苦艰难的时刻，一缕春风悄然吹开巴贝奇苦闷的心扉。他意外地收到一封来信，写信人不仅对他表示理解而且还希望与他共同工作。娟秀字体的签名，表明了她不凡的身份——伯爵夫人。接到信函后不久，巴贝奇实验室门口走进来一位年轻的女士。只见她身披素雅的斗篷，鬓角上斜插一束白色的康乃馨，显得那么典雅端庄，面带着微笑，向巴贝奇弯腰行了个致敬礼。巴贝奇一时愣在那里，他与这位女士似曾相识，但又想不起曾在何处邂逅。女士落落大方地作了自我介绍，来访者正是那位伯爵夫人。“您还记得我吗?”女士低声问道，“十多年前，您还给我讲过差分机原理。”看到巴贝奇迷惑的眼神，她又笑着补充说：“您说我像野人见到了望远镜。”巴贝奇恍然大悟，想起已经十分遥远的往事。面前这位俏丽的女士和那个小女孩之间，依稀还有几分相似。

原来，夫人本名叫艾达·奥古斯塔，是英国大名鼎鼎的诗人拜伦的独生女。她比巴贝奇的年龄要小20多岁，1815年才出生。艾达自小命运多舛，来到人世的第二年，父亲拜伦因性格不合与她的母亲离异，从此离开英国。可能是从未得到过父爱的缘由，小艾达没有继承到父亲诗一般的浪漫热情，却继承了母亲的数学才能和毅力。那还是艾达的少女时代，母亲的一位朋友领着她们去参观巴贝奇的差分机。其他女孩子围着差分机叽叽喳喳乱发议论，摸不着头脑，只有艾达看得非常仔细，她十分理解并且深知巴贝奇这项发明的重大意义。或许是这个小女孩特殊的气质，在巴贝奇的记忆里打下了较深的印记。他赶紧请艾达入座，并欣然同意与这位小有名气的数学才女共同研制新的计算机器。

就这样，在艾达27岁时，她成为巴贝奇科学研究上的合作伙伴，迷上了这项常人不可理喻的“怪诞”研究。其实，她已经成了家，丈夫是洛甫雷斯伯爵。

按照英国的习俗，许多资料在介绍时都把她称为“洛甫雷斯伯爵夫人”。

30年的困难和挫折并没有使巴贝奇屈服，艾达的友情援助更坚定了他的决心。还在大型差分机受挫的1834年，巴贝奇就已经提出了一项新的更大胆的设计。他最后冲刺的目标，不是仅仅能够制表的差分机，而是一种通用的数学计算机。巴贝奇把这种新的设计叫做“分析机”（图16–3），它能够自动解算有100个变量的复杂算题，每个数可达25位，速度可达每秒钟运算一次。今天我们再回首看看巴贝奇的设计，分析机的思想仍然闪烁着天才的光芒。巴贝奇首先为分析机构思了一种齿轮式的“存储库”，每一齿轮可储存10个数，总共能够储存1000个50位数。分析机的第二个部件是所谓的“运算室”，其基本原理与帕斯卡的转轮相似，但他改进了进位装置，使得50位数加50位数的运算可完成于一次转轮之中。此外，巴贝奇也构思了送入和取出数据的机构以及在“存储库”和“运算室”之间运输数据的部件。他甚至还考虑到如何使这台机器处理依条件转移的动作。一个多世纪过去后，现代电脑的结构几乎就是巴贝奇分析机的翻版，只不过它的主要部件被换成了大规模集成电路而已。仅此一说，巴贝奇就当之无愧于计算机系统设计的“开山鼻祖”。

艾达非常准确地评价道：“分析机编织的代数模式同杰卡德织布机编织的花叶完全一样”。于是，为分析机编制一批函数计算程序的重担，落到了数学才女

图16–3　分析机

柔弱的肩头。艾达开天辟地第一回为计算机编出了程序，其中包括计算三角函数的程序、级数相乘程序、伯努力函数程序等。艾达编制的这些程序，即使到了今天，电脑软件界的后辈们仍然不敢轻易改动一条指令。人们公认她是世界上第一位软件工程师。众所周知，美国国防部据说是花了250亿美元和10年的光阴，把所需要软件的全部功能混合在一种计算机语言中，希望它能成为军方数千种电脑的标准。1981年，这种语言被正式命名为ADA语言，使艾达的英名流传至今。不过，以上讲的都是后话，殊不知巴贝奇和艾达当年处在怎样痛苦的水深火热之中。由于得不到任何资助，巴贝奇为把分析机的图纸变成现实，耗尽了他的全部财产，搞得一贫如洗。他只好暂时放下手头的活，和艾达商量设法赚一些钱，如制作国际象棋玩具、赛马游戏机等。为筹措科研经费，他们不得不“下海”搞“创收”。最后，两人陷入了惶惶不可终日的窘境。艾达忍痛两次把丈夫家中祖传的珍宝送进当铺，以维持日常开销，而这些财宝又两次被她母亲出资赎了回来。

贫困交加，无休无止的脑力劳动，使艾达的健康状况急剧恶化。1852年，怀着对分析机成功的美好梦想和无言的悲怆，巾帼软件奇才魂归黄泉、香消魄散，死时年仅36岁。

艾达去世后，巴贝奇又默默地独自坚持了近20年。晚年的他已经不能准确地发音，甚至不能有条理地表达自己的意思，但是他仍然百折不挠地坚持工作。

巴贝奇和艾达的失败是因为他们看得太远，分析机的设想超出了他们所处的时代。然而，他们留给了计算机界后辈们一份极其珍贵的精神遗产，包括30种不同的设计方案，近2100张组装图和50000张零件图，更包括那种在逆境中自强不息，为追求理想奋不顾身的拼搏精神！1871年，为计算机事业贡献了终生的先驱者巴贝奇终于闭上了眼睛。

● 计算机的未来。人类所使用的计算工具随着生产的发展和社会的进步，在从简单到复杂、从低级到高级的发展过程中，相继出现了算盘、计算尺、手摇机械计算机、电动机械计算机。1946年，第一台电子计算机在美国诞生。电子计算机在短短的50多年间，经过了电子管、晶体管、集成电路和超大规模集成电路四个阶段的发展，体积越来越小、功能越来越强、价格越来越低、应用越来越广泛，并朝着智能化计算机方向发展。

我的那些最重要的发现是受到失败的启示而作出的。

——戴维

第17章

电梯的发明人奥蒂斯

在美国的纽约，有座雄伟的联合国大厦（图17–1），里面平稳起落的电梯有着精美的装潢和惊人的速度。不过乘坐过这里电梯的世界各国代表们最难忘的还是电梯口上镶嵌的“奥蒂斯”的字样，他们往往不由自主地用不同的语言读出来。“奥蒂斯”就是电梯的发明人。可以说正是奥蒂斯的这项发明，才使我们的建筑真正进入了现代化。

图17–1　联合国大厦

图17-2　伊莱沙·格雷夫斯·奥蒂斯

● 伊莱沙·格雷夫斯·奥蒂斯（图17-2）发明了电梯。伊莱沙·格雷夫斯·奥蒂斯（又译奥的斯，Elisha Graves Otis，1811—1861年）美国人，发明家，电梯的发明者。

1811年8月3日，伊莱沙·格雷夫斯·奥蒂斯出生在一个富足的农民家庭里，不过他从小并不喜欢务农，总爱琢磨家里那台老式缝纫机，研究机轮怎样转动、纱线怎么穿过等。一个农家的子弟不会种地怎么行，在他16岁的时候，父亲硬拉着他去收割麦子。奥蒂斯把镰刀扔在了地上说："我不学这个，长大也不干这个。"父亲说："你这个不学无术的小东西，那你长大要干什么？""我要去造机器！"父亲气坏了说："那你现在就去造。"奥蒂斯倔强地说："行！"

到了晚上，父亲的气消了不少了，他把奥蒂斯找来，和蔼地劝他好好务农，农场将来归他管理。父亲的话可以说得上是"推心置腹"了，可是这丝毫不能改变奥蒂斯的初衷。奥蒂斯还向父亲谈了想尽早出去闯一闯的计划。父亲也没有办法，只好给了他一点钱。第二天，恰巧有一辆运货篷车从村子路过，前往纽约州东部的特洛埃，奥蒂斯搭上了这辆车，从此开始了自己的奋斗生涯。

奥蒂斯先在一家建筑公司做了两个月的小工，然后又转到了一个磨坊工作，后来又到了一家锯木厂。在这里他对机器的兴趣更浓了，靠着自己的努力和天资，居然在一年时间里学会了使用这台机器，而且还掌握了全部的修理技术。

有了技术便有了小小的名气，一位教他本领的老技工，又把他推荐到了一家木器厂。奥蒂斯在这里使用的是一台老式木工车床，他总嫌它干活太慢，便琢磨起怎样提高它的效率来。一天下班以后，他又蹲下研究起这台车床来了。不知不觉，天黑了下来，有一个人站在了他的背后，当他扭头找工具时才发现，这个人是厂里的老板，名叫梅西。

"这么晚了，怎么还不下班？"梅西看到奥蒂斯不好意思地站了起来便问道。"我想琢磨一下采取什么办法，能使这台车床快起来。"奥蒂斯不好意思地

回答。短短几句话，使梅西喜欢上了这位勇于改革机械的奥蒂斯，这个晚上，两人聊了很久。他们从改进车床谈到人生，又从人生谈到社会，还没有哪个人与奥蒂斯谈过这么多、这么深的哲理呢，奥蒂斯感动极了。其中梅西说的一句话，奥蒂斯记了一辈子，这句话就是："不断地改造旧的机械是时代进步的动力。"

在梅西的鼓励下，两年以后，奥蒂斯成功地发明了木工新车床，使工效一下子提高了4倍。奥蒂斯相当兴奋，因为这毕竟是他这个工作经验少、文化底子薄的年轻人取得的不同寻常的成绩。这时梅西为了使奥蒂斯在机械上有更大的发展，又把他推荐到了一所机器厂。在那里奥蒂斯有了更多接触机械的机会，他刻苦地学习，没用两年就被提升为机械师。但万万没有想到，这所机器厂由于经营不好，关门了。奥蒂斯失去了工作，饥寒交迫，得了重病，他躺在床上发着高烧，嘴里不住念叨着一个名字——梅西。

奥蒂斯在迷迷糊糊之中，觉得有人在拉他的手，他睁开了眼睛——原来是梅西！梅西给他留下了一笔钱，并殷切地邀请他病好了以后，去他的厂里安装一架升降机。

奥蒂斯康复以后，来到了梅西的工厂，将升降机安装了起来。但奥蒂斯并没有想得很远，也没有重视这台升降机，他开始收拾行装，打算参加西部淘金的队伍。这时梅西又来找他，给他带来了好几个客户要定制升降机的消息，并劝他留下来，共同建立生产升降机的工厂。奥蒂斯同意了，后来这个小小的企业，成为了美国赫赫有名的"奥蒂斯电梯公司"。

既然办起了升降机工厂，就不可能制作完那几个客户要的升降机以后就算完了。为了打开升降机的销路，奥蒂斯四面奔波，但是结果并不理想，他苦苦思索着哪里最需要升降机。

一天，奥蒂斯走进一家大型百货商场，看到里面楼上楼下顾客十分拥挤，他马上联想到的是，如果安上他制造的升降机，不就好多了吗。奥蒂斯顾不上买东西了，直奔到了总经理办公室。这家商场的总经理霍华德开始还很热情，可是当奥蒂斯谈起在商场安装升降机的事情，态度马上冷淡了下来，他认为奥蒂斯无非是想推销这种谁也没有听说过的升降机。后来经过奥蒂斯再三的解释，霍华德才有了点兴趣。不过他的兴趣并不是升降机能减轻顾客的拥挤状况，而是觉得这个东西挺新鲜的，安装上以后会有好多人来观看、乘坐，这样买东西的人就会更多了。霍华德答应安装了，奥蒂斯喜出望外。

可以说，这台升降机就是现代电梯的始祖，奥蒂斯想尽了一切办法把它制作得好上加好，速度提高了、机件简化了，更重要的是，把它变成了一间小巧的木板房，这样谁坐在里面都像坐在屋里一样，有一种安全感。

果然，这个新奇的“升降小屋”为霍华德招引来了不少顾客。不过要说收获最大的还要属奥蒂斯了，人们通过百货商场里的这台升降机，认识到奥蒂斯的产品是有用的，纷纷找他订货，使他的工厂一天比一天兴旺。

一天，有人给奥蒂斯捎来了口信，说梅西已经病危了。奥蒂斯听到这个消息，心都要碎了。假如没有梅西那颗温暖的心，他决不会有现在的处境。奥蒂斯拼命赶往梅西的住所，当时天刚下过大雨，有的道路被洪水冲毁了，他就下车猛跑，当他赶到梅西病榻前时，梅西说话已经很困难了。

梅西喘着大气告诉他，自己已经同纽约建筑行业界的专家们研究了发展高层建筑的事业，现在关键是奥蒂斯要把他的升降机改制成电梯，如果有了电梯，建筑再高一些的楼层都是没有问题的。怎么，说了半天奥蒂斯的升降机不是电梯呀？对了，当时电力出现的时间还不长，奥蒂斯的升降机最早是用蒸汽作为动力的，后来他进行了改制，用水压代替了蒸汽，安全性能提高了，速度也提高了一倍。奥蒂斯的升降机无论从哪个角度来看，和我们现在所用的电梯都是没法相比的。要不为什么梅西在病危的时候嘱咐奥蒂斯要把升降机改制成电梯呢！

古代的中国及欧洲各国都以辘轳等工具垂直运送人和货物。现代的升降机是19世纪蒸汽机发明之后的产物。1845年，第一台液压升降机诞生，当时使用的液体为水，由蒸汽机推动的，因此安置升降机的大厦必须设有锅炉房。1853年，美国人奥蒂斯发明自动安全装置，大大提高了钢缆曳引升降机的安全性。1857年3月23日，美国纽约一家楼高5层的商店安装了首部使用奥蒂斯安全装置的客运升降机。自此以后，升降机得到了广泛的接受和高速的发展。

● 人类历史上第一部安全电梯。1854年，在纽约水晶宫举行的世界博览会上，伊莱沙·格雷夫斯·奥蒂斯第一次向世人展示了他的发明，如图17–3所示。他站在装满货物的升降梯平台上，那个平台由一根缠在驱动轴上的缆绳高高地吊着，他命令助手将平台拉升到观众都能看得到的高度，然后发出信号，令助手用利斧砍断了升降梯的提拉缆绳。观众们屏住了呼吸。平台在落下几英尺后又停住了。令人惊讶的是，升降梯并没有坠毁，而是牢牢地固定在半空中——奥蒂斯发明的升降梯安全装置发挥了作用。此举迎来了观众热烈的掌声，奥蒂斯不断地向观众鞠着躬说道："一切平安，先生们，一切平安。"站在升降梯平台上的奥蒂斯向周围观看的人们挥手致意。"完全安全"的电梯就在这座城市诞生了。

图17–3 奥蒂斯公开展示他的安全升降机

谁也不会想到，这就是人类历史上第一部安全升降梯。奥蒂斯设计了一种制动器：在升降梯的平台顶部安装一个货车用的弹簧及一个制动杆与升降梯井道两侧的导轨相连接，起吊绳与货车弹簧连接，这样仅是起重平台的重量就足以拉开弹簧，避免与制动杆接触。如果绳子断裂，货车弹簧会将拉力减弱，两端立刻与制动杆咬合，即可将平台牢固地原地固定避免继续下坠。"安全的升降梯"发明成功了！一时间，奥蒂斯成了众人注目的中心。正是奥蒂斯发明的安全钳开启了安全电梯的历史。他的发明使得楼宇以及建筑师的想象不断向着天空攀升，为城市的天际线注入新的活力。

奥蒂斯的发明彻底改写了人类使用升降工具的历史。从那以后，搭乘升降梯不再是"勇敢者的游戏"了，升降梯在世界范围内得到广泛应用。1889年12月，美国奥蒂斯电梯公司制造出了名副其实的电梯，它采用直流电动机为动力，通过蜗轮减速器带动卷筒上缠绕的绳索，悬挂并升降轿厢。1892年，美国奥蒂斯公司开始采用按钮操纵装置，取代传统的轿厢内拉动绳索的操纵方式，为操纵方式现代化开创了先河。

经过奥蒂斯的艰苦努力，后来又加上他的两个儿子——小奥蒂斯兄弟的艰苦努力，到1900年，世界上第一台真正的用电作为动力的电梯终于诞生了！如今100多年过去了，老奥蒂斯、小奥蒂斯，这三位奥蒂斯都已经不在人间了，然而他们为人类奉献出来的宝贵生命结晶——电梯，为越来越多的人服务，并在后人的不断改进之下，变得越来越完善、越来越先进了。

● 电梯历史沿革。什么是电梯？电梯是一种以电动机为动力的垂直升降机，装有厢状吊舱，用于多层建筑乘人或载运货物。也有台阶式，踏步板装在履带上连续运行，俗称自动扶梯或自动人行道，是服务于规定楼层的固定式升降设备。电梯是垂直运行的电梯、倾斜方向运行的自动扶梯、倾斜或水平方向运行的自动人行道的总称。

你知道吗？公元前236年，希腊数学家阿基米德设计出一种人力驱动的卷筒式卷扬机，安装在尼罗皇帝金宫里，共有三台。这三台卷扬机被认为是现代电梯的鼻祖。19世纪初，欧美人开始用蒸汽机作为升降工具的动力。

1854年，在纽约水晶宫举行的世界博览会上，美国人伊莱沙·格雷夫斯·奥蒂斯第一次向世人展示了他的发明——人类历史上第一部安全升降梯。

电梯进入人们的生活已经160多年了。一个半世纪的风风雨雨，翻天覆地的历史的变迁，由最早的简陋不安全、不舒适的升降机到今天，电梯经历了无数的改进和提高，其技术发展是永无止境的。下面让我们了解电梯的基本类型和原理。

● 垂直运输的交通工具——垂直电梯。垂直升降电梯具有一个轿厢，运行在至少两列垂直的或倾斜角小于15°的刚性导轨之间。轿厢尺寸与结构形式便于乘客出入或装卸货物。习惯上不论其驱动方式如何，将电梯作为建筑物内垂直交通运输工具的总称。

垂直电梯的基本结构是：一条垂直的电梯井内，放置一个上下移动的轿厢。电梯井壁装有导轨，与轿厢上的导靴限制轿厢的移动。

根据驱动方式的不同，电梯可以分为曳引驱动、强制（卷筒）液压驱动等驱动方式，其中曳引驱动方式具有安全可靠、提升高度基本不受限制、电梯速度容易控制等优点，已成为电梯产品驱动方式的主流。在曳引式提升机构中，钢丝绳悬挂在曳引轮绳槽中，一端与轿厢连接，另一端与对重连接，曳引轮利用其与钢丝绳之间的摩擦力，带动电梯钢丝绳继而驱动轿厢升降。

电梯由八大系统组成，如图17–4所示。

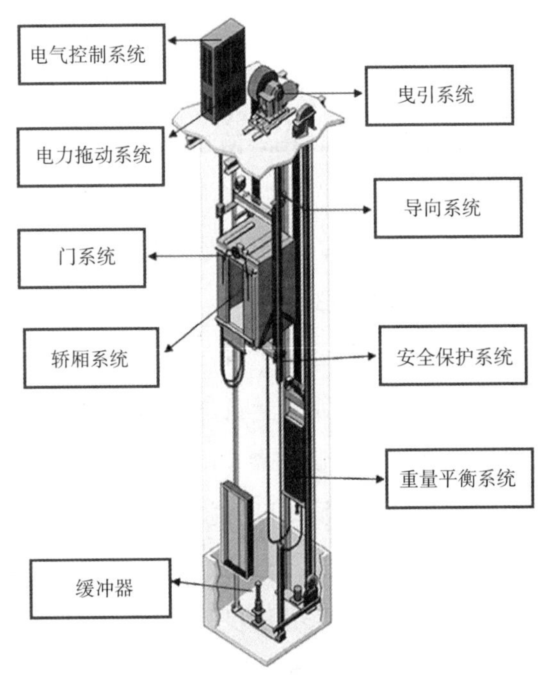

图17–4　电梯的组成

曳引系统的主要功能是输出与传递动力，使电梯运行。曳引系统主要由曳引机、曳引钢丝绳、导向轮、反绳轮组成。

导向系统的主要功能是限制轿厢和对重的活动自由度，使轿厢和对重只能沿着导轨做升降运动。导向系统主要由导轨、导靴和导轨架组成。

轿厢是运送乘客和货物的电梯组件，是电梯的工作部分。轿厢由轿厢架和轿厢体组成。

门系统的主要功能是封住层站入口和轿厢入口。门系统由轿厢门、层门、开门机、门锁装置组成。

重量平衡系统的主要功能是相对平衡轿厢重量，在电梯工作中能使轿厢与对重间的重量差保持在限额之内，保证电梯的曳引传动正常。重量平衡系统主要由对重和重量补偿装置组成。

电力拖动系统的功能是提供动力，实行电梯速度控制。电力拖动系统由曳引电动机、供电系统、速度反馈装置、电动机调速装置等组成。

电气控制系统的主要功能是对电梯的运行实行操纵和控制。电气控制系统主要由操纵装置、位置显示装置、控制屏（柜）、平层装置、选层器等组成。

安全保护系统是保证电梯安全使用，防止一切危及人身安全的事故发生。安全保护系统由限速器、安全钳、缓冲器、端站保护装置组成。

垂直电梯的工作原理：曳引绳两端分别连着轿厢和对重，缠绕在曳引轮和导向轮上，曳引电动机通过减速器变速后带动曳引轮转动，靠曳引绳与曳引轮摩擦产生的牵引力，实现轿厢和对重的升降运动，达到运输目的。固定在轿厢上的导靴可以沿着安装在建筑物井道墙体上的固定导轨往复升降运动，防止轿厢在运行中偏斜或摆动。常闭块式制动器在电动机工作时松闸，使电梯运转，在失电情况下制动，使轿厢停止升降，并在指定层站上维持其静止状态，供人员和货物出入。轿厢是运载乘客或其他载荷的箱体部件，对重用来平衡轿厢载荷、减少电动机功率。补偿装置用来补偿曳引绳运动中的张力和重量变化，使曳引电动机负载稳定，轿厢得以准确停靠。电气系统实现对电梯运动的控制，同时完成选层、平层、测速、照明工作。指示呼叫系统随时显示轿厢的运动方向和所在楼层位置。安全装置保证电梯运行安全，如图17-5所示。

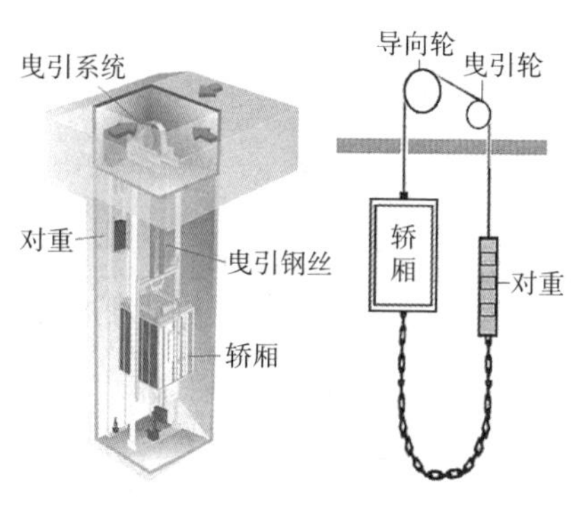

图17-5　工作原理

电梯的电力拖动系统的功能是为电梯提供动力，并对电梯的启动加速、稳速运

行和制动减速起着控制作用。目前，电梯的拖动系统分为直流电动机拖动、交流电动机拖动和永磁同步电动机拖动，如图17-6所示。

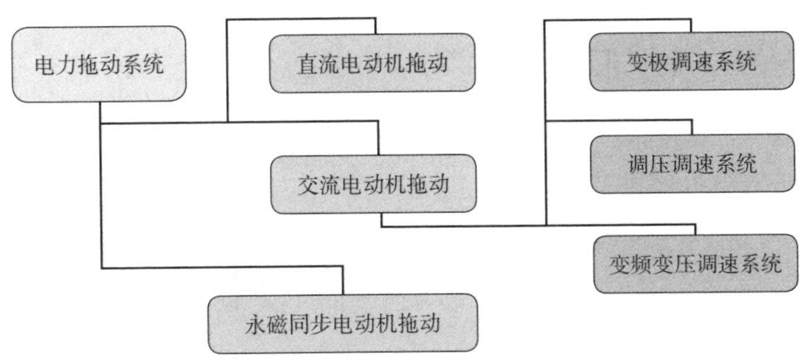

图17-6　电梯的电力拖动

● 连续运输的交通工具——自动扶梯。自动扶梯是带有循环运行的梯级，用于向上或向下倾斜输送乘客的固定电力驱动设备。自动扶梯是由一台特种结构形式的链式输送机和两台特殊结构形式的胶带输送机组合而成，带有循环运动梯路，用以在建筑物的不同层高间向上或向下倾斜输送乘客的固定电力驱动设备，广泛用于人流集中的地铁、轻轨、车站、机场、码头、商店及大厦等公共场所的垂直运输。如图17-7为自动扶梯。

自动扶梯是人们日常生活中使用的最大、最昂贵的机器之一，但它们也是最简单的机器之一。从最基本的功能来说，自动扶梯就是一个经过简单改装的输送带。两根转动的链圈以恒定周期拖动一组台阶，并以稳定速度承载许多人进行短距离移动。

● 连续运输的交通工具——自动人行道。自动人行道是在水平或微倾斜方向连续运送人员的输送机。自动人行道用于车站、码头、商场、机场、展览馆和体育馆等人流集中的地方。结构与自动扶梯相似，主要由活动路面和扶手两部分组成。通常，活

图17-7　自动扶梯

动路面在倾斜情况下也不形成阶梯状。按结构形式可分为踏步式自动人行道（类似板式输送机）、带式自动人行道（类似带式输送机）和双线式自动人行道。如图17-8、图17-9所示为自动人行道。

美国圣路易斯的拱形天桥，如图17-10所示。要登上192米的建筑顶部，游客要么爬1076级台阶，要么五人一组乘坐卵形电梯，八个电梯间连成一体，只需要4分钟游客就可以到达顶部。

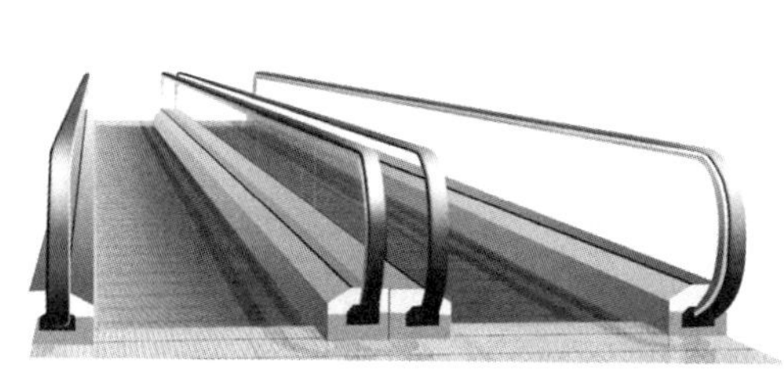

图17-8 自动人行道（一）

图17-9 自动人行道（二）

图17-10 美国圣路易斯的拱形天桥

我们思想的发展在某种意义上常常来源于好奇心。

——爱因斯坦

第18章

谁发明了自行车

自行车（图18–1）是我们日常生活中极其常见的一种代步交通工具。它的出现距今已有百余年的历史。自行车是人类发明的最成功的人力机械之一，它是由许多简单机械组成的复杂机械。在自行车的发展历程中，它的结构有过几次重大变化，如图18–2所示，每一次重大的变化都是自行车的设计思想上的一个大的突破，每一次大的变化都使自行车的发展进入一个新的时代。

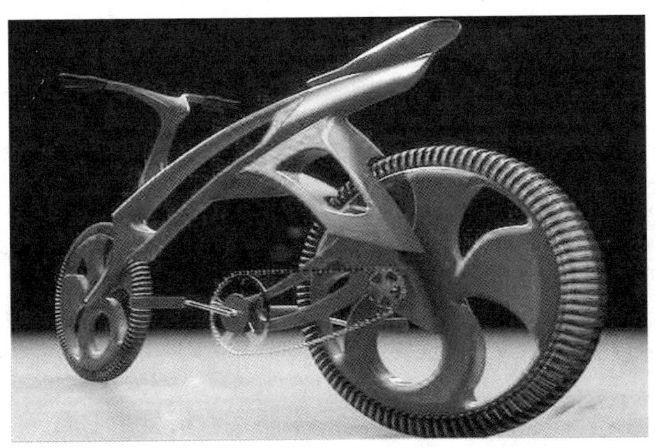

图18–1　自行车

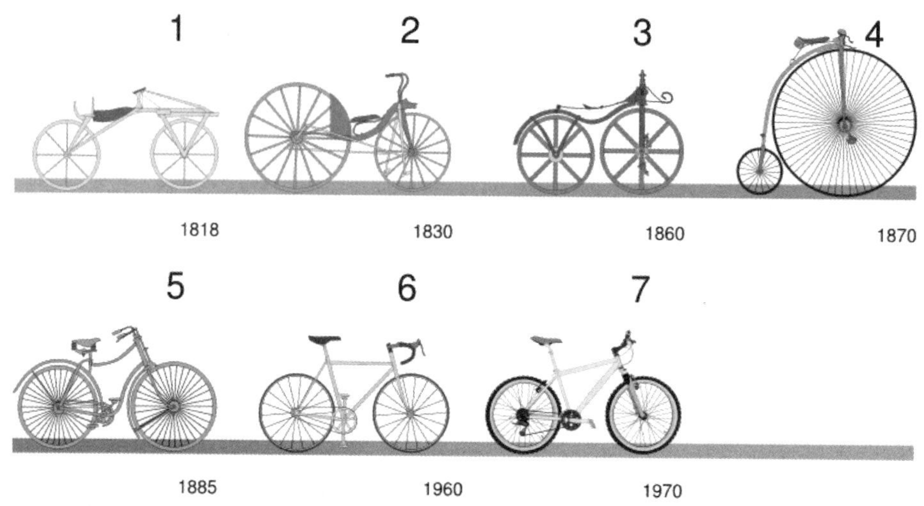

图18-2　自行车的发展历程

● 代步的木马轮。1790年，有个法国人名叫西夫拉克，他特别爱动脑筋。有一天，他行走在巴黎的一条街道上，因为前一天下过雨，路上积了许多雨水，很不好走。突然，一辆四轮马车从身后滚滚而来，那条街比较狭窄，马车又很宽，西夫拉克躲来躲去幸而没有被车撞倒，但还是被溅了一身泥巴和雨水。别人看见了，替他难过，还气得直骂，想喊那辆马车停下，讲理交涉。西夫拉克却喃喃地说："别喊了，别喊了，让他们去吧。"马车走远了，他还呆呆地站在路边。他想：路这么窄，行人又那么多，为什么不可以把马车的构造改一改呢？应当把马车顺着切掉一半，四个车轮变成前后两个车轮。他这样一想，回家就动手进行设计。经过反复试验，西夫克拉于1791年造出了第一架代步的"木马轮"小车（图18-3）。这辆小车有前后两个木质的车轮子，中间连着横梁，上面安了一个板凳，像一个玩具似的。由于车子还没有传

图18-3　世界上第一辆自行车

动链条，靠骑车人双脚用力蹬地，小车才能慢慢地前进，而且车子上也无转向装置，只能直行，不能拐弯，出门骑一会儿就累得满身大汗。刚刚出现的新东西总是不那么完善的。西夫拉克并不灰心，继续想办法加以改进。可惜，不久他因病去世了。

● 可爱的小马崽。1817年，在德国有个名叫德莱斯的看林人，他每天从村东的一片树林，走到村西的另一片树林，年年如此。他想：如果人坐在车子上，走走停停，随心所欲，不是很潇洒吗？德莱斯开始制作木轮车，样子跟西夫拉克的差不多。不过，在自行车的前轮上安装了方向舵，能改变自行车前进的方向。但是骑车依然要用两只脚，一下一下地蹬踩地面，才能推动车子向前滚动。当德莱斯骑车出门试验的时候，他一路上遭到不少人的嘲笑。尽管如此，他还是十分喜欢自己创作的这架“可爱的小马崽”。

图18-4中，1818年，德国人德莱斯制作了木轮车，在前轮上加了一个控制方向的车把子，可以改变前进的方向，但是依然要用两只脚踏着前进。

图18-4　被称作玩具马的自行车

● 发明中的设想和实践。1839年，英国苏格兰的铁匠麦克米伦弄到了一辆破旧的“可爱的小马崽”。他不断思考如何能坐在车上，最后他终于设计了一辆前轮小后轮大的自行车。他在后轮的车轴上装上曲柄，再用连杆把曲柄和前面的脚蹬连接起来，并且前后轮都用铁制的。当骑车人踩动脚蹬，车子就会自行运动，向前跑去。这样一来，就使骑车人的双脚真正离开地面，以双脚的交替踩动变为轮子的滚动，大大地提高了行车速度。1842年，麦克米伦骑上这种车，一天跑了20千米，这也是自行车发明的一大进步。

麦克米伦发明的自行车，如图18-5所示，其特点是木质车轮、装实心橡胶轮胎、前轮小、后轮大、坐垫低、装有脚踏板、曲柄连杆，使双脚离开地面。

图18-5　麦克米伦发明的自行车

● 米肖父子的自行车。1861年，法国的米肖父子，原本的职业是马车修理匠，他们在前轮上安装了能转动的脚蹬板，车子的鞍座架在前轮上面。这样除非骑车的技术特别高超，否则就会抓不稳车把，从车子上掉下来。他们把这辆两轮车冠以“自行车”的雅名，并于1867年在巴黎博览会上展出（图18–6），让观众大开眼界。

图18–6　前轮装上脚蹬板的自行车

● 雷诺自行车。1869年，英国人雷诺看了法国的自行车之后，觉得车子太笨重了，开始琢磨如何把自行车做得轻巧一些。他采用钢丝辐条来拉紧车圈作为车轮，同时利用细钢棒来制成车架，车子的前轮较大，后轮较小，从而使自行车自身的重量减少一些，如图18–7所示。从西夫拉克开始，一直到雷诺，他们制作的五种形式的自行车都与现代形式的自行车的差别较大。

图18–7　雷诺自行车

● 现代形式的自行车。真正具有现代形式的自行车是在1874年诞生的。英国人罗松在这一年里，别出心裁地在自行车上装上了链条和链轮，用后轮的转动来推动车子前进，但仍然是前轮大、后轮小，看起来不协调、不稳定，如图18–8所示。

图18-8 具有现代形式的自行车

图18-9 步入现代的自行车

● 步入现代的自行车。1886年，英国的一位机械工程师斯塔利，从机械学、运动学的角度设计出了新的自行车样式，为自行车装上了前叉和车闸，前后轮的大小相同，以保持平衡，并用钢管制成了菱形车架，还首次使用了橡胶的车轮。斯塔利不仅改进了自行车的结构，还改制了许多生产自行车部件用的机床，为自行车的大量生产及推广应用开辟了广阔的前景，因此他被后人称为“自行车之父”。斯塔利所设计的自行车车型与今天自行车的样子基本一致了，如图18-9所示。

● 橡皮充气轮胎的发明。1888年，一位住在爱尔兰的兽医约翰·邓禄普，从医治牛胃气膨胀中得到启示，将自家花园用来浇水的橡胶管粘成圆形并打足气装在自行车上，发明了橡皮充气轮胎，这是充气轮胎的开端。充气轮胎是自行车发展史上的一个划时代的创举，也是自行车发展史上非常重要的发明。它增加了自行车的弹性，不会因路面不平而震动；同时大大地提高了行车速度，减少了车轮与路面的摩擦力。这样就从根本上改变了自行车的骑行性能，完善了自行车的使用功能，如图18-10所示。

图18-10 橡皮充气轮胎

1791～1888年，经过发明者们的不懈奋斗，基本奠定了现代自行车的雏形，时至今日，自行车已成为全世界人们使用最多、最简单、最实用的交通工具。人们应该永远记住这些自行车的发

明者们。

● 现代的自行车。从18世纪末起，一直到21世纪初，自行车的发明和改进经历了200多年的时光，有许多人为之奋斗不息，才演变成现在这种骑行自如的样式，如图18–11、图18–12所示。

图18–11 自行车（一）

图18–12 自行车（二）

你们在想要攀登到科学顶峰之前，务必把科学的初步知识研究透彻，还没有充分领会前面的东西时，就决不要动手搞后面的事情。

——巴甫洛夫

第19章

世界上第一台真正的镗床是这样诞生的

什么是镗床？镗床主要是用镗刀在工件上镗孔的机床（图19-1），通常，镗刀旋转为主运动，镗刀或工件的移动为进给运动。它的加工精度和表面质量要高于钻床。镗床是大型箱体零件加工的主要设备。

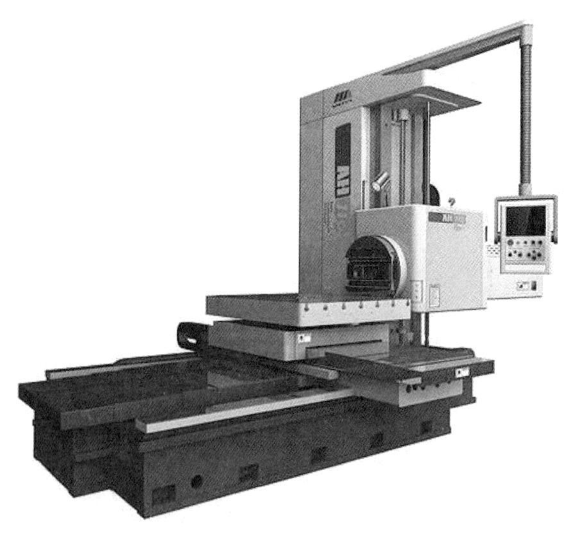

图19-1 镗床

图19-2 箱体

镗床主要加工哪些零件呢？镗床的主要功能是镗削工件上各种孔和孔系，特别适合于多孔的箱体类零件（图19-2）的加工。此外，还能加工平面、沟槽等。

人类在漫长的历史发展中，经过坚持不懈的努力，得到了一次次创新和进步。让我们一起寻找世界上第一台真正的镗床发明者吧！

● 最早的镗床。列奥纳多·迪·皮耶罗·达·芬奇（1452—1519年）是意大利文艺复兴时期画家、科学家、人类智慧的象征，是意大利文艺复兴时期最负盛名的艺术大师。他不但是个大画家，同样还是一位未来学家、建筑师、数学家、音乐家、发明家、解剖学家、雕塑家、物理学家和机械工程师。他因自己高超的绘画技巧而闻名于世。同时，他还设计了许多在当时无法实现，但是却现身于现代科学技术的发明。

15世纪，由于制造钟表和武器的需要，出现了钟表匠用的螺纹车床和齿轮加工机床，以及水驱动的炮筒镗床。1501年，达·芬奇曾绘制过车床、镗床、螺纹加工机床和内圆磨床的构想草图，里面已有了曲柄、飞轮、顶尖和轴承等机构。

镗床被称为“机械之母”。说起镗床，还得先说说达·芬奇。这位传奇式的人物，可能就是最早用于金属加工的镗床的设计者。他设计的镗床是以水力或脚踏板作为动力，镗削的工具紧贴着工件旋转，工件则固定在用起重机带动的移动台上。1540年，中国一位画家画了一幅名为《火工术》的画，也有同样的镗床图，如图19-3所示，这个类似于现代加工的镗削，用特别的砣（刀具）一点一点地把内部的玉

图19-3 《火工术》中的镗削

石磨掉。那时的镗床专门用来对中空铸件进行精加工。

● 约翰·斯密顿设计制作了切削汽缸内圆用的特殊机床。斯密顿是18世纪最优秀的机械技师，小时候的斯密顿就对机械十分感兴趣。到上学时，他更加热心于车床、蒸汽机等机械，并自己制作、组装了这些机械的模型等，很早就显露出机械技师的素质。从学校毕业以后，约翰·斯密顿决定到一位律师那里工作。在当了3年左右的律师后，他由于对当时逐渐发展起来的机械技术非常感兴趣，所以放弃了律师的工作。

约翰·斯密顿想成为一名真正的精密机械工，于是去了科学器械、数学器具制造厂工作。当时，英国正处于突飞猛进的发展阶段，工业发展一日千里，交通、开采煤矿、建设港湾等项目都在顺利进行。生产建设所需要的各种机械也被陆续制造出来。

以前，约翰·斯密顿在约克郡的自家住宅附近的煤矿看到了使用纽科门式气压蒸汽机驱动排水泵时，就对这种大型装置产生了极大的兴趣，这也是他后来制作蒸汽机的起因。

在气压蒸汽机的制作者纽科门去世后的相当长的一段时间里，“理论家”们没有注意到这种机械。纽科门的气压蒸汽机的发展，就得靠实干家了。对蒸汽动力表示出极大的关注，并着手进行改进的最早的机械技师就是斯密顿。

在制作蒸汽机时，斯密顿最感到棘手的是加工汽缸。要想将一个大型的汽缸内圆加工成圆形是相当困难的。为此，斯密顿在卡伦铁工厂制作了一台切削汽缸内圆用的特殊机床。这种镗床用水车作为动力驱动，在其长轴的前端安装上刀具，刀具可以在汽缸内转动，以此就可以加工其内圆。由于刀具安装在长轴的前端，就会出现轴的挠度等问题，所以要想加工出真正圆形的汽缸十分困难。为此，斯密顿使用多次改变汽缸位置的方式进行加工。后来，维尔金森改进了这种镗床，准确地加工内圆，通过改进加工精度，斯密顿使纽科门式气压蒸汽机的效率提高了一倍以上。

● 世界上第一台真正的镗床诞生了。约翰·威尔金森，英国人、发明家，世界上第一台真正的镗床（即炮筒镗床）的发明者（图19–4）。

在威尔金森20岁时，他家迁到斯塔福德郡。他建造了比尔斯顿的第一座炼铁炉，因此，人称威尔金森为“斯塔福德郡的铁匠大师”。1774年，47岁的威尔金森在他父亲的工厂里经过不断努力，终于制造出了这种能以罕见的精度钻大炮炮筒的新机器。有意思的是，1808年，威尔金森去世以后，就葬在自己设计的铸铁棺内。

图19-4 约翰·威尔金森

到了17世纪，由于军事上的需要，大炮制造业的发展十分迅速，如何制造出大炮的炮筒成了人们亟需解决的一大难题。1769年，瓦特取得实用蒸汽机专利后，汽缸的加工精度就成了蒸汽机的关键问题。对于这些难题，威尔金森于1774年发明的镗床起了很大的作用。其实，确切地说，威尔金森的镗床是一种能够精密地加工大炮的钻孔机，它是一种空心圆筒形镗杆，两端都安装在轴承上，如图19-5所示。他用这台炮筒镗床镗出的汽缸也满足了瓦特蒸汽机的要求。1775年，世界上第一台真正的镗床诞生了。

威尔金森在1776年制造了一台较为精确的水轮驱动的汽缸镗床，如图19-6所示。这种镗床利用水轮使材料圆筒旋转，并使其对准中心固定的刀具推进，由于刀具与材料之间有相对运动，材料就被镗出精确度很高的圆柱形孔洞。镗床的发明促进了蒸汽机的发展，从此，机床开始用蒸汽机通过曲轴驱动。

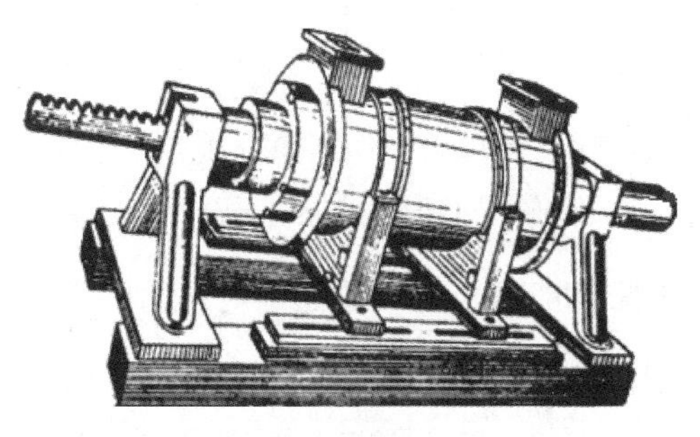

图19-5 炮筒镗床

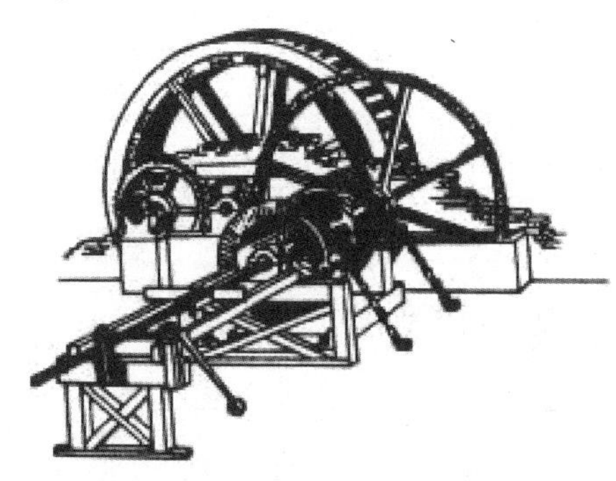

图19-6 汽缸镗床

但是，威尔金森的这项发明没有申请专利保护，人们纷纷仿造并安装它。1802年，瓦特在书中谈到了威尔金森的这项发明，并在他的索霍铁工厂里进行仿制。以后，瓦特在制造蒸汽机的汽缸和活塞时，也应用了威尔金森这架神奇的机器。原来，对活塞来说，可以在外面一边量着尺寸，一边进行切削，但对汽缸就不那么简单了，非用镗床不可。当时，瓦特就是利用水轮使金属圆筒旋转，让中心固定的刀具向前推进，用以切削圆筒内部，结果，直径75英寸（1英寸=2.54厘米）的汽缸，误差还不到一个硬币的厚度，这在当时是很先进的了。

● 镗床为瓦特的蒸汽机作出了重要贡献。如果说没有蒸汽机的话，当时就不可能出现第一次工业革命的浪潮。而蒸汽机自身的发展和应用，除了必要的社会机遇之外，技术上的一些前提条件也是不可忽视的，因为制造蒸汽机的零部件，远不像木匠削木头那么容易，要把金属制成一些特殊形状，而且加工的精度要求又高，没有相应的技术设备是做不到的。

1764年，格拉斯哥大学收到一台要求修理的纽科门蒸汽机，任务交给了瓦特。瓦特将它修好后，看它工作那么吃力，就像一个老人在喘气，颠颠颤颤地运行，觉得实在应该将它改进一下。他注意到毛病主要是缸体随着蒸汽每次热了又冷，冷了又热，白白浪费了许多热量。能不能让它一直保持不冷而活塞又照常工作呢？于是他自己出钱租了一个地窖，收集了几台报废的蒸汽机，决心要造出一台新式机器来。

从此，瓦特整日摆弄这些机器，两年后，总算弄出个新机样子。可是点火一试，那汽缸到处漏气，瓦特想尽办法，用毡子包，用油布裹，几个月过去了，还是治不了这个毛病。瓦特没有放弃，经过不懈的努力，他终于设计了一个和汽缸分开的冷凝器，这下热效率提高了3倍，用的煤只有原来的1/4。这关键的地方一突破，瓦特顿时觉得前程光明。他又到大学里向布莱克教授请教了一些理论问题，教授又介绍他认识了发明镗床的威尔金森，他们用镗炮筒的方法制造出了汽缸和活塞，解决了那个最头疼的漏气问题。

1784年，瓦特的蒸汽机已装上曲轴、飞轮，活塞可以靠从两边进来的蒸汽连续推动，再不用人力去调节活门，世界上第一台真正的蒸汽机诞生了。

1880年，在德国开始生产带前后立柱和工作台的卧式镗床。为适应特大、特重工件的加工，20世纪30年代发展了落地镗床。随着铣削工作量的增加，50年代出现了落地镗铣床。由于钟表仪器制造业的发展，需要加工孔距误差较小的设备，在瑞士出现了坐标镗床。现在，为了提高镗床的定位精度，已广泛采用光学读数头或数字显示装置。有些镗床还采用数字控制系统实现坐标定位和加工过程自动化。图19-7所示为数控镗床。

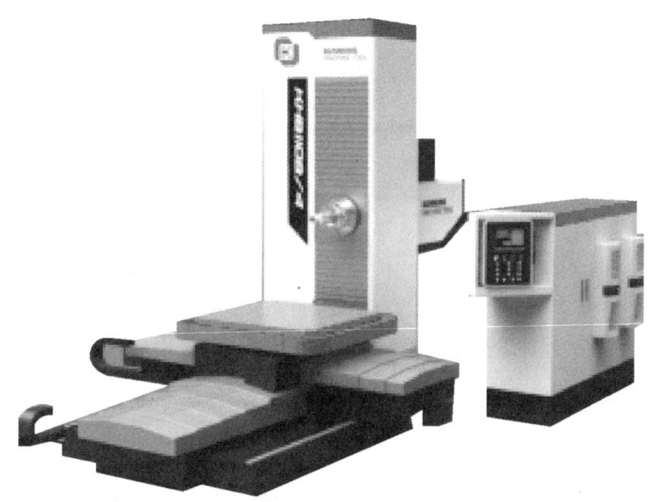

图19-7　数控镗床

科学的伟大进步，来源于崭新与大胆的想像力。

——杜威

第20章

缝纫机的发明者们

缝纫机是用一根或多根缝纫线，在缝料上形成一种或多种线迹，使一层或多层缝料交织或缝合起来的机器。缝纫机能缝制棉、麻、丝、毛、人造纤维等织物和皮革、塑料、纸张等制品，缝出的线迹整齐美观、平整牢固，缝纫速度快、使用简便。

缝纫机的结构，如图20-1所示。一般缝纫机都由机头、机座、传动和附件四部分组成。机头是缝纫机的主要组成部分。它由刺料、钩线、跳线、送料四个机构和绕线、压料、落牙等辅助机构组成，各机构运动合理地配合、循环工作，把缝料缝合起来。图20-2为缝纫机零件的安装位置。

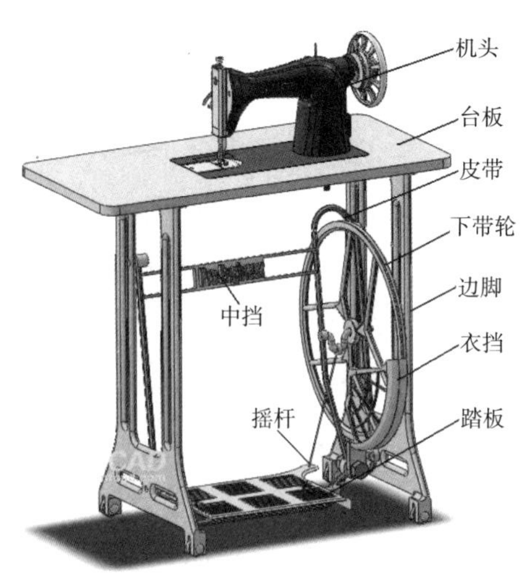

图20-1　缝纫机的结构

机座分为台板和机箱两种形式。台板式机座的台板起着支承机头的作用，缝纫机操作时当作工作台用。机

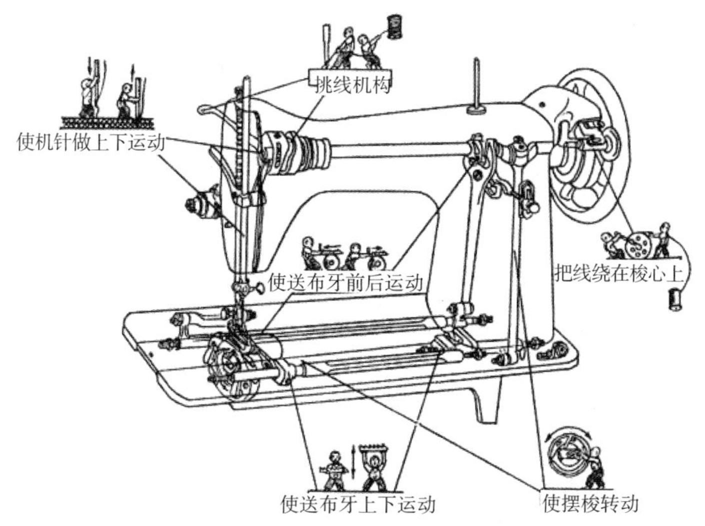

图20-2 缝纫机零件的安装位置

箱式机座的机箱起着支承和储藏机头的作用。

缝纫机的传动部分由机架、手摇器等部件组成。机架式机器的支柱支承着台板和脚踏板。使用时操作者踩动脚踏板，通过曲柄带动皮带轮旋转，又通过皮带带动机头旋转。手摇器多数直接装在机头上。

● 缝纫机的发明者们。缝纫机是现代的家用机器。远在旧石器时代晚期，人类已经懂得使用针和线缝制衣服了，在缝纫机发明之前，人们一直用手工缝制衣服，不但效率低而且不够精致。没有缝纫机，世界可能是另外一个样子。机械化缝纫机的发明，使人们都能穿上结实、针脚细致的衣服。那么缝纫机的发明者（图20-3）都有哪些人呢?

● 世界上第一台手摇缝纫机。英国人托马斯·山特是第一台缝制机械的发明者。在1790年，他用机械来模仿替代手工缝制的过程，制造出第一台缝制皮鞋的缝纫机。当时因没有缝制机械制造的记录，他的专利在纺织机械的专利库内被人疏忽了83年，后来这台机器经过复制，曾在1878年的巴黎万国博览会上展示，如图20-4所示。

18世纪60年代，英国工业革命率先从棉纺织业开始，随即扩展到其他各个领域，大大地促进了社会生产力的迅速发展，同时也极大地冲击了手工业，导

图20-3　缝纫机的发明者

致很多原先靠手工劳作的纺织女工失业。托马斯·山特的妻子便是失业的纺织女工之一。失业后不久，山特夫人很快在一家依然靠手工劳动的皮鞋制造厂找到了工作。为了能多挣到一些钱，山特夫人经常加班，甚至将一些需要缝制的皮鞋带回家，一直干到深夜。看到妻子如此地劳累，托马斯心疼不已。木匠出身的托马斯很快便想到了为自己的妻子打造一台能缝制皮鞋的机器。

为此，托马斯每晚都非常认真地观察妻子是如何缝制皮鞋的，白天稍有空闲时间便思忖着如何进行设计和制造。功夫不负有心人，托马斯终于在1790年造出了第一台用木料做机体、用金属做部分零件的手摇式缝纫机。山特夫人用这台机器缝制皮鞋确实提高了效率、省时省力。世界上第一台先打洞后穿线、缝制皮鞋用的单线链式线迹手摇缝纫机就这样被一位木匠发明成功了，他开创了缝纫机发明的先河。

图20-4　单线链式线迹手摇缝纫机

● 双线链式线迹缝纫机的发明。裁缝出身的法国人蒂莫尼耶为了改善生活和减轻手工劳作的辛苦，历经千辛万苦于1841年自己设计和制造出了

一种机针带钩子的双线链式线迹缝纫机，缝制速度比手工缝制提高了十几倍。但是这种缝纫机的发明并没有给蒂莫尼耶带来幸运，反而使他受到了思想保守的裁缝们的联合抵制，甚至将蒂莫尼耶生产的机器都砸毁了，因为他们担心缝纫机会使他们失去工作而过上饥寒交迫的生活。蒂莫尼耶至死也没能使自己的发明为人们所接受，而这种双线链式线迹缝纫也因此成为了史上最遗憾的发明之一。

我们了解了缝纫机的核心是线圈缝合。事实上有多种不同类型的线圈缝合，它们的原理也略有不同。那么什么是线圈缝合呢？

最简单的线圈缝合是链式缝合。若要缝出链式缝合，缝纫机会在线的后面用相同长度的线打环。织物位于针下面的一块金属板上，用压脚固定。每次缝合开始时，针穿过织物拉出一个线圈。一个做线圈的装置在针拉出前抓住线圈，该装置与针同步运动。一旦针拉出织物，送布牙装置就会将织物往前拉。当针再次穿过织物时，新的线圈将直接穿过前一个线圈的中间。做线圈的装置会再次抓住线，围绕下一个线圈做线圈。这样，每个线圈都会把下一个线圈固定到位。链式缝合的主要优点是可以缝得非常快。但是，它不是特别结实，一旦线的一端松开，可能整个缝纫会全部松脱。

● 真正现代意义上的缝纫机诞生。美国人伊莱亚斯·豪（图20-5）生于马萨诸塞州的斯宾塞，他在一家纺织厂由学徒工成长为一名能干的机械师，也许是兴趣所致，伊莱亚斯·豪潜心于缝纫机的研究，1845年4月，他终于创造出一台实用而且效率高的手摇缝纫机。

图20-5 伊莱亚斯·豪

在此之前，有许多人都发明过缝纫机，用以辅助手工缝纫。然而，伊莱亚斯·豪对缝纫机进行了重大改进。他采用了曲线连锁缝纫法，并发明了一系列对现代缝纫机来说至关重要的结构，例如设置在针尖的针眼、自动进料装置等。

出身机械技工的美国人伊莱亚斯·豪生活贫苦，四处奔波。婚后，伊莱亚斯·豪为了养家糊口，拼命地工作，但生活依然窘迫。一天，伊莱亚斯·豪正在机械厂里埋头苦干，这时一位老客户走过来向他询问厂里是否生产缝纫用的机器，然后两个人便借机攀谈了几句。从客户的口中，伊莱亚斯·豪得知纺织业的飞速发展已使得服装制造业的生产大量积压，急需制造高效的机器。伊莱亚斯·豪敏锐地觉察到这是一个难得的商机。从此以后，伊莱亚斯·豪凭借其娴熟的机械技术，不断地进行探索、试验和改进他的发明。

伊莱亚斯·豪是如何想到将针眼设置在针尖上的呢？他母亲的家族历史中记载了一个故事：由于伊莱亚斯·豪没日没夜的工作，竟然在一天夜里梦见自己由于无法改进缝纫机而激怒了国王，国王派出士兵来抓他受刑。这些梦中的士兵手握长矛，长矛在尖端呈镂空形状，于是给了他这个灵感。在伊莱亚斯·豪的努力以及朋友的资助下，他终于在1845年研制成功了曲线锁式线迹缝纫机，缝纫速度为每分钟300针，非常地高效。

那么什么是锁式线迹缝纫呢？缝纫机的线迹可分为链式线迹和锁式线迹两种。其中，锁式线迹是最常见的，是一种更结实的缝线，叫做锁缝。它由两根缝线组成，像搓绳一样相互交织起来，其交织点在缝料中间。从线迹的横截面看，两缝线像两把锁相互锁住一样，因而称为锁式线迹，如图20-6所示。

为了推广自己的发明，伊莱亚斯·豪离开家乡辗转来到英国。几个月的努力都化作徒劳后，伊莱亚斯·豪不得不返回美国。回国后，伊莱亚斯·豪惊讶地发现他的发明已被人窃取，并广为使用。为了维护自己的权益，伊莱亚斯·豪毅然同侵权者胜家公司打起了官司，并最终胜诉，1846年，伊莱亚斯·豪取得了曲线锁式线迹缝纫机专利，为自己发明的缝纫机赢得了专利权。图20-7中，1846年9月10日，美国专利局向发明家伊莱亚斯·豪颁发了第一份缝纫机的专利。伊莱亚斯·豪发明的曲线锁式线迹缝纫机为缝纫机的进一步发明创新奠定了坚实的基础。

1867年，在巴黎世界博览会上，伊莱亚斯·豪的缝纫机获得了金奖。同年，他获得了拿破仑三世颁发的荣誉勋章。

伊莱亚斯·豪获选进入美国国家发明家名人堂。他所发明的缝纫机，风靡

全世界，走进了千家万户的生活，改变了人类制造衣物的历史，见图20-8。

● 日益完善的缝纫机诞生。1851年，一位名叫列察克·梅里瑟·胜家的美国人改进了缝纫机。

列察克·梅里瑟·胜家出生在曼哈顿郊区的一个工人家庭。他的母亲勤劳手巧，每年都要替一家7口人手工缝制四季穿的衣物，常常要忙到深夜，累得腰酸背痛，眼花手软。心疼母亲的胜家便暗下决心，长大后一定要发明一种缝纫

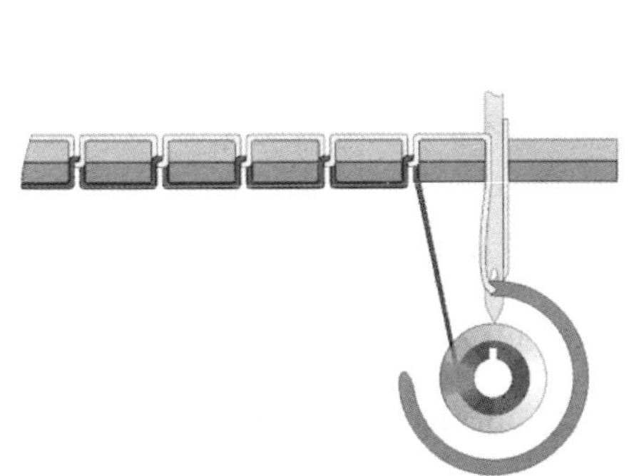

图20-6 曲线锁式线迹缝纫法

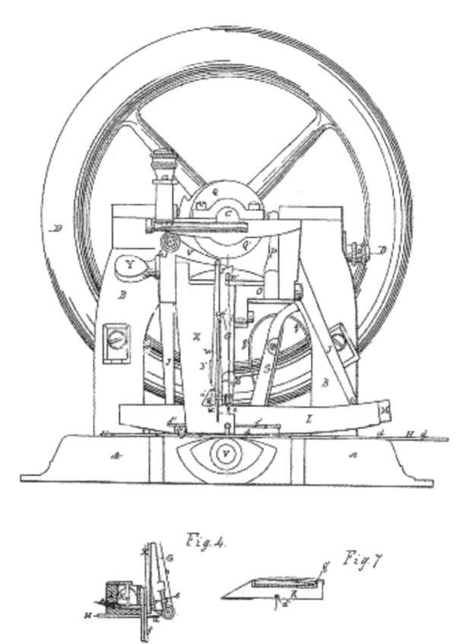

图20-7 伊莱亚斯·豪的专利

（a）

（b）

图20-8 伊莱亚斯·豪于1846年发明的缝纫机

图20-9　胜家的缝纫机

机器，让母亲不再辛苦。

在这种信念的扶持下，1851年，胜家终于改进了缝纫机，并把它送给母亲，母亲用后赞不绝口，做起衣服来轻松了许多，见图20-9。

接着，胜家便想着让更多和母亲一样勤劳的女性从劳累中解脱出来，于是他喊出了一个大胆、革命性的口号——“用我的缝纫机吧，女性也可以在家里操纵机器!”要知道在当时的美国，女性连选举权和发言权都没有，只能整天待在家里带孩子、做家务。但胜家坚持要打破这一陈规，他开始不辞辛苦地四下推销他的缝纫机。可他又发现了新问题，很多女性手中都没有钱，若得不到家人的支持，根本买不起缝纫机。为此，他想到了一个更大胆的创意——扩大女性的贷款额，让她们通过“分期付款”买得起自己的缝纫机。

结果，胜家赢得了商机，仅1876年一年，就卖出了24万台缝纫机，他也因此赚得盆满钵满，建起了纽约曼哈顿地标性建筑——达科塔大厦。

世界上最大的生意是解放和尊重人，正是对女性的尊重和爱，让胜家撬开了一座尘封千年的冰山。

作为美国最早开始生产缝纫机的公司，胜家公司虽然在专利申请的诉讼上败给了伊莱亚斯·豪，但是其创始人列察克·梅里瑟·胜家并没有灰心丧气，凭借自己的聪明才智于1853年发明了锁式线迹缝纫机。这款依旧是手摇的缝纫机的缝纫速度可达到每分钟600针，投入使用后大受欢迎。胜家公司并没有就此止步，而是不断地积极研制新型的缝纫机，拥有了几十项发明专利。其中，1859年，胜家公司发明了脚踏式缝纫机。1889年，胜家公司将电动机融入到缝纫机的发明创造中，从而发明了电动缝纫机。进入20世纪，胜家公司又成功地将计算机技术引入到缝纫机的创新中，研制成电脑控制型缝纫机，开创了缝纫机工业的新纪元，如图20-10所示。

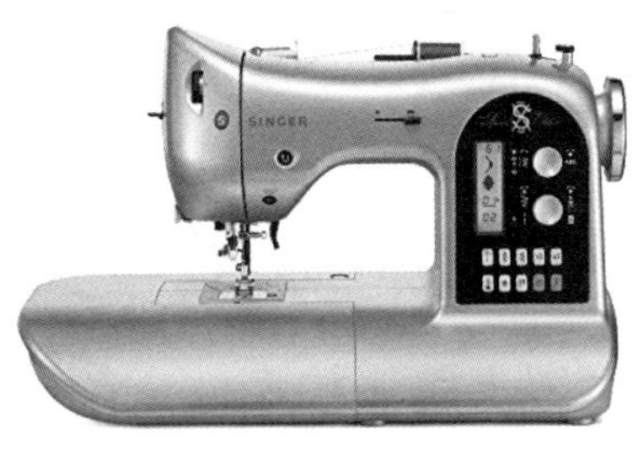

图20-10 胜家缝纫机

中国最早的缝纫机出现于1895年，是从美国引进的。1905年，上海首先开始制造缝纫机的零配件，并建立了一些生产零配件的小作坊。1928年，上海协昌缝纫机厂生产出了第一台工业用缝纫机。同年，海胜美缝纫机厂也生产出第一台家用缝纫机。

科学是没有国界的，因为她是属于全人类的财富，是照亮世界的火把。

——巴斯德

第21章

昨天的梦想就是今天的希望、明天的现实

——世界上第一枚液体火箭

图21-1　发射火箭

人类使用各式各样的火箭（图21-1），其基本目的只有一个，携带物体飞越空间。军用火箭把爆炸装置送往目标；探空火箭把科学仪器送上高层大气层；运载火箭将航空器送入太空，它是发射人造卫星、载人飞船、空间站的运载工具；小型助推火箭用来控制航天器的姿态或者修正航天器的飞行轨道。火箭是目前唯一能使物体达到宇宙速度，克服和摆脱地球引力，进入宇宙空间的运载工具。

● 火箭的基本结构。简单的火箭（图21-2）有一个高细的圆柱体，由相对较薄的金属制造而成。在这个圆柱内存放着火箭发动机的燃料和补给燃料罐，而为火箭提供推进力的发动机则放在圆柱的底部。发动机的底部看起来像一个钟

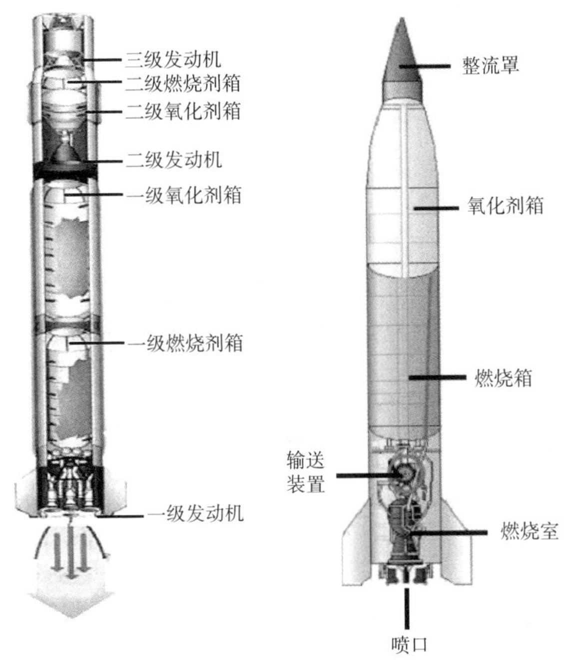

图21-2 火箭的基本结构

形的喷管，发动机通过一个装置——燃料输送系统可把原始的火箭燃料注入喷管顶部的燃烧室，在圆柱体的上部装有一个中空的流线形圆锥体，锥体的底座接在圆柱体上，锥尖朝上，这个圆锥体为有效载荷整流罩或整流罩。推进剂的能量在发动机内转化为燃气的动能形成高速气流喷出，产生推力。

● 火箭的基本原理。我们都知道牛顿第三定律，即作用力与反作用力定律。在航天领域里，火箭就是应用牛顿第三定律，靠着燃料推力产生的反作用力而冲上云霄的。火箭的基本原理如图21-3所示。

火箭是以热气流高速向后喷出，利用产生的反作用力向前运动的喷气推进装置。它自身携带燃烧剂与氧化剂，不依赖空气中的氧助燃，既可在大气中，又可在外层空间飞行。火箭在飞行过程中随着火箭推进剂的消耗，其质量不断减小，是变质量飞行体。

火箭的推进剂一般分为固体推进剂和液体推进剂。

固体火箭的推进剂为固体，这种推进剂又称为“火药”，火药铸成块状，排

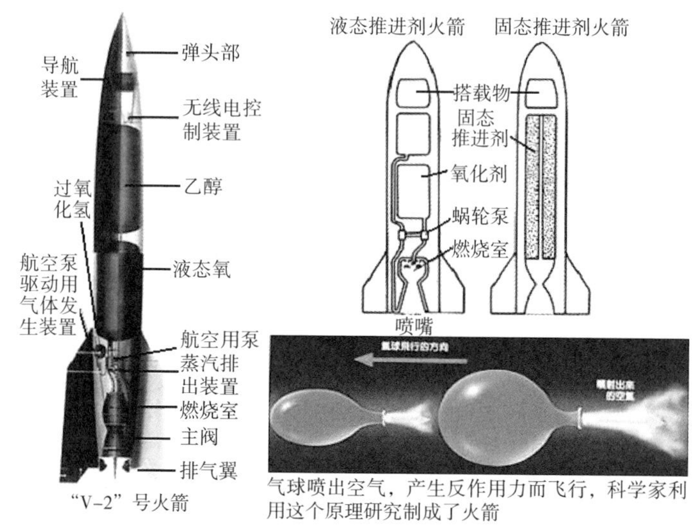

“V-2”号火箭

气球喷出空气，产生反作用力而飞行，科学家利用这个原理研究制成了火箭

图21-3　火箭的基本原理

放在箭体内，占了部分空间。其燃烧特点是从底层向顶层或从内层向外层快速燃烧。固体火箭结构简单，制作方便，装入火药后可以长期存放，随时可以点火，点燃后燃烧时间短，燃烧的激烈程度无法控制，发射时震动大，因此它不适于发射载人的飞行器，多用于军事方面。

液体火箭的推进剂为液体，燃料和氧化剂的组合情况较多，如酒精和液态氧、煤油和液态氧、液态氢和液态氧等。液体火箭燃烧时间长，便于控制推进剂的输送。还可以使火箭停火、重新点燃，从而控制火箭的飞行速度，操作方便。液体火箭的燃料不易储藏、成本很高。它是进行宇宙航行的主要交通工具。

● 世界上第一枚液体火箭升空。世界第一枚火箭是以液氧和汽油作推进剂的，于1926年3月16日在美国马萨堵塞州奥邦城发射成功。虽然只飞了41英尺（1英尺≈0.3米）高，却是人类开始二十三万八千里（1里=500米）月球飞行的第一步。

图21-4　罗伯特·戈达德

世界第一枚液体火箭是美国科学家罗伯特·戈达德（图21-4）发明、研制并发射的，成为火箭控制技术的里程碑。罗伯特·戈达德是美国最早的火箭发动

机发明家，被公认为“现代火箭技术之父”。

● 飞向太空是我的梦想。罗伯特·戈达德于1882年出生在美国马萨诸塞州伍斯特。戈达德童年时，举家搬迁到马萨诸塞州波士顿。其父精通机械，系波士顿机械业刀具加工商。戈达德童年时代，母亲患上了肺结核病，身体极度虚弱，那时肺结核病是无药可治的。戈达德也经常生病，没法坚持正常上学。17岁时，全家回迁伍斯特。戈达德留过级，年龄比同学大。他讨厌数学，当然后来是数学帮助他成就了一番事业。

在一个美丽的秋天，有一天戈达德坐在自家屋后的一棵树下读英国作家威尔斯的科幻小说《星际大战：火星人入侵地球》，他被这本科幻小说深深吸引着。说来也真奇怪，罗伯特说：“当我仰望东方的天空时，我突然想，要是我们能够做个飞行器飞向火星，人要是能飞到星星上多好啊！怎样才能制造出飞上火星的装置呢？我幻想着有这么个小玩意儿可以从地上腾空而起，飞向蓝天。我想象着有种机器在草地上飞快地旋转着，急速上升，飞向太空，飞向那遥远的未知的世界。从那时起，我像变了个人，定下了人生的奋斗目标。”

罗伯特·戈达德很少谈起他在树下看书的那一天，但他却永远牢记这一天。就在这一天，他想发明一种飞行器，这飞行器可以比什么都飞得更高、更远。他认准了人生这一奋斗目标，相信自己一定能够成功。他说：“我明白我必须做的头一件事就是读好书，尤其是数学。即使我讨厌数学，我也必须攻下它。”父母发现他整天在学习数学和做科学小实验，即使卧病在床的时候，他也不放过一点儿时间。看着瘦弱的常患病的孩子，父母总是心疼地劝说他休息。童年的美丽梦想成了戈达德所有生活的支柱。在随后的日子里，他不断地攻读数学，坚持做实验，后来他居然攻读起物理学家牛顿的著作来。

两年后，戈达德身体好了，可以上学了。他上了伍斯特南方中学，非常用功地学习数学。戈达德的父亲倾其所有关照患病的妻子，没钱再交戈达德中学毕业后的学费了。戈达德从别处得到了资助，1904年，他考入伍斯特理工学院。1908年，他拿到物理学学士学位，留校当了一名物理教师。后来又上了克拉克大学。1910年，他从克拉克大学获得硕士学位，一年后获博士学位，并在这所大学开始了火箭研制工作。1912年，他成为普林斯顿大学的研究员。

● 将梦想变为现实。戈达德从1909年开始进行火箭动力学方面的理论研究，三年后点燃了一枚放在真空玻璃容器内的固体燃料火箭，证明火箭在真空中能够工作。

他开始设想多级火箭，多级火箭就是不止一个发动机的火箭，每级发动机都可以将火箭推得更高一些。火箭的动力来自爆燃的两种气体——氢气和氧气。

戈达德在新泽西州普林斯顿学院对火箭做进一步研究时，他说："我经常通宵达旦地工作，终于懂得了怎样让火箭飞得比什么都高。但我干得太累了，又病倒了，不得不停止工作，接受治疗。经过X光透视，我患上了和我母亲一样的病——肺结核。医生说我只能再活两周，让我长期休息。但我很想活下去，我不能死，我要工作。"两周后，罗伯特·戈达德没有死，又开始工作了。1913年10月，戈达德完成了第一枚火箭计划，次年5月，又完成了一枚火箭计划。这两次火箭计划为后来的载人航天奠定了必不可少的基础。1914年，美国政府授予他两项专利以保护其发明权。

1919年，斯密森学会在《到达极限高度的方法》上发表了戈达德的几份报告来阐明他的研究。报告阐明了他怎样发展火箭的数学理论，并让火箭飞得比气球高的方法。在报告中，戈达德还讲述了火箭飞抵月球的可能性。对登月的可能性、新闻作了大辩论，很多人认为戈达德提出这么个不现实的事来，真是个大傻瓜。就是这篇重要的经典性论文，开创了航天飞行和人类飞向其他行星的时代。

由于通过大量研究认识到火药火箭的缺陷，戈达德便把主要精力放在液体火箭的研究与制造上。他开始用汽油和液氧做燃料的火箭引擎试验。他最先研制用液态燃料（液氧和汽油）的火箭发动机，1922年完成了第一台液体火箭发动机的研制。1925年，他试制出了第三台发动机。1926年春，他将火箭发动机连接了两个串联推进剂储箱，用两个长约1.5米的细管将液氧和汽油传送到燃烧室中，采用的输送方式是高压氮气挤压法。1926年3月26日，他和妻子以及两个助手在马萨诸塞州的奥邦城冰雪覆盖的草原上，进行了世界上第一枚液体火箭

的发射试验，取得了成功。火箭长约3.4米，发射时重量为4.6千克，空重为2.6千克。他在报告中描述道：“火箭试验在下午2:30进行。经过2.5秒后，上升高度达12.5米，飞行距离达56米。”虽然这枚火箭性能并不理想，但它打开了液体火箭技术的大门，为航天时代的到来作出了预言。这是一次了不起的成功，它的意义正如戈达德所说：“昨日的梦的确是今天的希望，也将是明天的现实。”如图21–5所示。

图21–5　罗伯特·戈达德做试验

火箭技术的研究可以追溯到中国。发明火药的中国人在13世纪就发明了“飞火箭”，并运用于战争。还有印度人、阿拉伯人、波兰人等也曾研究过火箭技术。但戈达德是第一位设想用火箭或许能载人飞向天外的人。

1926年3月16日试验成功后，戈达德又对火箭结构进行了改进：把发动机放置在火箭的尾部，采取了保持火箭稳定飞行的措施。同时，他对发动机的燃烧室进一步改进使之能提供最大的燃烧效率。1929年7月29日，又一枚火箭在戈达德的家乡飞向天空，它飞得更高。戈达德对研制的3.36米长的新火箭进行了试验。它的头部装有气压计、温度计和照相机，照相机对准两个仪表。当达到最大高度时，降落伞的弹射开关同时打开照相机快门，这样便可记录到火箭在最大高度时大气的温度和压力值。这次试验火箭的飞行高度为32米，水平方向飞行了53米，降落伞装置保证了仪表在落地时没有损坏。这枚火箭可以称之为“第一枚载有仪器的探空火箭”。

1930~1935年，戈达德发射了数枚火箭，火箭的速度最高达到超音速，飞行高度达到2.5千米。此外，还获得火箭飞行器变轨装置和用多级火箭增大发射高度的专利，并研制了火箭发动机燃料泵、自冷式火箭发动机和其他部件。他设计的小推力火箭发动机是现代登月小火箭的原型，曾成功地升空到约2千米的高度。他一共获得过214项专利。

戈达德在默默无闻中，靠自己的毅力和勤奋发明创造了火箭，是美国宇宙时代的开创者。戈达德虽在美国没有受到重视，在德国却有一批推崇者。他们用戈达德的原理制成了V–2火箭，并在第二次世界大战中发挥了威力。

第二次世界战结束后，美国科学家向德国科学家请教火箭制造的技术，德国科学家目瞪口呆，“你们不知道戈达德吗？我们是用他的原理研究和制造火箭。他是我们的老师。”美国科学家震惊后再去寻找戈达德时，一切都晚了。1945年8月10日，戈达德已经离开了人世。

戈达德一生是孤独而不被人理解的，但勇敢的他毫不气馁，在理论和实践上做了很多工作，向怀疑他的人们证明未来的整个航天事业都将建基于火箭技术之上。他也因此当之无愧地被称为“现代火箭之父”。

戈达德的一生是坎坷而英勇的一生。他所留下的报告、文章和大量笔记是一笔巨大的财富。对于他的工作，德国著名火箭专家冯·布劳恩曾这样评价过：“在火箭发展史上，戈达德博士是无所匹敌的，在液体火箭的设计、建造和发射上，他走在了每一个人的前面，而正是液体火箭铺平了探索空间的道路。当戈达德在完成他那些最伟大的工作时，我们这些火箭和空间事业上的后来者，才仅仅开始蹒跚学步。”

● 现代和未来火箭。现代火箭是利用反冲力推进的飞行装置，用以发射人造卫星、人造行星、宇宙飞船等，也可装上弹头制成导弹。在一般用语中，火箭也作为火箭发动机的简称。

目前，火箭依照推进剂的不同，主要分为固体火箭和液体火箭。未来火箭技术还会有什么新的突破呢？全世界的科学家正在积极探索，寻找体积更小、能量更大的燃料，用它飞向茫茫宇宙深处。

● 核燃料的火箭。科学家目前正在设计一种使用核燃料的火箭。它可能为21世纪人类飞往火星立下汗马功劳。因为使用现在的固体或液体火箭，从地球

飞往火星大约需要500天，而使用核火箭仅仅需要150天，这是十分诱人的。

科学家们预言，未来的核火箭比我们家庭使用的电冰箱大一点。它的核心是一个压力罐，里面充满了沙粒大小的燃料丸。这些燃料丸便是浓缩铀，它埋置在石墨体中，由碳化锆外壳包裹着。目前，以核燃料为动力已经应用到潜艇上，估计核火箭问世的时间不会太久了。

不过，目前科学家们所遇到的难题也很多，如核火箭在运行中会产生大量的中子，它们会破坏火箭上的电子控制系统，为此，就必须设计一种辐射防护层，像衣服一样把中子紧紧地裹在里面，不让它们自由自在地到处招事惹祸。另外，还必须保证在火箭紧急着陆以后，不会像原子弹那样产生大爆炸，否则真是太危险了。

● 激光推进火箭前进。当今的火箭升天，所要携带的推进燃料占整个火箭重量的80%以上，真是数量惊人。要减少火箭重量，除采用核火箭以外，另一种方法则是用激光来推动火箭前进。

科学家们早已发现，当强度很大的激光束射向固态靶体时，靶体物质局部升华而气化，产生的气体以很高的速度反喷出来，给靶体形成一个推力。于是有人建议利用这种现象来推动火箭。

科学家还发现了一种有趣的现象，当强大的激光照射在一个很小空间中的气体时，高温使气体电离，从而形成微型爆炸，产生冲击波。冲击波以超音速迎着激光方向扩散，同时出现反冲击波现象，在反作用力作用时熄灭激光，隔一段时间，再给出下一次激光。就这样周而复始，火箭便可以从接连不断的微型爆炸中获得推力。这种火箭如果在大气层中飞行，就不必携带推进剂了，因为它可以随时吸取气体作为推进剂。这样，火箭在起飞时的重量自然会大大减轻了。

将来，当人类在月球上建立了科研基地之后，月面上固定式的激光装置直接从月面的太阳能电站获得能源，并推动激光火箭，从而建立起月球到近地轨道空间站之间的往返航线。

● 光子火箭。我们知道，物质的最小单位是分子，分子是由原子组成的，原子又由带正电的原子核和围绕原子核运动的带负电的电子组成。原子核由带正电的质子和不带电的中子组成，依次还可以分成许多微小粒子，如中微子、介子、超子等。科学家们发现，宇宙中还存在着与这些粒子对应的电荷相等、符号相反的粒子，如带正电的“反电子”和带负电的“反质子”等，这些被统称为“反粒子”。科学家预言，在宇宙中，还存在着由反粒子组成的“反物质”，当粒子和反粒子、物质和反物质相遇时，就会发生湮灭，同时产生能量。500克的粒子和500克的反粒子湮灭所产生的能量，相当于1000千克铀核反应时释放的能量。

如果我们把宇宙中存在的丰富的氢搜集起来，让它和反质子在火箭发动机内湮灭，产生光子流从喷管中喷出，从而推动火箭，这种火箭就是光子火箭。它可以以光速前进，每秒约30万千米。

虽然光子火箭还是一种科学幻想，但是可以相信，随着科学技术的不断进步，它一定会成为现实。

我要把人生变成科学的梦，然后再把梦变为现实。

——居里夫人

第22章

单摆机械钟的创制人

● 单摆机械钟。单摆机械钟（图22-1）发明于1657年，是时钟的一种，用摆锤控制其他机件，使钟走得快慢均匀，一般能报点。它是根据单摆定律制造的。摆动的钟摆是靠重力势能和动能相互转化来摆动的，简单地说，如果你把钟摆拉高，由于重力影响它会往下摆，而到达最低位置后它具有一个速度，不可能直接停在那（就好像刹车不能一下子停一样），它会继续冲过最低位置，而摆至最高位置就往回摆是因为重力使它减速直到0，然后向回摆（就像往天上扔东西，它会在上升中减速到0，然后落下）。如此往复，就不停地摆动了。

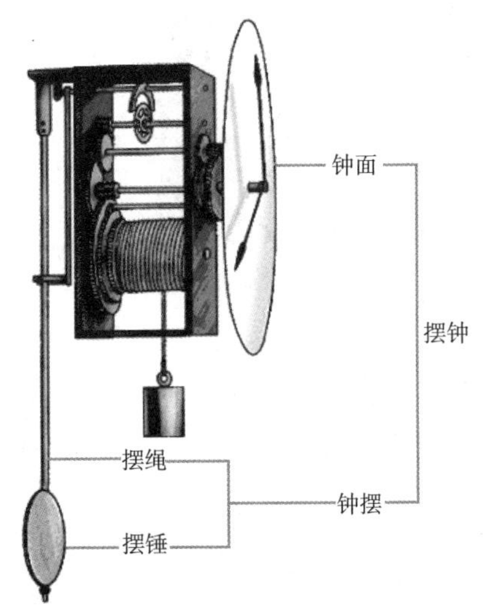

图22-1　单摆机械钟

按照上述，钟摆可以永远摆下去，但由于阻力存在，它会摆动逐渐减小，最后停止，所以要用发条来提供能量使其摆动。

● 摆钟的机械原理。机械摆钟有两个发条动力源，一个为走时动力源，一个为报时动力源。走时齿轮带动时针、分针显示时间。报时齿轮带动钟锤敲打盘条报时。由于发条动力初始力量较大而末尾力量较小，因而齿轮速度就有变化，造成了计时误差。为了克服这个问题，采用了钟摆限制计时齿轮的走时速度，这样的方案很精确，并且发展到手表中的摆轮。

● 摆钟的单摆原理。摆钟的单摆原理是利用单摆的等时性。正是这种性质可以用来计时。而单摆的周期公式是：$T=2\pi\sqrt{\frac{l}{g}}$（l为下摆长）。通过公式可以看出来，单摆运动靠的是重力和绳子的拉力，而摆动的周期仅仅取决于绳子的摆长和重力加速度。地球重力加速度固定，控制摆长可以调整周期来计时。

图22-2　伽利略

● 伽利略最初的发现。伽利略（图22-2）是一位伟大的物理学家，1564年2月15日出生于意大利比萨城的一个没落的贵族家庭。他出生后不久，全家就移居到佛罗伦萨近郊的一个地方。在那里，伽利略的父亲凡山杜开了一个店铺，经营羊毛生意。孩提时的伽利略聪明可爱，活泼矫健，好奇心极强。他从不满足别人告诉的道理，喜欢亲自探索、研究和证明问题。对于儿子的这些表现，凡山杜高兴极了，希望伽利略长大后从事既高雅、报酬又丰厚的医生职业。1581年，凡山杜就把伽利略送到比萨大学学医。可是，伽利略对医学没有兴趣，他却把相当多的时间用于钻研古希腊的哲学著作，学习数学和自然科学。

伽利略是一位虔诚的天主教徒，每周都坚持到教堂做礼拜。有一次，伽利略到教堂做礼拜，礼拜开始不久，一位工人给教堂中的大吊灯添加灯油时，不经意触动了吊灯，使它来回摆动。摆动着的大吊灯映入了伽利略的眼帘，引起他的注意。伽利略聚精会神地观察着，他感觉到吊灯来回摆动的时间好像是相等的。伽利略知道人的脉搏是均匀跳动的，于是，他利用自己的脉搏计时，同时数着吊灯的摆动次数。起初，吊灯摆动的幅度比较大，摆动速度也比较大，

过了一会儿，吊灯摆动的幅度变小了，摆动速度也变慢了，此时，他又测量了来回摆动一次的时间。让他大为吃惊的是，两次测量的时间是相同的。于是伽利略继续测量来回摆动一次的时间，直到吊灯几乎停止摆动时才结束。每次测量的结果都表明来回摆动一次需要相同的时间。通过这些测量使伽利略发现：吊灯来回摆动一次需要的时间与摆动幅度的大小无关，无论摆幅大小如何，来回摆动一次所需时间是相同的。也就是说吊灯的摆动具有等时性，或者说具有周期性。

通过在教堂中的观察，伽利略已经知道，摆动的周期跟摆动幅度无关。他猜想：是否跟吊灯的轻重有关呢？是否跟吊绳的长短有关呢？还有没有其他因素呢？

为了模拟吊灯的摆动，他找来丝线、细绳、大小不同的木球、铁球、石块、铜球等实验材料，用细绳的一端系上小球，将另一端系在天花板上，这样就做成了一个摆，如图22-3所示。用这套装置，伽利略继续探索摆动的周期。他先用铜球实验，又分别换用铁球和木球实验。实验使伽利略看到，无论用铜球、铁球，还是木球实验，只要摆长不变，来回摆动一次所用时间就相同。这表明单摆的摆动周期与摆球的质量无关。伽利略又做了十几个摆长不同的摆，逐个测量它们的周期。实验表明：摆长越长，周期也越长，摆动得就越慢。

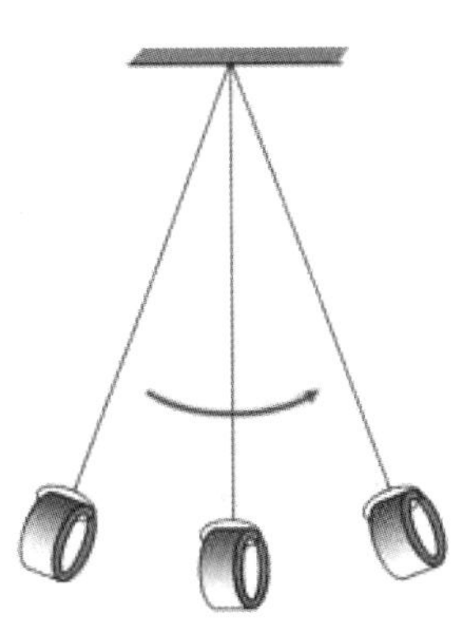

图22-3 单摆

在实验基础上通过严密的逻辑推理，伽利略证明了单摆的周期与摆长的平方根成正比，与重力加速度的平方根成反比。这样，伽利略不但发现了单摆的等时性，而且发现了决定单摆周期的因素。伽利略是一位善于解决问题的科学家，发现了单摆的等时性，他就提出了应用单摆的等时性测量时间的设想。

单摆等时性的发现，奠定了制造摆钟的坚实基础，为人类更加精确地测量时间开辟了道路。伽利略曾经提出利用单摆的等时性制造钟表，并且让他的儿子维琴佐和维维安尼设计了制造钟表的图纸，但是，他们却没有把钟表制造出来。后来，荷兰物理学家惠更斯从理论和实验两个方面进行了大量研究，得出了单摆的周期公式，并不断改进技术，于1656年制造出人类有史以来第一座摆钟，使伽利略制造钟表的设想变为现实。惠更斯把制造的“有摆落地大座钟”献给了荷兰政府。1657年，惠更斯取得了摆钟的专利权。

图22-4　克里斯蒂安·惠更斯

● 单摆机械钟的发明人——克里斯蒂安·惠更斯。克里斯蒂安·惠更斯（图22-4），荷兰人，世界知名物理学家、天文学家、数学家和发明家，机械钟的发明者。

惠更斯1629年4月14日出生于荷兰的海牙。他的祖父，也叫克里斯蒂安·惠更斯，作为秘书效力于沉默者威廉以及毛里斯亲王。1625年，他的父亲康斯坦丁成为亲王弗雷德里克·亨利的秘书，克里斯蒂安的哥哥，另一位康斯坦丁，一直服务于奥兰治家族。惠更斯家族有坚实的教育和文化传统。他的祖父积极参与到对孩子们的教育中，于是惠更斯的父亲在文学和科学方面都极为博学。他曾与梅森和笛卡尔通过信，而笛卡尔受到过惠更斯在海牙对他的很好的招待。康斯坦丁是一个对艺术很有品位的人，有绘画才能，也是一个音乐家、多才的作曲家，还是一个杰出的诗人。他的那些用荷兰文和拉丁文写下的篇章，使他在荷兰文学史上获得了经久不衰的地位。

就像他父亲一样，康斯坦丁积极地致力于孩子的教育。克里斯蒂安和哥哥康斯坦丁在家中接受父亲和私人教师的教育，惠更斯从小就很聪明。13岁时曾自制一台车床，表现出很强的动手能力。一直到16岁，兄弟俩学习了音乐、拉丁语、希腊语、法语、意大利语以及逻辑、数学、力学还有地理学方面的知识。作为一个非常有天分的学生，克里斯蒂安在幼年就展现出了兼顾理论方面的兴趣以及对实际应用与建造的洞察力，这也成为了他后来科学工作的特点。

他16岁时进入莱顿大学。他的主要方向是研究法学，但也研究数学，而且取得了很好的成绩。两年后，他转入布雷达学院深造，在阿基米德等人的著作及笛卡尔等人的直接影响下，他的兴趣转向了力学、光学、天文学及数学的研

究。他善于把科学实践和理论研究结合起来，透彻地解决问题，因此在摆钟的发明、天文仪器的设计、弹性体碰撞和光的波动理论等方面都有突出成就。

● 人类对精密计时的需求，来源于航海事业的发展。1488年，葡萄牙人迪亚士率领船队抵达非洲南端的好望角；意大利人哥伦布1492年开辟了通往美洲的新航线；1497~1498年，葡萄牙探险家达·伽玛开辟了欧洲从海上直通印度的新航路。人们开始了大规模的远洋航行。

远洋航行，在漫无边际的大洋中，四面看不到任何标记。人们唯一能够看到的是天上的日月星辰，就凭这天上的标记要精确定位航船所在的位置，确实有些困难。

测量航船所在位置的纬度是比较容易的。只要测量某个恒星的角度，因为那些恒星的纬度是早已编制好的，由观测到指定恒星的纬度，立刻能够计算出所处地点的纬度。

我们知道，要确定航船的位置，除了纬度外还需要一个经度，测量经度需要准确知道当时航船起航的准确时间，所以钟表的准确度是测量经度的重要条件，因此研究准确的计时装置确实是当务之急。也就是说要研究一种办法，“把时间运到船上”。

据记载，从1602年起，伽利略就注意到单摆运动的等时性，1637年曾建议利用钟表来确定经度，不过他误认为在大摆动时等时性也是成立的。后来，他曾经建议利用等时性来制作钟表，但是他不久后逝世了，故而没实现制作钟表。

尽管伽利略对单摆的研究比惠更斯早了大约十年，不过最早系统和深入地研究单摆的应当是惠更斯。他不仅从理论上研究清楚了单摆运动规律，而且根据得到的运动规律设计了摆钟。

● 惠更斯对摆的研究。对摆的研究是惠更斯所完成的最出色的物理学工作。多少世纪以来，对时间的测量始终是摆在人类面前的一个难题。当时的计时装置诸如日晷、沙漏等均不能在原理上保持精确。直到伽利略发现了摆的等时性，惠更斯将摆运用于计时器，人类才进入一个新的计时时代。

当时，惠更斯的兴趣集中在对天体的观察上，在实验中，他深刻体会到了精确计时的重要性，因而便致力于精确计时器的研究。伽利略曾经证明了单摆运动与物体在光滑斜面上的下滑运动相似，运动的状态与位置有关。惠更斯进一步确认了单摆振动的等时性并把它用于计时器上，制成了世界上第一座计时摆钟。这座摆钟由大小、形状不同的齿轮组成，利用重锤作单摆的摆锤，由于摆锤可以调节，计时比较准确。在他随后出版的《摆钟论》一书中，惠更斯详细地介绍了制作有摆自鸣钟的工艺，还分析了钟摆的摆动过程及特性，首次引进了“摆动中心”的概念。他指出，任一形状的物体在重力作用下绕一水平轴摆动时，可以将它的质量看成集中在悬挂点到重心连线上的某一点，以将复杂形体的摆动简化为较简单的单摆运动来研究。

惠更斯在他的《摆钟论》中还给出了关于“离心力”的基本命题。他提出：一个做圆周运动的物体具有飞离中心的倾向，它向中心施加的离心力与速度的平方成正比，与运动半径成反比。这也是他对伽利略摆动学说的扩充。

在研制摆钟时，惠更斯还进一步研究了单摆运动，他制作了一个秒摆（周期为2秒的单摆），导出了单摆的运动公式。在精确地取摆长为3.0565英尺时，他算出了重力加速度为9.8米/秒^2。这一数值与现在我们使用的数值是完全一致的。惠更斯得到了在小摆动下，摆动周期的精确公式为：

$$T=2\pi\sqrt{\frac{l}{g}}$$

式中，T为摆动周期；l为摆长；g为重力加速度。

不仅如此，1659年，惠更斯还研究渐屈线和摆动中心的理论，他得到在大摆幅下，摆动周期不再是等时的，而是和摆幅有关的结论。

惠更斯禁不住想到：“既然物体的摆动有等时的特性，那么，如果能利用物体摆动的力来驱使钟里的齿轮转动，不是可以得到更准确的时间吗?”在此基础上他又做了进一步研究，确定了单摆振动的周期与摆长的平方根成正比的关系。经过一连串的反复实验后，惠更斯终于设计出一个钟摆机构，取代塔钟里的平衡轮，并在1656年委托制钟匠，成功地制造出第一座用摆的振动来计时的

时钟。

● 惠更斯摆钟的基本结构。图22-5为惠更斯摆钟的基本结构。钟的机械动力仍由重锤提供，但擒纵器的摆动频率由单摆控制。一个与擒纵器心轴连在一起的L形杆伸向单摆，L形杆的杆头分叉刚好卡住刚性的摆棍，单摆摆动时带动L形杆转动，从而把摆动的频率传递给擒纵器。摆钟的优越性在于，单摆的频率与推动它的初始力量无关，而只与重力和摆长有关，这样守时机构就真的不再受到动力机构的干扰了。之后，惠更斯又发明了一种游丝-摆轮装置。游丝是一个螺旋形的弹簧，连在摆轮上，当摆轮向一个方向转动，使游丝发生形变，产生一个力拉动摆轮回转，在转过平衡位置后，游丝再一次发生形变，又产生一个反向的力，重新把摆轮拉回来。这样就能维持一种周期性的振动，像横摆、单摆一样，用来控制擒纵器的频率。游丝-摆轮与单摆一样独立于动力机构，其频率不受其他机械部分的影响，而利用游丝-摆轮制成的钟表相对于摆钟的优点主要在于不依靠重力，因此只要设计合理，那么其在移动中仍可准确走时，也就意味着更加便携。后来，英国人哈里森发明的第一台能够精确运行的航海钟就采用这种机构。

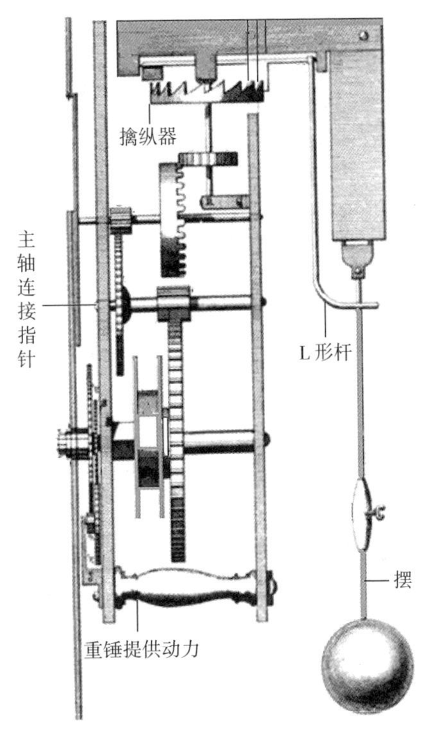

图22-5 惠更斯摆钟的基本结构

惠更斯的摆钟问世后，比起以往的各种计时装置精度大为提高。如果说以往的钟表昼夜误差是10分钟左右，那么摆钟的昼夜误差则可以缩小到10秒左右。这就给航海定位带来巨大的希望。因为时间误差1秒相当于定位时的误差不到半海里。这样的误差是完全能够接受的。但是，最初的摆钟是很娇气的，它只有安静地摆放在那里，才能很好地工作，而要把它搬运到颠簸的船上，不仅会加大误差甚至会停摆罢工。为了克服摆钟的缺点，惠更斯发明了螺旋式的游

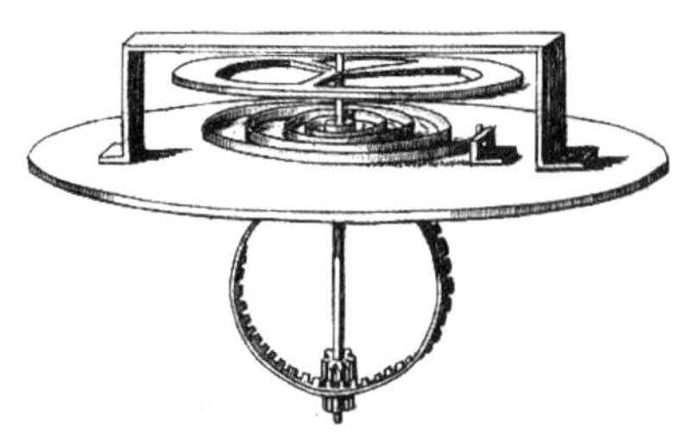
图22-6 螺旋式的游丝-摆轮

丝-摆轮，如图22-6所示。1674年惠更斯制造了弹簧摆轮的钟表。大约在同时，英国的胡克也发明了游丝-摆轮。游丝是用来控制摆轮在等时的往复运动，这个钟表里弹性元件的出现让钟表向着更加精密的方向发展，为近代游丝怀表和手表的发明创造了条件。

想象力比知识更重要，因为知识是有限的，而想象力概括着世界上的一切，推动进步，并且是知识进化的源泉。严格地说，想象力是科学研究中的实在因素。

——爱因斯坦

第23章

机械钟表的前世今生

什么是钟表呢？钟表是钟和表的统称。在机械工程上，钟和表都是计量和指示时间的精密仪器。钟表“嘀哒”的声音虽然是单调的，但是它却像数学一样精确，送走了过去，迎来了将来。钟表时针的移动，告别了昨天，走向了明天。那么你知道我们的先辈是怎样创造钟表这种计时工具的吗？

● 最早的计时工具——日晷。时间对于人类非常重要。古人很早就开始研究计时工具。古巴比伦王国发明了土圭，是根据太阳投影长短和方位的变化来判断时间的。但遇有阴雨天便无法遵循这一规律了。后来，人们在生活中发现，物体在阳光下能形成阴影，于是，人们根据太阳投射在地上的影子的长短情况制成了“日晷”。日晷是利用日影的方位计时的。图23-1中，日晷通常由铜制的指针和石制的圆盘组成。铜制的指针叫作“晷针”，垂直地穿过圆盘中心，起着圭表中立竿的作用，因此，晷针又叫“表”；石制的圆盘叫作“晷面”，安放在石台上，呈南高北低，使晷面平行于天赤道面，这样，晷针的上端正好指向

图23-1　日晷

北天极，下端正好指向南天极。

晷面两面都有刻度，分子、丑、寅、卯、辰、巳、午、未、申、酉、戌、亥十二时辰，每个时辰又等分为“时初”“时正”，这正是一日24小时。随着时间的推移，晷针上的影子慢慢地由西向东移动。移动着的晷针影子好像是现代钟表的指针，晷面则是钟表的表面，以此来显示时刻。早晨，影子投向盘面西端的卯时附近。当太阳达正南最高位置（上中天）时，针影位于正北（下）方，指示着当地的午时正时刻。午后，太阳西移，日影东斜，依次指向未、申、酉各个时辰。但是日晷在阴雨天是无法计时。

随着人们对自然认识的逐渐深入，为了克服日晷的不足，人们便制成了漏壶，也叫“漏”的计时装置。这种漏壶用铜制成，分播水壶和受水壶两部分。播水壶分2~4层，均有小孔，可以滴水，最后流入受水壶，受水壶里有立箭，箭上划有刻度，箭随蓄水逐渐上升，露出刻度，用以表示时间。日晷除了阴雨天无法计时外，夜里也不能用，漏壶则不受天气的影响、昼夜的限制，但也有缺点——计时还是不精确。

● 最早出现的机械钟——漏水转浑天仪。最早出现的机械钟是东汉张衡发明的漏水转浑天仪，如图23-2所示。齿轮将浑象和计时漏壶连接起来制作而成。漏壶漏水推动浑象匀速旋转，转一周就是一天。

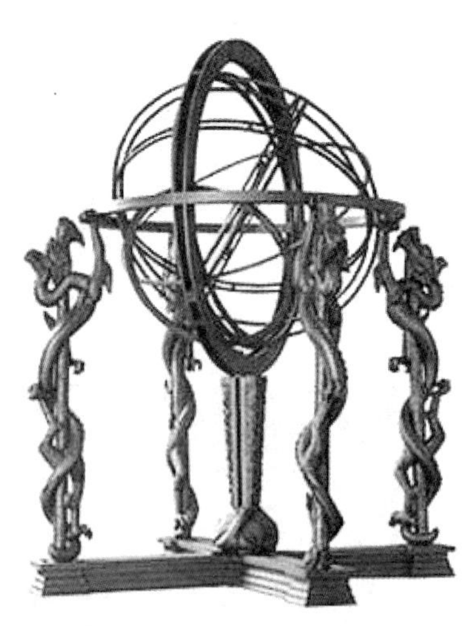

图23-2　漏水转浑天仪

● 水运仪象台。1088年北宋时期，把浑仪、浑象和报时装置结合在一起的大型水运仪象台，是苏颂、韩公廉等人设计制造的。在机械结构方面，采用了民间使用的水车、筒车、桔槔、凸轮和天平秤杆等机械原理，把观测、演示和报时设备集中起来，

组成了一个整体，成为一部自动化的天文台。水运仪象台不但计时准确，而且多了一个小装置——擒纵器，号称是机械钟表的“心脏”。只有擒纵器工作时才会发出“嘀嗒嘀嗒”的声音，这也就是钟表与计时器的根本区别。

水运仪象台高约12米，宽约7米，外形上狭下宽。仪象台共分三层，以扶梯上下。底层用于安放水力驱动系统和昼夜报时系统。动力系统的核心是枢轮和天柱，水能通过一级级的齿轮传递，分别带动浑仪、浑象和报时装置。每到一定时刻，报时装置中的木人都会击鼓和指示时间。水运仪象台的第二层用于放置浑象。浑象是一种用于演示的天文仪器，表面刻有恒星及其方位。浑象中间赤道带上装有齿牙，齿牙与天柱上的天轮相接，带动浑象旋转。水运仪象台第三层上建有一个板屋，屋内安放一架浑仪。浑仪也通过齿牙和天柱上轮相接，通过天柱获得旋转动力。

“水运仪象台”被誉称为“世界时钟鼻祖”，为人类作出了巨大贡献，被尊称为中国古代第五大发明。

● 重锤式机械钟。1350年，意大利的丹蒂制造出第一台结构简单的机械打点塔钟，日差为15～30分钟。这种机械钟用于欧洲的教堂高塔上，利用重锤下坠的力量带动齿轮，齿轮再带动指针走动，并用“擒纵器”控制齿轮转动的速度，以得到比较正确的时间。但是，利用重锤驱动的钟，只能高高地架在塔上，很不适用。

图23-3为重锤式机械钟主要工作机构的简化图。这种钟以一个重锤提供驱动力，悬挂重锤的绳子缠绕在一根轴上，重锤下落，带动轴转动，并将转动传递给守时机构。守时机构包括一套擒纵装置和横摆，擒纵装置主要由棘轮和带棘爪的心轴组成，心轴上方与横摆相连。当棘轮在重锤的带动下转动，上方的轮齿推开心轴上部的棘爪，使心轴转过一个角度，而这样

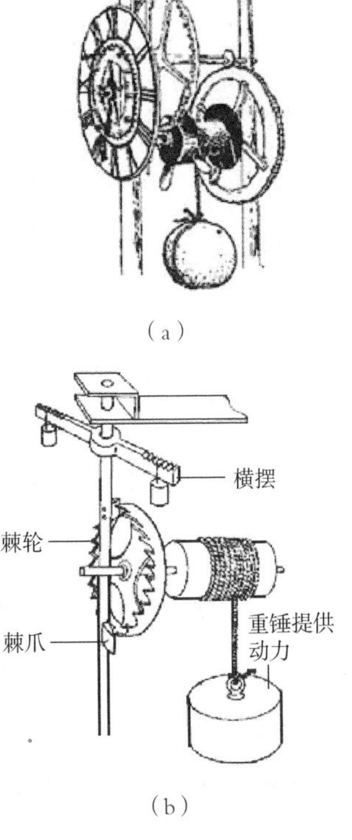

图23-3 重锤式机械钟

刚好又使心轴下部的棘爪转过来挡在下方轮齿的去路上，棘轮继续转动将它推开后，心轴就转回原来的位置，完成了一次摆动。心轴每摆动一次，棘轮都转过一个相同的角度，而这种摆动的频率通过连在心轴上的横摆得到控制，这样，棘轮的运动通过中轴传递给表盘上的指针，指针就可以匀速转动了。

此外，由于横摆摆动的频率与横摆的转动惯量和棘轮施加给它的力量大小有关，而后者又最终由重锤所受的重力决定，不易调节，因此为方便对钟表运转速度进行调试，横摆两端的配重物被设计成可以移动的，向外移则横摆的转动惯量增大，钟速变慢，向内移则转动惯量减小，钟速变快。这种钟的缺点在于，重锤提供的驱动力在维持主要机械部分运转的同时，也是推动横摆摆动的唯一力量，而这个推力是与横摆的摆动频率相关的，当重锤提供的动力经过数个机械结构最终传递到横摆以后，其间的误差已经积累得非常大了。因此这种钟走得“很不准确”。

● 机械钟表的发展。1510年，德国锁匠彼得·亨莱思首创用钢发条代替重锤，创造了使用冕状轮擒纵机构的小型机械钟表，然而这种表的计时效果并不理想：发条若是上得太紧，指针就会走得过快；发条若是上得太松，指针就会运行过慢。

好在人类是有智慧的，这一缺点很快得到了改进，捷克人雅各布·赫克设计出了一个锥形蜗轮，再加上一卷发条组成表的驱动机构，发条卷紧，力作用于锥形蜗轮的顶端；发条放松，拉力减弱，力作用于蜗轮底部，蜗轮的形状恰好能补偿发条作用的变化，这样一来，钟表机械就可以保持匀速地运转了，不会出现“发条不同的松紧导致时针走速不同”的现象。

● 单摆机械钟。1582年，意大利物理学家伽利略发现往复运动的时间总是相等，由此发现了摆的等时性。1657年，荷兰物理学家惠更斯根据伽利略的发现将钟摆引入了时钟，制作出了世界上第一座精确的摆钟，这才使人类进入了一个新的计时时代。这座摆钟由大小、形状不同的齿轮组成，利用重锤作单摆的摆锤。由于摆锤可以调节，计时就比较准确了。

相较于以前需要驱动机构来推动对称横壁的钟表，摆钟显然要省事得多，

只需利用地球的重力来推动。再到后来，单摆被应用于时钟，时钟的精度也随之越来越高。到了17世纪中叶，钟表的误差每天只有10秒钟（图23-4）。

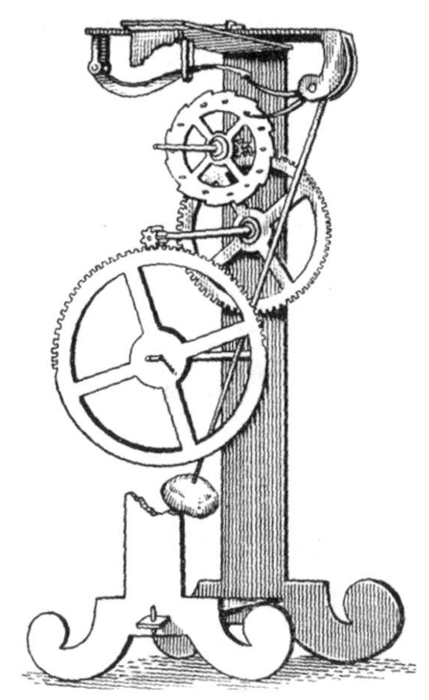

图23-4 单摆机械钟

● 游丝-摆轮的发明。惠更斯的摆钟问世后，比起以往的各种计时装置精度大为提高。但是，最初的摆钟只能安静地摆放在那里，才能很好的工作。如果把它搬运到颠簸的船上，不仅会加大误差甚至会停摆罢工。为了克服摆钟的缺点，惠更斯发明了螺旋式的游丝-摆轮（图23-5），1674年惠更斯制造了弹簧摆轮的钟表。大约在同时，英国的胡克也发明了游丝-摆轮。惠更斯和胡克发明的游丝-摆轮，游丝是用来控制摆轮在等时的往复运动，这个钟表里弹性元件的出现让钟表向着更加精密的方向发展，为近代游丝怀表和手表的发明创造了条件。

● 机械钟表的灵魂——擒纵机构。擒纵机构是机械钟表中一种传递能量的开关装置。从字面上就很好理解擒纵机构在机械钟表中所扮演的角色：“一擒，一纵；一收，一放；一开，一关”。擒纵机构将原动系统提供的能量定期地传递给游丝-摆轮系统使其不停地振动，并把游丝-摆轮系统的振动次数传递给指示系统来达到计时的目的。因此，擒纵机构的性能将直接影响机械钟表的走时精

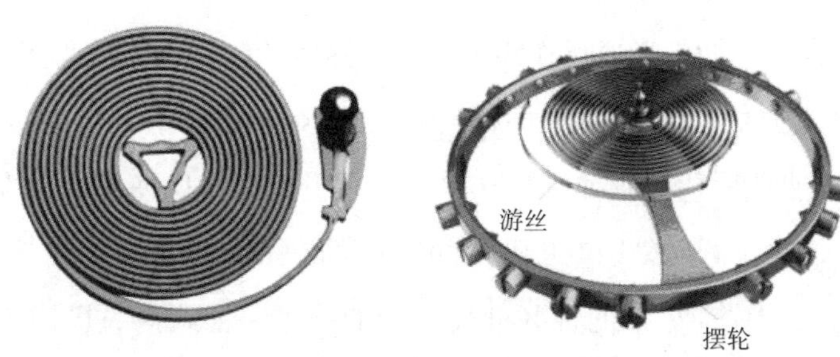

图23-5 游丝-摆轮

度。擒纵机构的起源现已很难考据。13世纪的法国艺术家维拉尔·德·奥内库尔（Villard de Honnecour）就已发明出擒纵机构的雏形，这个仪器看上去是一个计时装置，但走时不精确。在随后的几百年，迎来了机械钟表的“黄金时代”，大约有300多种擒纵机构被发明出来，但只有10多种经受住了时间的考验。

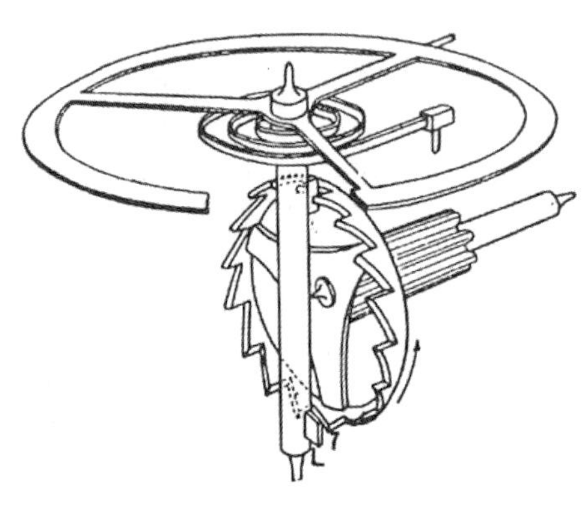
图23-6　机轴擒纵机构

（1）机轴擒纵机构　机轴擒纵机构（图23-6）是最早已知的机械擒纵机构，又被称为冠状轮擒纵机构。很遗憾，究竟是谁发明的机轴擒纵机构，它的第一次“亮相”又是何时，都已不可考证，但它似乎与机械钟表的开端有着密不可分的关系。据考证，机轴擒纵机构被应用于钟表中约400年之久。

机轴擒纵机构中的擒纵轮形似西方王冠，故称冠状轮（有些机轴擒纵机构的冠状轮是水平的，而有些则是垂直的），冠状轮的锯齿形轮齿向轴突出，前面是一根竖直的机轴，机轴上有两片呈一定角度的擒纵叉，运行时，冠状轮上的一个轮齿能与一片擒纵叉相咬合。

惠更斯制作出的摆钟，钟摆与机轴呈垂直方向。冠状轮旋转时，轮齿推动其中一片擒纵叉，转动起机轴以及与其相连的摆杆，并推动第二片擒纵叉进入齿道中，直到轮齿推动第一片擒纵叉，如此往复。加入了钟摆之后，钟摆有规律的摆动使得机轴擒纵机构中的擒纵轮是以恒定的速率向前移动。机轴擒纵机构的优点是不需要加油，也不需要很精细的制作工艺。而缺点就是每一次齿轮与擒纵叉咬合时，摆杆形成反作用力，推动冠状轮向后一小段距离。

（2）锚式擒纵机构　由英国博物学家胡克于1660年发明的锚式擒纵机构（图23-7）迅速地取代机轴擒纵机构，成为19世纪摆钟所使用的标准擒纵机构。比起机轴擒纵机构，锚式擒纵机构的钟摆的摆角减少了3°～6°，增加了等时性，而且更长、移动更慢的钟摆消耗更少的能量。锚式擒纵机构大多数用于狭长型的摆钟里。

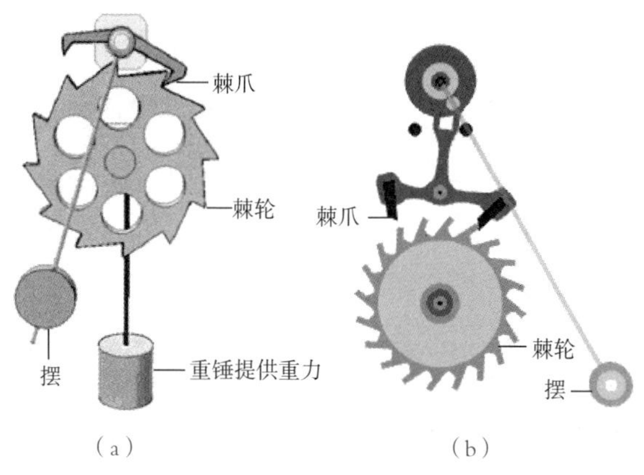

图23-7　锚式擒纵机构

锚式擒纵机构的擒纵轮齿是后斜形的（与擒纵轮旋转的方向相反），由尖齿型的擒纵轮以及一个锚状轴组成。锚状轴与钟摆连接，从一边摆动到另一边。锚状轴两臂上的一个擒纵叉离开擒纵轮，释放出一个轮齿，擒纵轮旋转并且另一边的轮齿“抓住”另一个擒纵叉，推动擒纵轮。钟摆的动力继续将第二个擒纵叉推向擒纵轮，推动擒纵轮向后一段距离，直到钟摆向反方向摆动并且擒纵叉开始离开擒纵轮，轮齿沿其表面滑动，将其推动。

（3）销子轮式擒纵机构。销子轮式擒纵机构（图23-8）由Louis Amant于1741年发明，属于直进式擒纵机构的一种。擒纵轮齿不是尖齿形，而是圆销式的，擒纵叉也不是锚状的，而是剪刀式的。在实践中发现“切割”锁面时只会产生非常小的反冲力。这种擒纵机构，经常被用于塔钟中。

（4）工字轮擒纵机构。1695年，英国制表师Thomas Tompion发明工字轮擒纵机构（图23-9）。1720年左右，Tompion的继任者George Graham对此加以改进，其擒纵轮齿的形状类似于汉字中的“工”字。

（5）杠杆式擒纵机构。杠杆式擒纵机构是分离式的擒纵机构，它可使手表或时钟的计时完全免于来自擒纵机构的干扰。杠杆式擒纵机构是由英国制表师Thomas Mudge在1750年发明的，后来经过了包括Breguet和Massey在内的制表师们的开发，被应用到大多数机械手表、怀表和许多小型机械钟里。

英国制表师使用英式杠杆式擒纵机构（English lever escapement），其中杠

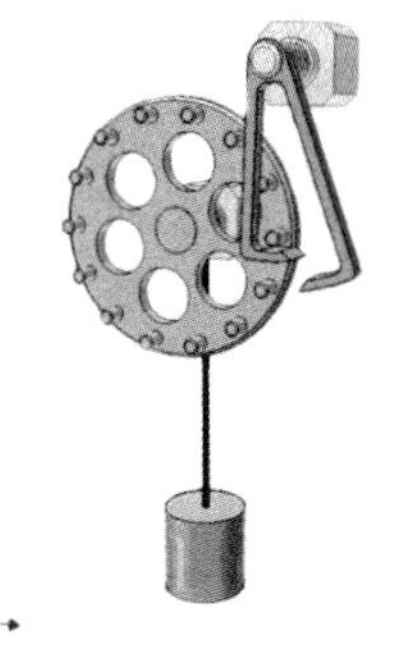

图23-8　销子轮式擒纵机构　　图23-9　工字轮擒纵机构

杆与摆轮成直角。随后，瑞士和美国的制表师使用内连杠杆式擒纵机构（inline lever escapement），顾名思义，摆轮与擒纵轮之间的杠杆是内连的，这就是现代手表所使用的杠杆式擒纵机构，也被称为瑞士杠杆式擒纵机构。

杠杆式擒纵机构主要由擒纵轮、擒纵叉和双圆盘三部分组成，它的特点是利用擒纵轮齿与擒纵叉上的叉瓦在释放与传动的过程中将原动系统输出的能量传递给擒纵叉，同时擒纵叉口又会与圆盘钉相互作用，擒纵叉通过圆盘钉将来自擒纵轮输入的能量传递给游丝-摆轮系统。通过这一系列的杠杆原理，游丝-摆轮系统源源不断地得到原动系统输出的能量以维持该系统不衰减地振动，从而完成机心指示装置准确走时的使命。

到1762年，最好的机械表已经能够达到3天才差1秒钟的精确程度。随着人们对计时精度的要求和技术的提高，分针和秒针被安装在钟面上，使机械钟能更精确地显示时间。装有钟面和指针的机械钟使人能直观地了解时间。

● 机械挂钟结构。虽然机械钟有很多结构，但工作原理大同小异。它的组成元件为原动系统、传动系统、擒纵调速器以及指针系统上的条拨针系统等。在18~19世纪，钟表制造业已经逐渐实现了工业化生产。

机械挂钟原动系统是储存和传递工作能量的机构，分为重锤原动系统和弹簧原动系统两类。重锤原动系统是利用重锤的重力作能源，多用于简易挂钟和落地摆钟。重锤原动系统结构简单、力矩稳定，当上升重锤时，传动系统与原动系统脱开，钟表机构停止工作，如图23-10所示。

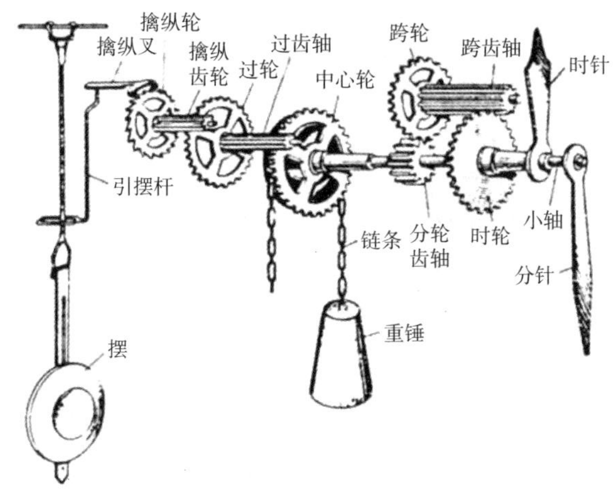

图23-10　简易机械挂钟

● 机械手表的诞生。据说世界上第一块手表的原创者是法兰西皇帝拿破仑。1806年，拿破仑为了讨皇后约瑟芬的欢心，命令工匠制造了一只可以像手镯那样戴在手腕上的小“钟”，这就是世界上第一块手表。此后一段时期，怀表依然是男人身份地位的象征，手表则被视作女性的饰物。

据说第一次世界大战期间，一名士兵为了看表方便，把表绑扎固定在手腕上，举起手腕便可看清时间，比原来方便多了。1918年，瑞士一个名叫扎纳·沙奴的钟表匠听了那个士兵把表绑在手腕上的故事，从中受到启发。经过认真思考，他开始制造一种体积较小的表，并在表的两边设计有针孔，用以装皮制或金属表带，以便把表固定在手腕上，从此，手表就诞生了。

究竟是拿破仑在无意中发明了世界上第一块手表，还是那个士兵把表绑在手腕上发明了手表，现在无从考证了。但是世界上第一块手表却成就了现如今繁荣的手表市场。

● 机械手表的主要结构。机械手表的机芯结构如图23-11所示，基本由五个部分组成：能源装置、主传动系统、擒纵系统、上条拨针机构及指针机构。

一块常见的机械表的机芯有90～100个部件，更多功能的机芯有1400个部件。机械表的能源是一个卷曲的弹簧片发条，发条中储存的能量推动表机工作来达到计时的目的。机械表又可分为手动机械表和自动机械表两种。手动机械

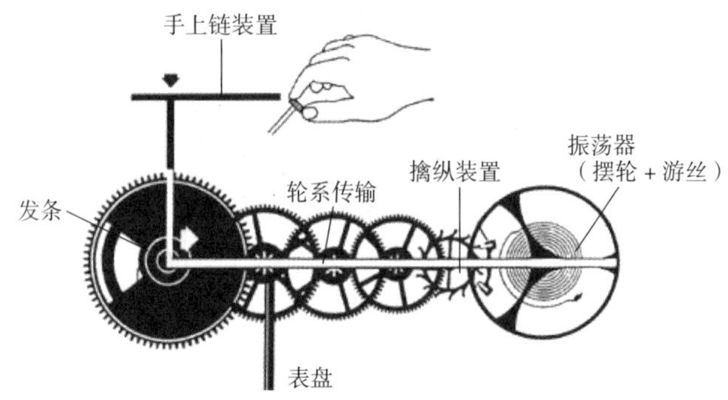

图23-11　机械手表的机芯结构

表有手上链机芯，转动表冠；机芯内弹簧将能量发放推动手表运行。自动机械表中自动上链机芯的动力是依靠机芯内的飞陀重量带动产生的，佩戴手表的手臂摇摆就会带动飞陀转动，同时带动表内发条为手表上链。

● 钟表的今生。即使是最渊博的历史学家也无法告知我们第一座时钟的确切产生日期和它的发明人。我们所知道的是，早在公元前3500年，人类就开始用日晷来确定时间。由于地球自转和公转的角度问题，用这种方式得到的时间不够准确，大约每天要差15分钟。在随后的时间里，人类还采取过多种方式来获取较为精确的时间，沙漏、水钟和燃香都曾经被广泛使用。然而，所有的这些时钟都存在着同样问题——精确度不够。

机械钟的出现大大提高了时钟的精确度。1350年，第一座机械钟出现于意大利，在意大利教堂中响起了机械钟声。1583年，伽利略发现单摆的摆动周期与振幅无关，这是时钟历史上的一大进步。在前人的研究基础上，1656年，荷兰天文学家、数学家惠更斯提出了单摆原理并制作了第一座单摆钟，从此，时钟误差可以以秒来计算。到1762年，最好的机械表已经能够达到每3天才差1秒钟的精确程度，这样的时钟，即使放在今天的日常生活中，也足够用了。但在天文、物理等科学领域中，人们对时间精确度的要求，却并不以此为止境。

1928年，贝尔电话实验室的研究人员沃伦·马里森利用石英晶体在电路中能够产生频率稳定振动的特性，制造出了第一座石英钟。翌年，第一批石英钟就作为商品面世了。它的每日误差只有万分之一秒，比1920年制造的世界上最

精确的机械钟的误差小90%。自此，石英钟取代机械钟，成为天文台向世界各地的人们提供标准时间的天文钟。

在科学技术飞速发展的今天，人们对时间精确度的要求越来越高，石英钟已不能满足科学发展的需要，为此，人们又研制出高精度的计时工具——原子钟。它是利用原子有关理论制成的，从原子钟诞生之日起，各国科学家就尝试过使用各种物质原子来制造它，先后出现有氢原子钟和铷原子钟，但它们的地位都远远无法同铯原子钟相比。目前被广泛使用的是铯原子钟，其精确度为30万年误差1秒！

科学家对精确度的追求随着技术的进步和实验工艺的改进而不断提高。在平常人看来，让众多科学家倾毕生之力追求的从100万年差1秒到10亿年差1秒的飞跃可能毫无意义，但事实并非如此。即使是从最功利的角度来看，原子钟技术给人类带来的益处也是无处不在。从GPS卫星定位系统，到无线通信和光纤数据传输技术，它们的背后，都响着原子钟的“嘀哒”声。或许“最精确”是个一出现就立刻成为过去时的概念，或许它是一个永远都无法企及的将来时，但无论如何，在从精确到更精确的现在时中，人类都在进步。

纵观时钟的发展史，使我们看到了人类科学技术的发展；回顾时钟的发展演变过程，使我们看到了劳动人民的创造力和无穷的智慧；展望时钟事业的蓬勃发展，使我们对未来充满信心。时钟是人类文明的标志，让我们在“嘀哒”的时钟声中努力奋斗，只争朝夕吧！

科学是老老实实的东西，它要靠许许多多人民的劳动和智慧积累起来。

——李四光

第24章

发明望远镜的故事

图24-1　双筒望远镜

望远镜的作用就是放大远处物体的张角，使人眼能看清角距更小的细节。望远镜的另一个作用是把物镜收集到的比瞳孔直径（最大约8mm）粗得多的光束送入人眼，使观测者能看到原来看不到的暗弱物体。图24-1所示为一款典型的双筒望远镜。

望远镜开阔了人们的视野，在科技、军事、经济建设及生活领域中有着广泛的应用，天文望远镜有“千里眼”之称。那么，望远镜是怎样发明出来的呢？让我们追溯历史，去寻觅天文望远镜在发展进程中留下的足迹。

● 汉斯·利伯希发明了望远镜（意外的发现）。17世纪初，在荷兰的米德尔堡小城，眼镜匠汉斯·利伯希（图24-2）几乎整日在忙碌地为顾客磨镜片。在他开设的店铺里各种各样的透镜琳琅满目，以供客户配眼镜时选用。当然，丢弃的废镜片也不少，被堆放在角落里的废镜片成了汉斯·利伯希三个儿子的玩具。

一天，三个孩子在阳台上玩耍，小弟弟双手各拿一块镜片靠在栏杆旁前后比划着看前方的景物，突然发现远处教堂尖顶上的风向标变得又大又近，他欣喜若狂地叫了起来，两个小哥哥争先恐后地夺下弟弟手中的镜片观看房上的瓦片、门窗、飞鸟……它们都很清晰，仿佛近在眼前。汉斯·利伯希对孩子们的叙述感到不可思议，他半信半疑地按照儿子说的那样试验，手持一块凹透镜放在眼前，把凸透镜放在前面，手持镜片轻缓平移距离，当他把两块镜片对准远处景物时，汉斯·利伯希惊奇地发现远处的视物被放大了，似乎触手可及。这一有趣的现象被邻居们知道了，观看后也颇感惊异。此消息一传开，米德尔堡的市民们纷纷来到店铺要求一饱眼福，不少人愿出一副眼镜的代价买下可观看物景变近的镜片，买回去后当作“成年人的玩具”独自享用，结果废镜片成了“宝贝”。他就用一个简易的筒，把两块透镜装好。这就是世界上第一台望远镜。受此启示，具有市场经济头脑的汉斯·利伯希意识到这是一桩有利可图的买卖，于是他向荷兰国会提出发明专利的申请。

图24–2　汉斯·利伯希

1608年10月12日，国会审议了汉斯·利伯希的专利申请后给予了回复，受理的官员指着样品对发明人提出改进要求：能够同时用两只眼睛进行观看；“玩具”是大类，申请专利的这个玩具应有具体的名称，汉斯·利伯希很快照办了。接着他又在一个套筒上装上镜片，并把两个套筒联结，满足了人们双眼观看的要求，又经过冥思苦想将这个玩具取名为“窥视镜”。这一年的12月5日，经改进后的双筒“窥视镜”发明专利获得政府批准，国会发给他一笔奖金以示鼓励。

● 伽利略天文望远镜问世。1609年6月，意大利天文学家和物理学家伽利略（图24–3）听到一个消息，荷兰有个眼镜商人汉斯·利伯希在一次偶然的活动中，用一种镜片看见了远处肉眼看不见的东西。“这难

图24–3　伽利略·伽利雷

道不正是我需要的千里眼吗?”伽利略听到消息后非常高兴。不久，伽利略的一个学生从巴黎来信，进一步证实这个消息的准确性，信中说尽管不知道利伯希是怎样做的，但是这个眼镜商人肯定是制造了一个镜管，用它可以使物体放大许多倍。“镜管!”伽利略把来信翻来覆去看了好几遍，急忙跑进他的实验室。他找来纸和鹅管笔，开始画出一张又一张透镜成像的示意图。伽利略由镜管受到启发，看来镜管能够放大物体的秘密在于选择怎样的透镜，特别是凸透镜和凹透镜如何搭配。他找来有关透镜的资料，不停地进行计算，忘记了暮色爬上窗户，也忘记了曙光是怎样射进房间。

整整一个通宵，伽利略终于明白，把凸透镜和凹透镜放在一个适当的距离，就像那个荷兰人看见的，遥远的肉眼看不见的物体经过放大也能看清了。伽利略非常高兴。他顾不上休息，立即动手磨制镜片，这是一项很费时间又需要细心的工作。他一连干了好几天，磨制出一对对凸透镜和凹透镜，然后又制作了一个精巧的可以滑动的双层金属管。现在，该试验一下他的发明了。伽利略小心翼翼地把一片大一点的凸透镜安在管子的一端，另一端安上一片小一点的凹透镜，然后把管子对着窗外。

当他从凹透镜的一端望去时，奇迹出现了，远处的教堂仿佛近在眼前，可以清晰地看见钟楼上的十字架，甚至连一只在十字架上落脚的鸽子也看得非常逼真。伽利略制成望远镜的消息马上传开了。“我制成望远镜的消息传到威尼斯”，在一封写给妹夫的信里，伽利略写道，“一星期之后，就命我把望远镜呈献给议长和议员们观看，他们感到非常惊奇。绅士和议员们，虽然年纪很大了，但都按次序登上威尼斯的最高钟楼，眺望远在海港外的船只，看得都很清楚；如果没有我的望远镜，就是眺望两个小时也看不见。这仪器的效用可使50英里（1英里=1.6千米）以外的物体，看起来就像在5英里以内那样。”

伽利略发明的望远镜，经过不断改进，放大率提高到30倍以上，能把实物放大1000倍。现在，他犹如有了千里眼，可以窥探宇宙的秘密了。这是天文学研究中具有划时代意义的一次革命，几千年来天文学家单靠肉眼观察日月星辰的时代结束了，代之而起的是光学望远镜，有了这种有力的武器，近代天文学

的大门被打开了。现在，每当星光灿烂或是皓月当空的夜晚，伽利略便把他的望远镜瞄准深邃遥远的苍穹，不顾疲劳和寒冷，夜复一夜地观察着，见图24-4。

图24-4　最初的望远镜

● 伽利略望远镜的原理。图24-5中，伽利略望远镜由一个凹透镜（目镜）和一个凸透镜（物镜）构成。物镜是会聚透镜，目镜是发散透镜。光线经过物镜折射所成的实像在目镜的后方（靠近人目的后方）焦点上，这像对目镜是一个虚像，因此经它折射后成一放大的正立虚像。伽利略望远镜的放大率等于物镜焦距与目镜焦距的比值。其优点是镜筒短而能成正像，但它的视野比较小。

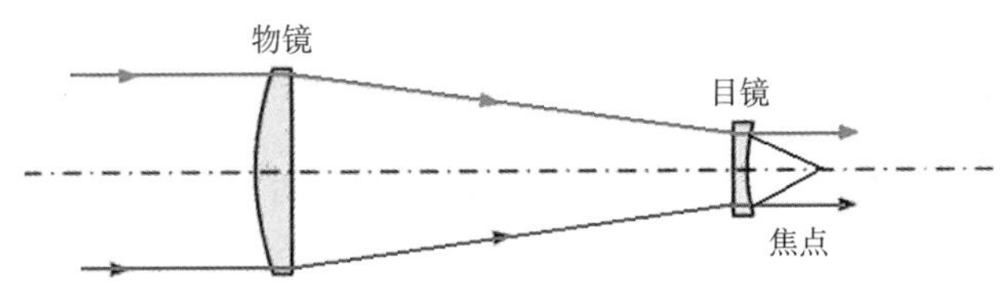

图24-5　伽利略望远镜原理图

过去，人们一直以为月亮是个光滑的天体，像太阳一样自身发光。但是，伽利略透过望远镜发现，月亮和我们生存的地球一样，有高峻的山脉，也有低凹的洼地（当时伽利略称它是“海”）。他还从月亮上亮的和暗的部分的移动，发现了月亮自身并不能发光，月亮的光是透过太阳得来的。伽利略又把望远镜对准横贯天穹的银河，以前人们一直认为银河是地球上的水蒸气凝成的白雾，亚里士多德就是这样认为的。伽利略决定用望远镜检验这一说法是否正确。

他用望远镜对准夜空中雾蒙蒙的光带，不禁大吃一惊，原来那根本不是云雾，而是千千万万颗星星聚集在一起。伽利略还观察了天空中的斑斑云彩——即通常所说的星团，发现星团也是很多星体聚集一起，像猎户座星团，金牛座的昴星团、蜂巢星团都是如此。伽利略的望远镜揭开了一个又一个宇宙的秘密，他发现了木星周围环绕着它运动的卫星，还计算了它们的运行周期。现在我们知道，木星共有14颗卫星，伽利略所发现的是其中最大的4颗。

除此之外，伽利略还用望远镜观察到太阳的黑子，他通过黑子的移动现象推断，太阳也是在转动的。一个又一个振奋人心的发现，促使伽利略动笔写一本最新的天文学发现的书，他要向全世界公布他的观测结果。1610年3月，伽利略的著作《星际使者》在威尼斯出版，立即在欧洲引起轰动。他是利用望远镜观测天体取得大量成果的第一位科学家。

这些成果包括：发现月球表面凹凸不平，木星有4个卫星（现称伽利略卫星），太阳黑子和太阳的自转，金星、木星的盈亏现象以及银河由无数恒星组成等。他用实验证实了哥白尼的“地动说”，彻底否定了统治千余年的亚里士多德和托勒密的“天动说”。

当我历数了人类在艺术和文学上所发明的那许多神妙的创造，然后再回顾一下我的知识，我觉得自己简直是浅陋之极。

——伽利略

第25章

林语堂与中文打字机的不解之缘

林语堂（图25-1）是近代蜚声国际的中国文豪、教育家，却很少人知道他也是一位发明家，曾有多项发明并拥有3项美国专利。他有一台世界上独一无二的中文打字机，这不是他买来的，而是他发明制造的。

图25-1　林语堂

林语堂中英文造诣俱臻上乘，多数成名作品用英文写成。他用英文打字机写作，觉得非常便捷省力，而以中文写作时，因当时尚无实用的中文打字机，只能用手执笔写稿，费时又费力，于是他决心设计制造一部便捷易用的中文打字机，以造福普天之下的中文作家。

1931年，林语堂完成易学易用的中文打字机设计图，但因缺乏资金，未能聘雇技工研发制造。1935年，林语堂赴美长住，数年内出版了七八本英文畅销书，得到的稿酬累计超过10万美元。当时美国知名的常青藤大学教授年薪仅有三四千美元，林的储蓄可说是巨额财产，他觉得已有财力，只要动用一部分存款就足够制造他的中文打字机，于是开始征雇工程师及技工，按照他自己的设计制造中文打字机。

林语堂为了完成夙愿，起早赶晚，全心投入，未料制造费用远远超过预估，令他倾家荡产，甚至大笔举债，不成不休，终于在1947年制造出这部由他自己命名的“明快中文打字机”，耗资达12万美元。

● 自幼热衷发明创造，30年多年发明上下形检字法。林语堂和中国现代文学史上的一些著名作家一样，并不是读不了数理化才被迫去读文科的。他自幼热衷于发明创造。小学学到虹吸管的原理后，他花了几个月时间思考改良水井的吸水管设备，想使井水自动流到园内。青年时代，在去厦门的途中，他又对轮船上的蒸汽机着了迷。后来在中学物理课上看见了一幅活塞引擎图，产生浓厚兴趣，很想当物理教员。

林语堂说：“初入圣约翰时，我注册入文科而不入理科，那完全是一种偶然。”还说：“如果等我到了五十岁那一年……我忽然投入美国麻省理工学院当学生，也不足为奇。”这后一句话倒不是林语堂故作惊人之语。因为五十岁那年，他虽然没有成为工学院的大学生，却专心去研制中文打字机了。

林语堂的一生与中文打字机有不解之缘。早在1916年，他就对中文打字机及中文检字问题产生了兴趣，后来，他在上海买了《机械手册》进行自学。他把各种型号的外文打字机买来，拆拆弄弄，到处摆放拆散的打字机零件，他的书房“有不为斋”很快变成了打字机修理厂。发明中文打字机，为什么要去摆弄外文打字机？这是因为现有的中文打字机需要大盘大盘的铅字，十分麻烦，林语堂想设计一架类似外文打字机的新机器。从1916年起，经过30多年断断续续的研究，他发明了“上下形检字法”，取字之左旁最高笔形及右旁最低笔形为原则，放弃笔顺，只看几何学的高低。根据这个“上下形检字法”，他发明了一个键盘，用窗格显示首末笔。在电脑问世之前，可以说是了不起的发明创造。

● 明快打字机艰难问世。林语堂说：“一点痴性，人人都有，或痴于一个女人，或痴于太空学，或痴于钓鱼。痴表示对一件事的专一，痴使人废寝忘食。人必有痴，而后有成。”林语堂自己则痴于打字机。20世纪40年代中期，林语堂已在国外出版了七八本畅销书，到1946年已累积了10万美元的财产，他认为在经济上已具备了研制中文打字机的财力。所以他没有求助什么基金会的资助。他当年在

美国的声望，如果提出一项有关中文打字机的发明计划，是会得到某些基金会的资助的。但是，“痴”于打字机的林语堂，竟然没有认真地估计成本，也没有设想一下可能遇到的各种问题，就像着了魔似的，每天清晨起床，坐在书房的皮椅子上，抽烟斗、画图、排字、把键盘改了又改。他决心发明一部操作简单、人人可用的中文打字机。林语堂的女儿林太乙在《林语堂传》中描述了这段生活，抽着烟斗的林语堂“就像着了魔似的”疯狂地研制着中文打字机。

他的发明构思是新颖而独特的，但难度却极大。样机的零件都需要人工制造，在高度机械化的美国工业社会，手工制造的费用特别昂贵。但已经开了头，并已投入大量的精力和财力，就不得不硬着头皮继续再投资，否则就会半途而废。付出的时间和人力是无法计算的。他亲自到唐人街请人排字铸模。在纽约郊外找到一家极小的机器工厂制造零件，并请一位意大利籍的工程师协助解决机械方面的问题。越接近成功，碰到的难题越多，经济支出也越大。这架打字机像一个永远填不满的无底洞，一声不响地吞噬着林语堂的10万美元。

林语堂不得不向华尔希——赛珍珠的丈夫借钱。从《吾国吾民》开始，林语堂的畅销书几乎都是交给赛珍珠夫妇经营的约翰·黛公司出版的。这家出版社靠林语堂的书发了不少财，何况从私交上说，赛珍珠夫妇又是林语堂的朋友。所以，林语堂以为请华尔希预支给他几万美元，应该是不成问题的。岂知这位多年的老朋友竟然不顾林语堂为约翰·黛公司立下的汗马功劳，拒绝预支稿酬。幸亏古董商卢芹斋先生借了一大笔钱，又向银行贷款，中文打字机的原型才艰难问世。

这架打字机高9英寸、宽14英寸、深18英寸、备字7000个。每字只打三键。字模是铸在六根有六面的滚轴上。打字机即将完成时，1946年4月17日，林语堂通过律师向美国专利局申请专利。专利书长达8万多字，附有39幅蓝图。历时六年半，到1952年10月14日，这项专利申请才获得批准。

提出专利申请后，林语堂就多方接洽、宣传和推销他的发明，希望能有一家实力雄厚的打字机制造公司生产他所发明的中文打字机。图25-2、图25-3为明快打字机及明快打字机的结构。

图25-2　明快打字机

图25-3　明快打字机的结构图

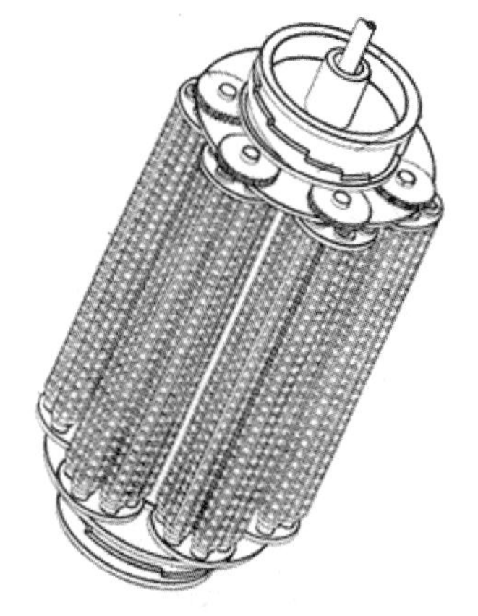

图25-4　明快打字机的字模滚筒

● 明快打字机的工作原理。用林语堂发明的部首检字法在字模滚筒（图25-4）上检字，首先林语堂最主要的概念性发明就是输入法——这是类似现在常见的五笔输入法，也是依据字形的空间结构来分组的，而不是传统上的笔顺分组。那时应该还没有拼音分组的概念，因此替他代工设计这台打字机的美国小公司把几千个汉字按照林语堂的输入法成功地加以编组分类，然后制造出几个能包括大部分汉字和符号的打字滚筒。从使用方法和基本工作原理来说，与现代电脑的汉字输入法非常类似。操作员根据汉字的字形来输入第一部分的“字根”，打字机会根据选择的“字根”来旋转大滚筒，将拥有同一类字形的汉字那一条滚筒转到工作区域。然后输入第二部分的“字根”，小滚筒开始旋转，一直转到正确的字根那一面。打字机上还有一个固定的照明放大镜，打字员可以通过这个放大镜观察当前显示的字模，并且通过按键来左右移动字模滚筒，直到找到正确的汉字。

由于方块字的特殊性，原有的中文打字机显得非常复杂和不方便。比如，流行数十年之久的商务印书馆的中文打

字机，有个容纳常用字的字盘，而别的字则按照使用次数的多少放在另外的几个字盘里，需要用时再由打字员找出来放进常用字盘。使用这样的打字机，打字员必须要经过几个月的专门训练，其速度与手工书写差不多。而林语堂发明的打字机，以六十四键取代了庞大的字盘，每个字只按三键，每分钟可打五十字，不需要经过复杂训练，任何人在获得指导后都可以进行操作。这架打字机的诞生，在汉字世界里，是一项革命性的创举，林语堂对它抱着很高的期望。

1947年5月22日，是林语堂全家难忘的一天。凝聚着林语堂全部心血的宠儿——中文打字机，在这一天诞生了。上午11时，林语堂夫妇和二女儿林太乙从工厂把打字机取回家里。林语堂深情地抚摸着这个宝贝疙瘩，它花费了林语堂12万美元和多年的心血。林语堂让二女儿试机，他随便捡起一张报纸，要林太乙照打，不管打得快慢，能打出字来，就是成功。林太乙就像打英文打字机时寻到键钮就打，字打出来了！发明成功了！

雷明顿打字机公司对林语堂的发明有一定的兴趣，消息传来，全家欢呼。林语堂把打字机小心翼翼地装在一个木箱里，木箱外面再包着油布，不顾外面正下着倾盆大雨，唤了出租汽车赶到雷明顿打字机公司在曼哈顿的办事处，因为雷明顿公司正在等着看这架打字机的示范表演。

十几位高级职员坐在长方形的会客厅里。打字机放在客厅一端的小桌上，二女儿林太乙坐在打字机前面。林语堂简单地介绍了这项发明的重要意义，阐明了打字机的操作原理。然后，指示林太乙做示范操作。

整个会客厅呈现出一派静穆的气氛，那些好奇的美国人以审视的目光注视着林太乙的一举一动。“咔嚓”一声，林太乙按了键，可是打字机竟毫无反应，再按一键，还是没有反应，又按键，仍然没有反应。打字机公司的专家们已经发现问题，有的人开始窃窃私语。林语堂感到情况不妙，心想也许是女儿太紧张了，操作失常。他赶紧走到打字机旁，亲自试打。会客厅里静悄悄的，只有林语堂按键钮的声音。头一天晚上在家里试打的时候，还是很顺利的，偏偏在这节骨眼上出了毛病，林语堂的心像掉进了冰窟窿。

经过几分钟的摆弄，打字机仍然不动，林语堂只得尴尬地向大家道歉。然后一声不吭地把这架使他当众出丑的打字机装入木箱，包在湿漉漉的油布里，狼狈地离开了雷明顿公司的办事处。

林语堂以巨大的心理承受力应付着眼下的突然变故。回家的路上，他一言不发，大雨打在计程车的车窗上，林语堂的心被不安搅动着。第二天召开记者招待会的通知已经发出，原先是想把今天在雷明顿公司示范表演的消息及时通报新闻媒介，以便造成轰动效应，可是现在第一次公开试机失败了，明天难道把这出师不利的消息告诉新闻界？即使取消原来的议程，也得向人家解释清楚原因。

回到家里，林语堂有了主意，当务之急是设法排除打字机的故障！他二话没说，先给那位意大利工程师打电话。工程师立即赶来，只用一把螺丝刀，不到几分钟就把打字机修理好了——原来是一点微不足道的小毛病。林语堂松了一口气，但给雷明顿公司所留下的印象已经无法挽回了，现在所能做的是把以后的事情做好，尽力恢复中文打字机的形象。

次日，记者招待会顺利召开，他把自己的发明取名为“明快打字机”。他骄傲地指着打字机对记者说：“这是我送给中国人的礼物！”

各大报以显著版面刊登了林语堂发明中文打字机的消息。林语堂把自己在纽约曼哈顿区的私宅向公众一连开放三天，欢迎各界人士来参观和试验他的新发明。

正当鲜花、贺电、贺信和参观、祝贺人群像潮水般地涌向林宅时，林语堂也接到了一封意想不到的挂号信，说“明快打字机”不是林语堂发明的，这封信的作者就是那个意大利籍工程师，他从新闻媒介那里了解到“明快打字机”的轰动效应，以为有利可图，就来与林语堂争夺发明权了。他说自己是打字机的发明者，要与林语堂打官司。这个意大利籍工程师连一个中文字都不认识，却要窃取中文打字机的发明成果，林语堂感到骇然，只得找律师来应付他。

其实，明快打字机并不像工程师想象的那样可以赚大钱，因为样机虽已研制成功，但要获利，必须得把发明成果投入商品生产。林语堂与许多公司联系，但由于中国又燃起了内战的烽火，精明的商人们不得不考虑商品今后的市场问题，他们不愿对一项销售市场不稳定的商品大量投产。所以，竟没有一个资本家愿意接受这项新发明。

但是，林语堂却没有后悔。因为发明中文打字机过程中所遇到的困难，是奋斗者在前进途中的挫折。智慧对于人的作用，就是要竭尽全力地达到自己所企望的目标。对于中文打字机，林语堂只有智者的反思，而没有反悔叹气。

后来，“明快”中文打字机的键盘曾授权使用于IBM的中译英机器。林语堂过世后，有电脑公司以“上下形检字法”为核心发明了“简易输入法”，成为现代人使用的一种电脑中文输入法，也让这项发明的影响更深远。

经过许多人的发明、创新和改进，机械式打字机的结构到20世纪初基本定型。到了20世纪70年代后期，随着计算机技术的发展，在美国出现了电脑打字机。电脑打字机又称文字处理机，仅从名称我们就可以看出它在功能上与传统机械式打字机的不同。它不仅可以打字，还具有存储功能，修改、编辑也很方便，除了英文等以字母直接构成语种的电脑打字机外，世界各地还出现了中文、日文、朝文等方块文字的电脑打字机。但好景不长，随着个人计算机技术的进一步发展，电脑打字机很快就被功能日益强大的个人电脑所取代，在20世纪90年代初陷入了困境。但我们从今天电脑键盘上的26个英文字母的排列顺序中，仍可以看到旧日的机械式打字机的影子。

打字机的发明，其实也不亚于是一场工业革命，它实际上是计算机键盘的雏形。但是在那个时代，这台神奇的机器就让我们摆脱了用笔写字的束缚，从此开始了新的文化进程。

打字机在过去的一百多年是人们打印文件的好伙伴，噼噼啪啪的打字声和纸上的油墨一度也是电影中不可或缺的场景，但是随着科学技术飞速发展，打字机业宣告停业，这意味着世界上将不会再有批量生产的打字机出现。

“难”也是如此，面对悬崖峭壁，一百年也看不出一条缝来，但用斧凿，能进一寸进一寸，得进一尺进一尺，不断积累，飞跃必来，突破随之。

——华罗庚

第26章

世界上第一台空调

图26-1　空调

每到炎热的夏天，空调（图26-1）就成了人们的依托，有空调的地方就是最舒服的地方，因此商场就成了人们的聚集之地。当然，晚上睡觉也离不开空调，随着人们生活水平的不断提高，空调已走进了千家万户。

● 空调的基本结构。空调的结构包括压缩机、冷凝器、蒸发器、四通阀、单向阀、毛细管组件。

家用空调器按结构可分为窗式和分体式。窗式空调器（图26-2）是将压缩机、通风电动机、热交换器等全部安装在一个机壳内，主要是利用窗框进行安装。其特点是结构紧凑、体积小、安装方便，并有换气装置。分体式空调器（图26-3）是将压缩机、通风电动机、热交换器等分别安装在两个机壳内，分为室内机组和室外机组，用紫铜管将内外机的制冷系统连接起来，用导线把电气控制系统连接起来，组成一套完整的制冷装置，即分体式空调器。分体式空调器按室内

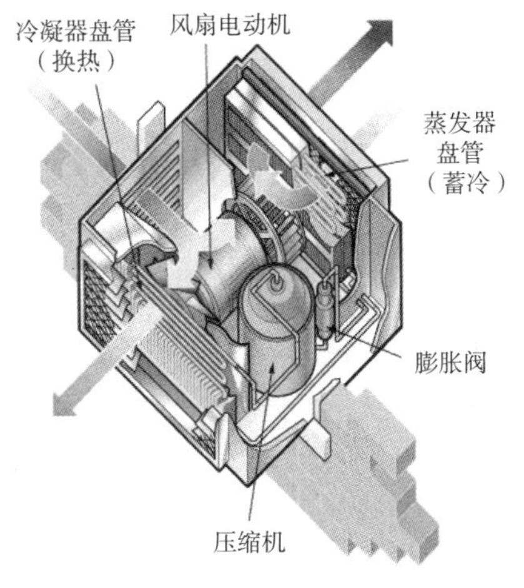

图26-2　窗式空调基本结构

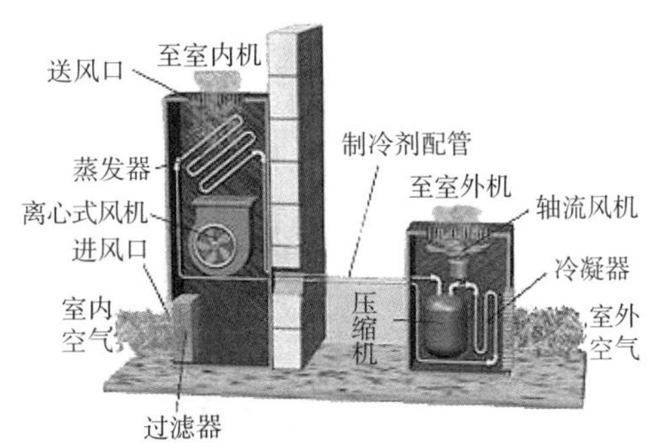

图26-3　分体式空调器

机类型又可分为壁挂式、吊顶式、嵌入式和落地式几种。分体式空调器的特点是噪音小、冷凝温度低、室内占地面积小、安装容易和维修方便。

● 空调的工作原理。制冷工作时，低压低温的制冷剂气体被压缩机压缩成高压高温的过热蒸气，蒸气经四通阀后进入冷凝器中，制冷剂气体在冷凝器中冷凝后，经单向阀、毛细管、干燥过滤器，由液体截止阀送入室内机组蒸发器中。制冷剂液体在室内蒸发器中蒸发后，由气体截止阀返回到室外机组的压缩机中，再次进行压缩，以维持制冷循环。如图26-4所示。

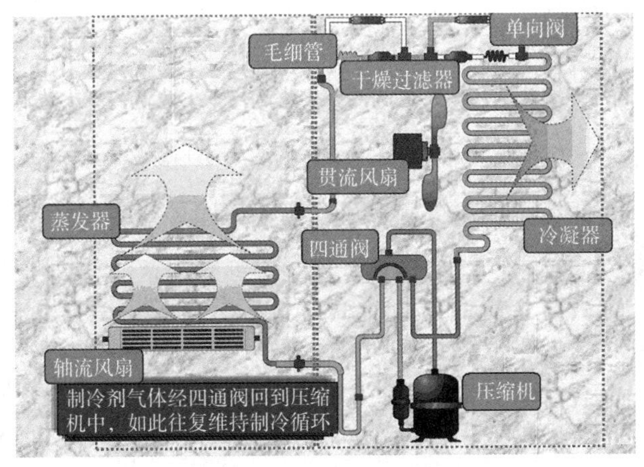

图26-4　冷暖空调制冷原理

制热的时候，四通阀部件使制冷剂在冷凝器与蒸发器的流动方向与制冷时相反，所以制热的时候室外机吹的是冷风，室内机吹的是热风，如图26-5所示。

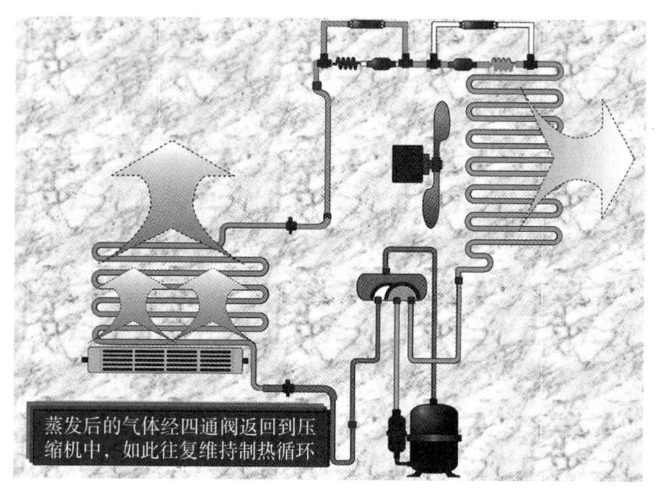

图26-5　冷暖空调的制热原理

今天，我们的生活当中已经离不开空调了，各种新型空调还在不断涌现。空调从诞生发展到今天，从简单的空调扇到传统的制冷空调，再到今天节能化、智能化的超空调，已经走过了百余年的历程。

● 空调的发明者。威利斯·开利（图26-6），美国工程师及发明家，是现代空调系统的发明者，开利空调公司的创始人，因其对空调行业的巨大贡献，被后人誉为“空调之父”。

图26-6　威利斯·开利

威利斯·开利1876年11月26日生于纽约州伊利湖畔的小镇安哥拉，他父亲杜安经营着一个农场，他母亲伊丽莎白则常常为农场维修钟表、缝纫机以及家用器具，他自小受其母亲的教育和培养，学会了解决问题的能力，并梦想长大后成为一名伟大的工程师。1901年，他获得了康乃尔大学机械工程专业的硕士学位。

● 世界上第一台空调的诞生。1902年，他到了一间制作暖气机、风箱及排

风机的公司——水牛城锻造公司的研发部工作，担任采暖工程师。

年仅25岁的开利被指定解决该公司的布鲁克林印刷厂的印刷技术问题。印刷机由于空气温度与湿度的变化使得纸张伸缩不定，油彩对位不准，印出来的东西模模糊糊。他找到了问题的根本原因，是不稳定的温湿度影响了印刷的质量。怎样解决这个问题呢？直到数周后，在一个雾气弥漫的火车站站台上，一个想法渐渐成型。开利知道，雾是湿度达到100%的空气。这让他想到或许可以人工制造出100%的湿度，这样他就有了一个精确的湿度起点，只要加入足够的干燥空气，就能将湿度降低到55%，正如印刷厂老板所要求，开利知道如果造雾，就拥有了湿度为100%的空气，这样就有了精确的起点，也就具备造出任何相对湿度的基本要求。

开利立刻投入工作，他组装了一个盒子，以锁住并控制其中的空气。他还收集了一些常见的配件：一台风扇、一个喷嘴，还有加热线圈。他用风扇将外部的热空气吸入盒子中，然后用冷水喷雾来降低吸入空气的温度，当空气经过水气的时候转变成雾。在盒子中达到100%的相对湿度后，接下来，他开始给盒子加注精确体积的干燥空气，这样就能把湿度降到55%，既不潮湿，也不干燥。

开利可以将经过完美调节温湿度的空气释放到打印室中（印刷车间）了。印刷厂老板很满意这样的结果，开利独特的发明，制造出了完美的温度和湿度，世界上第一台空调从此诞生了。

● 威利斯·开利设计一种奇妙的装置。开利注意到大家突然都想在印刷机附近就餐，于是他开始着手设计一种奇妙的装置，以调节室内空间的湿度和温度。

第一次世所瞩目的空调试验发生在1925年阵亡将士纪念日那个周末。当时，开利首次在曼哈顿派拉蒙电影公司最大的新式瑞福利电影院展现了他的试验性空调系统。他甚至说服了派拉蒙的传奇式当家人物阿道夫·祖克尔，使其相信，在剧院投资安装中央空调系统能够带来利润。祖克尔亲自参加了阵亡战士纪念日的周末测试。

开利和他的试验小组在启动和运行空调时遇到了一些技术问题。在电影放映前，满屋子人都在使劲扇扇子。开利后来回忆道：“剧院里一下子挤满了人，而在大热天里使空气降温需要时间，但慢慢地，人们几乎毫无察觉地把扇子放到了膝盖上，因为他们越来越明显地感受到了空调系统的效果。之后我们去大厅等祖克尔。他看到我们时简短地说了一句："没错，人们会喜欢的。"

1925~1950年，大多数美国人只能在电影院、百货公司、酒店或写字楼等大型商业场所感受空调。开利知道空调要进入普通家庭的，但这种机器对中产阶级家庭来说太大太贵。到了20世纪40年代后期，随着第一台便携系统面市，空调终于迈入了家庭。五年内，美国人每年安装空调超过100万台。那些炎热潮湿得无法忍受的地方，突然待得住人了。

到1964年，内战后人们从南到北的历史性迁徙已被逆转。伴随寒冷地区新移民的到来，南部阳光地带人口规模扩大了，这要归功于家用空调，是它的出现使人们可以忍耐炎热潮湿或炽热的沙漠气候。

● 威利斯·开利对空调研发的成就。威利斯·开利不懈地对温度、湿度和露点进行研究，并于1911年向美国机械工程师学会公开了他发现的焓湿图公式。该公式之后成为空调行业的计算标准和根本依据。从此，空调被广泛用于胶片、烟草、食品、制药、纺织等工业的空气温湿度控制上。

1915年，开利和其他六位工程师合资35000美元在新泽西州成立了开利工程公司，即开利空调的前身，该公司致力于研发空调技术，并研究空调的商业价值。

1921年，开利发明了第一台离心式冷水机组适用于大型空间的制冷，并在同年获得专利。

1922年，开利对其发明进一步改良，第一个摒弃有毒的氨而使用更安全的冷媒，并且大大地减小了机组体积，开创了舒适性空调的先河。

1924年，他成功地将空调从单一的工业使用运用于民间。公司最初的几个客户包含了麦迪逊广场花园、美国国会的会议厅和美国众议院，还有白宫。

1928年，他开发了第一台家用空调，安装在明尼苏达州的明尼阿波利斯。

开利在1930年将公司总部搬到了纽约州的雪城，并于同年，在日本建立了分公司东洋开利，从而成了空调行业的领袖。

在第二次世界大战期间，开利着手研发将空调用于军用。开利公司生产的

空调机组被广泛用于战舰、军用货轮、兵工厂（特别是一些精密军用装置的生产线上），其中数千台空调用于海军的食物保鲜，可移动空调用于空军的军用飞机降温，开利甚至受国家顾问委员会的委托，开发了模拟极地气候的空调装置，用于军用飞机的测试。开利因此曾6次获得空军和海军的“E”勋章，开利对美国军工发展的贡献被称为“最伟大的工程成就”。

发明家全靠一股了不起的信心支持，才有勇气在不可知的天地中前进。

——巴尔扎克

第27章

发明电冰箱的故事

图27-1 电冰箱

电冰箱（图27-1）是保持恒定低温的一种制冷设备，也是一种使食物或其他物品保持恒定低温冷态的民用产品。是内有压缩机、制冰机用以结冰的储藏柜或箱。

● 电冰箱的工作原理。电冰箱由箱体、制冷系统、控制系统三部分组成。普通电冰箱制冷系统由压缩机、干燥过滤器、毛细管、蒸发器、冷凝器等组成，如图27-2、图27-3所示。

制冷系统中充入适量的氟利昂制冷剂，接通电源后，电动机带动压缩机活塞做往复运动，当活塞向下运动时，吸气阀打开，来自蒸发器的低温低压制冷剂蒸气通过吸气管进入汽缸。当活塞向上运动时，排气阀打开，被压缩的高温、高压制冷剂蒸气经排气阀、排气管进入冷凝器，被冷却后形成高压制冷剂液体，同时冷凝器向外界空气放出热量。

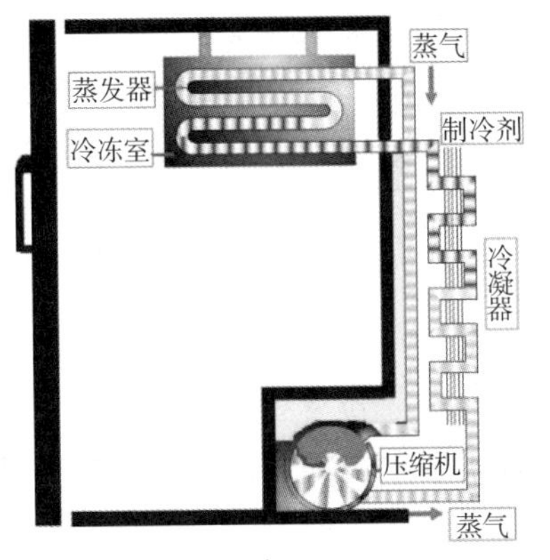

图27-2　电冰箱的工作原理

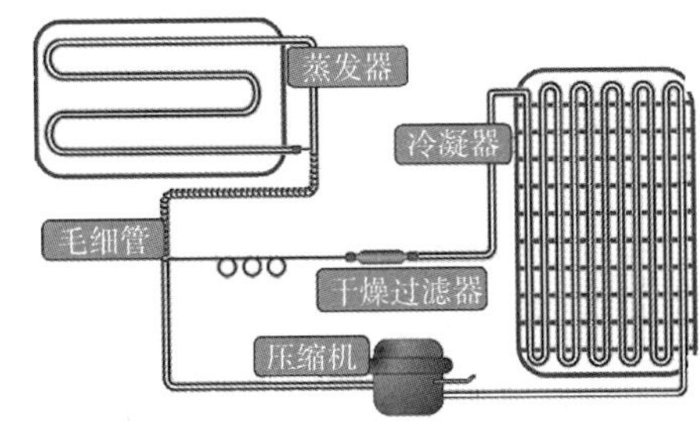

图27-3　电冰箱制冷系统的结构原理

在冷凝器中的高压制冷剂液体经毛细管节流降压进入蒸发器，在低压条件下开始蒸发吸热，使冰箱内部降温，吸收了箱内热量的低压、低温制冷剂气体再被压缩机吸入，完成一个制冷循环，如此不断地循环，便可以使冰箱内部的温度降下来。在整个循环中，制冷剂通过蒸发器吸收箱内热量，又通过冷凝器把吸收的热量散发到箱外。压缩机迫使制冷剂流动，从而才能实现这个热量的转移工作。电冰箱只有一个门时，箱内的上部为蒸发器，蒸发器兼作冷冻室，冰箱下部是冷藏室。

人类从很早的时候就已懂得在较低的温度下保存食品不容易腐败。公元前2000多年，西亚古巴比伦的幼发拉底河和底格里斯河流域的居民就已开始在坑内堆垒冰块以冷藏肉类。中国人在商代（公元前17世纪初~公元前11世纪）已懂得用冰块制冷保存食品了。

数千年来，冰是唯一的制冷剂。每逢冬季，人们便从池塘中切割大块大块的冰，用稻草等包好放入地窖。早期的希腊人曾经建造此类冰窖。14世纪，中国人发现浓盐水挥发可以迅速制冷。1600年，此项技术传入意大利，后来又首次被用于冷冻伦敦的溜冰场。

冰块只能在短时间内保存食品，要想长时间保存食品，那必须有制冷机制冰。那么电冰箱是怎么发明的呢？我们通过以下几个小故事看看电冰箱究竟是谁发明的。

● 现代压缩式制冷系统的雏形。1822年，英国著名物理学家法拉第发现了二氧化碳、氨、氯等气体在加压的条件下会变成液体，压力降低时又会变成气体的现象。在由液体变为气体的过程中会大量吸收热量，使周围的温度迅速下降。法拉第的这一发现为后人发明压缩机等人工制冷技术提供了理论基础。

1834～1840年间，年过7旬的美国发明家雅各布·帕金斯退休后，开始把机械冷冻食品的想法付诸实践。此前，他已经发明了水深探测器、水上测速器、印刷纸币的钢板系统和制造钢钉的改良系统等一系列装置，名噪一时。

1834年冬天的一个晚上，在英格兰北部的一个小镇上，老人正对着火炉翻阅书籍。突然间，"咚咚咚"的敲门声响了起来。他披上衣服打开房门，只见一群穿蓝色工作服的工人挤了进来。带头一位手捧几块冰块，高兴地说："亲爱的帕金斯先生，我们成功了，这是生产出来的冰块。您真厉害！"

老人开始愣了一下，随即喜形于色，然后打开香槟，与大家举杯相庆。最后，他给每个工人发了一份薪水，并让他们回家休息。当晚12点，老人正准备提笔把制冷机的原理写出来，突然感觉一阵眩晕，毕竟年纪大了，又兴奋过度，身体十分的疲惫。第二天，帕金斯老人早早起来，把制冷机制冰的原理详细地写了出来。

这位老人叫雅各布·帕金斯，他是世界上第一台制冷机发明者，即冰箱的前身。作为日常生活中最普遍的家用电器之一，电冰箱的发明经历了一系列循序渐进的过程，而雅各布·帕金斯为电冰箱的发明打响了"第一枪"。

两千多年前，人们存放的食物过不了几天就变坏了，尤其是煮熟的肉制品，在夏天根本就没法保存，于是人们就开始想办法阻止这类事情的发生。经过多年的探索，人们发现把食物存放在冰块里就能保藏很久。所以在很长时间里，普通百姓都把自然界的冰块当作"圣物"。可是新的问题又接踵而至，单纯从自然界里采撷冰块很麻烦，而且更让人头痛的是冰块的保存。"如果能制造出生产冰块的机器就好了。"喜欢钻研的帕金斯为此经常陷入冥思苦想中。有一天，他在做实验时，发现水变成水蒸气时会吸收热量，同时产生制冷效应。帕

金斯茅塞顿开，迅速找来一批技术工人，要求他们按照自己的想法制造出一台制冷机，然后对他们说："大家试试看能否生产出冰块。如果生产出来，将会是一项巨大的发明。"

经过一段时间试验，工人成功地用制冷机生产出了几块冰块。他们兴奋地带着冰块，跳进马车，向帕金斯家里驶去，告诉帕金斯这个好消息。

帕金斯由此推断，可以制造一个充满气体的密闭圆环，把热量从一处传导到另一处。电动机可以用来发动气体压缩机。在伦敦简陋的公寓中，他用这一装置建造了一个可运转系统。帕金斯设想出这样一个工作系统：压缩气体从喷嘴中释放时会膨胀，同时从需要制冷的区域吸收热量。然而，气体并不被排入空气（即使在膨胀后），而是保留在密闭金属管中。接着，从制冷区抽出的气体再次压缩。压缩释放的热量即在制冷区吸收的热量，排到外界空气。最后，气体重新被压入制冷区域，从而开始另一轮循环过程。

帕金斯把自己发明的制冷机报告给了英国政府，英国政府向他颁布了第一台制冷机的发明专利。继帕金斯之后，电冰箱的研究和推广步伐大大加快。

帕金斯年事已高无法独立完成工作，于是雇用了当地的技工来制造这一工作系统。1840年，帕金斯的工作系统冷冻出一小块结实的冰块（把水冷冻成冰块）。鉴于年事已高，身体欠佳，帕金斯停止了此项研究，并没有在市场上出售自己的发明物。

● 成功源于强烈的好奇心。出售发明物的人是生活在澳大利亚的一个苏格兰印刷工约翰·哈里森。哈里森很可能在并不了解帕金斯成果的情况下发现了冷却效应。他用醚来清洗金属印刷铅字，某一天注意到了物质的冷却效应。醚是一种沸点很低的液体，它很容易发生蒸发吸热现象。哈里森经过研究制出了使用醚和冰箱压力泵的冷冻机，并把它应用在澳大利亚维多利亚的一家酿酒厂，供酿酒时制冷降温用。

1862年，约翰·哈里森在澳大利亚根据帕金斯原理改良研制成第一批冰箱，并推向市场。哈里森还在维多利亚州本狄哥一家啤酒厂里设置了第一个制冷车间。

图27-4 卡尔·冯·林德

● 卡尔·冯·林德发明了以氨为制冷剂的制冷机。德国制冷工程师、低温实验学家卡尔·冯·林德（图27-4），是制冷科学的奠基人。1842年6月11日生于贝恩多夫，1934年11月26日卒于慕尼黑。1861～1864年在苏黎世综合技术联盟向R.克劳修斯等学习科学和工程学，1864～1866年在柏林附近的博尔西格机车和机器工厂实习。1866年任新建立的慕尼黑机车公司技术部门的领导人。1868年慕尼黑工业大学成立，即在该校任教，1872年任理论工程学教授。1870年开始研究制冷学，1875年创建了德国第一座工程实验室。他在1873～1877年，设计出第一台利用连续压缩氨的原理进行工作的制冷机，它安全可靠、经济而又效率高，可以用来制冰和冷却液体。1879年不再任教，在威斯巴登创建了林德制冰机有限公司，以便使他的发明工业化。1891年重新在慕尼黑工业大学执教，并于1902年创建了应用物理实验室。1895年利用焦耳-汤姆逊效应和逆流换热原理发明了空气液化装置，从而使大规模生产液态空气成为可能。林德还是巴代利亚科学院和维也纳科学院院士，1897年被封为贵族。

1873年，卡尔·冯·林德发明了以氨为制冷剂的冷冻机。林德用一台小蒸汽机驱动压缩机，使氨受到反复的压缩和蒸发，产生制冷作用。林德首先将他的发明用于威斯巴登市的塞杜马尔酿酒厂，设计制造了一台工业用冰箱。后来，他将工业用冰箱加以改进，使之小型化，于1879年制造出了世界上第一台人工制冷的家用冰箱。这种蒸汽动力的冰箱很快就投入了生产，到1891年时，已在德国和美国售出了12000台。

● 第一台用电动机带动压缩机工作的冰箱。第一台用电动机带动压缩机工作的冰箱是由瑞典工程师布莱顿和孟德斯于1923年发明的。后来一家美国公司买去了他们的专利，1925年生产出第一批家用电冰箱。最初的电冰箱其电动压缩机和冷藏箱是分离的，后者通常是放在家庭的地窖或储藏室内，通过管道与电动压缩机连接，后来才合二为一。

● 爱因斯坦和他的“绿色冰箱”。爱因斯坦图27–5是从报纸上读到了一篇有关一个普通的柏林家庭因为冰箱发动机外泄二氧化硫而被毒死的报道之后下决心研发出一款无毒冰箱的。

图27–5 伟大的物理学家阿尔伯特·爱因斯坦

冰箱的原理是利用磁场和特殊的金属合金，当磁场接近合金的时候，就类似于压缩气体，当远离的时候，就类似于解压过程。这个原理就像橡皮圈——当它被拉伸的时候，会变热，当它被压缩的时候，会变冷。

科学家齐拉特建议选择钠钾合金，他们想让电流通过液态金属，由此产生磁场，把液态金属变成活塞，推动冷却剂通过冰箱里的线圈，如图27–6所示。

在试验初期，他们遇到一个难题，钠钾合金还原性太强，会腐蚀管道中的电线，所以他们需要换一种办法，爱因斯坦想出了一个办法，为什么不舍弃管道内部的电线，而将电线缠绕在外部呢，如图27–7所示。就像你拿着一串香肠，你一挤肉就会出来一样，电磁铁的原理就是这样，通过给电磁铁通电穿过管道的磁场，磁力可以推动液态金属，同时使冰箱冷却剂保持流动状态。爱因斯坦发明的其实是世界上第一台电磁泵，一台没有运动部件的泵。

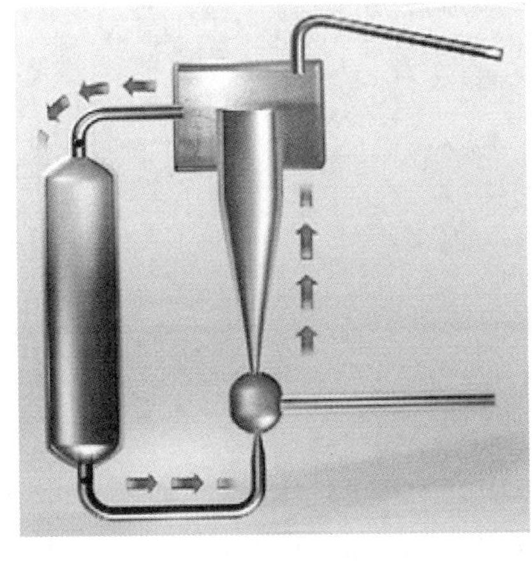

图27–6 制冷系统（一）

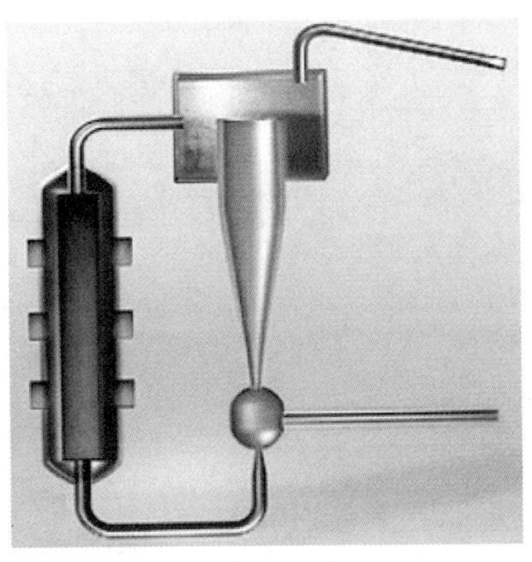

图27–7 制冷系统（二）

几个月后，他们制造出一台冰箱的原型，启动机器，一切运转正常，牛奶变凉了，他们让厨房变得更安全了。但是，这台冰箱有一个显著的缺点，它的声音越来越大，在场有人说："它的咆哮声像女巫一样。"这不会令两位物理学家感到困扰，但这种冰箱却很难被普通百姓接受。1929年，科学家们发现了氟利昂。这种无毒的制冷剂淘汰了爱因斯坦制造的冰箱。

但是世界上最聪明的大脑构思出来的家用发明，最终有了更为重要的作用——冷却核电站的核反应堆。现在核增殖反应堆遍布全球，它们都基于爱因斯坦在柏林公寓中产生的想法，也许两位20世纪最伟大的科学家一起研究如何改进冰箱，才是人们期待的圆满结局。

在20世纪30年代以前，冰箱使用的制冷剂大多不安全，如醚、氨、硫酸等，或易燃，或腐蚀性强，或刺激性强，等等。后来开始探寻比较安全的制冷剂，1929年科学家发明了氟利昂。氟利昂是无毒、无腐蚀、不可燃的氟化合物，很快就成为各种制冷设备的制冷剂了，一直沿用了50多年。

1931年研制成功新型制冷剂氟利昂，1939年，通用电器率先推出双温电冰箱（把电冰箱分成两部分：一部分用于冷冻，另一部分用于冷藏），即现在家庭所用的电冰箱，一进市场便很快飞入寻常百姓家。自从有了冰箱，人类再也不会为食物变质而发愁了。

没有大胆的猜测就做不出伟大的发现。

——牛顿

第28章

带给人们凉爽的——电风扇

电风扇（图28-1）简称电扇，也称为风扇、扇风机，是一种利用电动机驱动扇叶旋转来达到使空气加速流通的家用电器，主要用于清凉解暑和流通空气，广泛用于家庭、办公室、商店、医院和宾馆等场所。

图28-1　电风扇

● 电风扇的主要组成。电风扇主要由扇头、风叶、网罩和控制装置等部件组成。扇头包括电动机、前后端盖和摇头送风机构等，如图28-2所示。

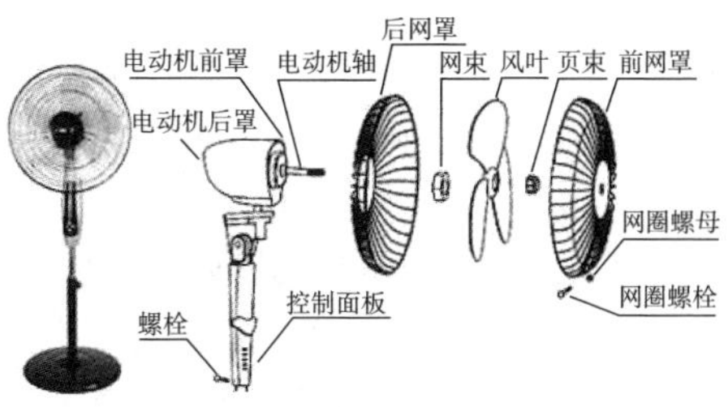

图28-2　电风扇主要组成部件

● 电风扇的工作原理。电风扇的主要部件是交流电动机。其工作原理是：通电线圈在磁场中受力而转动。电能转化为机械能，同时由于线圈电阻，因此不可避免地有一部分电能要转化为热能。此外，直流电动机、直流无刷电动机等小功率电动机在小型电扇中的应用也越来越广泛。

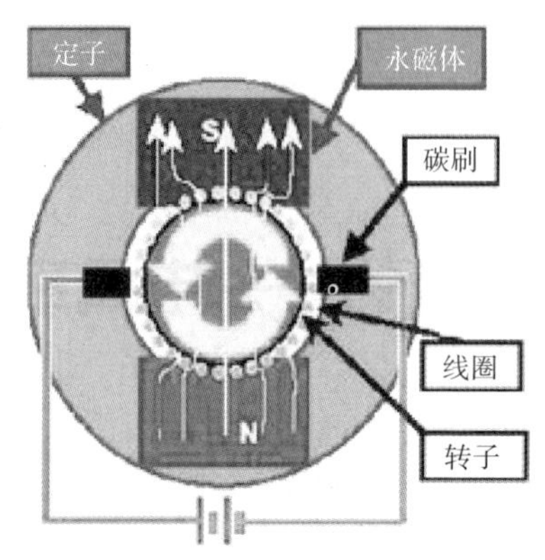

图28-3 电风扇结构

电风扇工作时室内的温度不仅没有降低，反而会升高。来分析一下温度升高的原因：电风扇工作时，由于有电流通过电风扇的线圈，导线是有电阻的，所以会不可避免地产生热量向外放热，温度自然会升高。但人们为什么会感觉到凉爽呢？因为人体的体表有大量的汗液，当电风扇工作起来以后，室内的空气会流动起来，所以就能够促进汗液的急速蒸发，结合“蒸发需要吸收大量的热量”，故人们会感觉到凉爽；见图28-3所示。

● 摇头风扇的工作原理。电风扇的摇头是通过机械传动来实现的，机械传动其实是通过蜗轮和蜗杆的连接来实现的。如图28-4所示。

如图28-4（a）所示为风扇摇头机构的原理模型。该机构把电动机的转动转变成扇叶的摆动。红色的曲柄与蜗轮固接，蓝色杆为机架，绿色的连架杆与蜗杆（电动机轴）固结。电动机带扇叶转动，蜗杆驱动蜗轮旋转，蜗轮带动曲柄做平面运动，而完成风扇的摇头（摆动）运动。机构中使用了蜗轮蜗杆传动，目的是降低扇叶的摆动速度、模拟自然风。

如图28-4（b）为电风扇摇头装置，此装置在电动机主轴尾部连接蜗轮蜗杆减速机构以实现减速，蜗轮与小齿轮连成一体，小齿轮带动大齿轮，大齿轮与铰

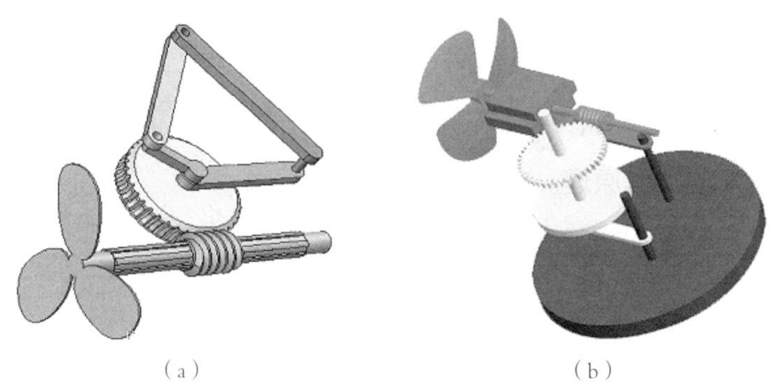
（a）　　（b）

图28-4 电风扇摇头机构

链四杆机构的连杆作成一体，并以铰链四杆机构的连杆为原动件，则机架、两根连杆都做摆动，其中一根连架杆相对机架的摆动即是摇头动作。扇叶直接接到原动机上，即可以实现电风扇的功能。

此装置改变了四杆机构的机架及各杆的位置，消除其自转，达到扇叶随摇杆左右摆动的效果。蜗轮与下面的转盘同轴还可以拉伸，在需要电扇转头时放下蜗轮使其蜗杆啮合。使蜗杆带动蜗轮转动，带动转头；当不需要转头时，拔起蜗轮即可脱离啮合。

● 电风扇的发明者。对于电风扇的发明者，一直没有定论，说是谁的都有，其实电风扇发展的各个历史阶段其发明者都是不同的，根据最近最权威的一份报告，指出了电风扇真正的发明者，下面就让我们一起来看看！

● 发条驱动的机械风扇。真正使用机械为动力的电风扇起源于1830年，这也只是简单的电风扇的初级阶段，还没有完全形成电风扇的体系。一个叫詹姆斯・拜伦的美国人从钟表的结构中受到启发，发明了一种可以固定在天花板上、用发条驱动的机械风扇。这种风扇转动扇叶带来的徐徐凉风使人感到欣喜，但得爬梯子上去上发条却很麻烦。

● 齿轮链条装置传动的机械风扇。当时间来到1872年，电风扇又有了新的发展，其在原有的基础上又作出创新。一个叫约瑟夫的法国人研制出一种靠发条涡轮启动，用齿轮链条装置传动的机械风扇，这个风扇比拜伦发明的机械风扇精致多了，使用也方便一些。

● 真正的电风扇。其实真正的电风扇发明于1880年，这是一款真正依靠电动机为动力进行转动的电风扇，这才是真正意义上的电风扇。美国人舒乐首次将叶片直接装在电动机上，再接上电源，叶片飞速转动，阵阵凉风扑面而来，这个电风扇就是世界上第一台电风扇。

● 两片扇叶的电风扇。1882年，美国纽约的可罗卡日卡齐斯发动机厂的主任技师休伊・斯卡茨・霍伊拉最早发明了商品化的电风扇。第二年，该厂开始批量生产，当时的电风扇只有两片扇叶。

● 左右摇动的电风扇。1908年，美国的埃克发动机及电器公司研制成功世界上最早的齿轮驱动左右摇动的电风扇。这种电风扇防止了不必要的360°转头送风，成为以后销售的主流。

● 中国的第一台电风扇。中国的第一台电风扇产生于1916年，发明者杨济川在上海四川路横浜桥开办生产变压器的工厂，以“中华民族更生”之意，取名为华生电器制造厂，至1925年华生电扇正式投产，很快成为著名品牌。

1880年，杨济川出生于江苏镇江，童年上过私塾，16岁从家乡江苏镇江来到上海，先在一家洋布店学徒，因为他自学英文进步很快，后转入裕康洋行做账房先生。当时处在辛亥革命前夕，杨济川受“推翻帝制”“抵制洋货”爱国思潮的影响，再加上他自幼对电器产生浓厚的兴趣，除了买来一些电器书刊自学外，还买了坏电风扇拆卸研究，立志要造出华人自己的电风扇。

杨济川感到独木不成林，于是找到喜爱电器的叶友财、袁宗耀。每次相聚，杨济川总喜欢把他珍爱的电器零件拿出来，做一些小实验给叶、袁两人看，于是三人决定自己制造电器产品，首先从家用电风扇开始。三人商定由杨济川仿照美式奇异牌电扇，自行制造样机。当时一台奇异牌电扇售价要一百多银元，他们买不起，只得向亲戚借来一台，拆开仿造。没有加工力量，他们就请白铁店、铜匠店、翻砂作坊等协作，电器装配则由杨济川亲自动手。经过半年多努力，到1915年初，中国第一台电风扇（图28-5）终于试制成功了。当时共仿制了两台。之后他们又找到了投资者，于1916年在北四川路横浜桥租房创办华生电器制造厂。开始因厂小技术力量不足，只能生产一些电器小零件销售。

图28-5　中国第一台电风扇

杨济川等经过八年努力，既提高了技术，又筹集了资金，并积累了办厂经验，于是1924年又在周家嘴路新建路口购地建造新厂房，正式生产华生牌电风扇。这是我国第一家自研自制的电扇厂。之所以打出“华生”商标为名牌，其含意充满了爱国主义精神。“华生华生”乃中华民族新生！永生！自力更生！

当华生厂生产的第一批国产电扇上市后，特在苏州设公开试验展示橱窗，一天24小时不停旋转，竟连转了6个月，由此华生一鸣惊人，声誉鹊起，深受人们的赞扬。到1925年，华生电器制造厂生产出电扇一千余台。

华生牌电扇问世前，美商慎昌洋行经销的奇异牌电扇独占中国市场。1929年，华生牌电扇大量上市，使得奇异牌风扇在中国市场上销量大大减少。为此，美商千方百计想把华生这块牌子搞掉，他们声称，愿出50万美金收买华生牌子，华生厂方毅然拒绝。美商不甘心，又生一计，想用跌价倾销来扼杀华生电扇，后又以惨败告终。到了1936年，华生牌电扇年产量已达3万余台。

华生风扇国内首次投入使用时，孙中山先生有感而发："今天讲堂里很热，我们不用人力，只用电风扇，便可以解热。这件事如果是古人或者是乡下毫没知识的人看见了，一定以为是神鬼从中摇动，所谓巧夺天工，对这奇怪的风扇一定要祈祷下拜。现在大家虽然不明白电风扇的详细构造，但是已经明白电磁吸引的道理，因为由电能够吸引风扇，所以风扇能够转动，决不以为是很奇怪的事，难道古人的聪明不及我们吗？推论这个原因，就是由于古人不知道科学，故不能发明风扇，不是古人没有本领，不能用风扇。近来因为知道科学，能发明风扇所以大家便能够用这种风扇来享清凉。"

● 无扇叶电风扇。无扇叶电风扇（图28-6）是由一位叫詹姆士·戴森的英国发明家发明的，于2009年10月12日首次推出。这种新型的风扇因为没有叶片所以被称为无扇叶电风扇，或叫空气增倍机。其吹风原理类似于烘手机。62岁的戴森是英国最知名的发明家之一，他说自己是在发明自动烘手机的时候突然得到灵感。"烘手机是从一个小裂缝吹出气流，把手烘干。于是我想到制造一个不用扇叶的空气推动装置。"

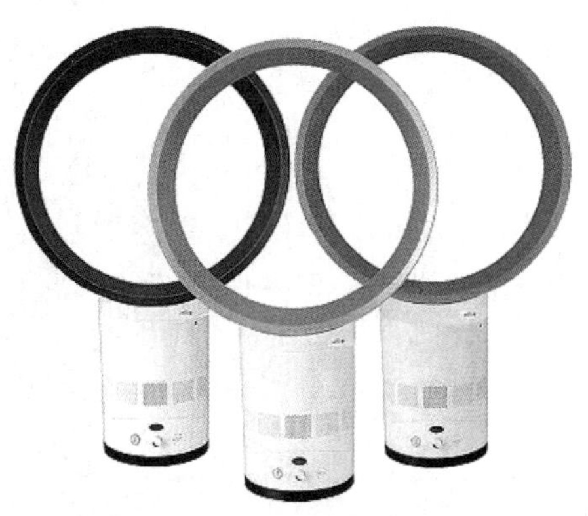

图28-6　无扇叶电风扇

空气增倍机是让空气从一个1.3毫米宽、绕着圆环转动的切口里吹出来。由于空气是被强制从这一圆圈里吹出来的，通过的空气量可增到15倍，它的时速可增至35千米/小时。空气增倍机的空气流动比普通风扇产生的风更平稳。它产生的空气量相当于目前市场上性能最好的风扇。因为没有叶片来“切割”空气，使用者不会感到阶段性冲击和波浪形刺激。它通过持续的空气流让人感觉更加自然的凉爽。

这款新发明比普遍电风扇降低了1/3的能耗，更因为它抛弃了传统电风扇的叶片部件、创新了风扇的外型，使风扇变得更安全、更节能、更环保，因此，无扇叶风扇被美国科技杂志评为了2009年的全球十大发明之一。

● 无扇叶电风扇的工作原理。无扇叶电风扇的工作原理为：基座中带有的40瓦的电动机每秒钟将33升的空气吸入风扇基座内部，经由气旋加速器加速后，空气流通速度最大被增大16倍左右，经由无扇叶电风扇扇头环形内唇环绕，其环绕力带动扇头附近的空气随之进入扇头，并以高速度向外吹出。

图28-7中，传统电风扇是透过电力让电动机转动扇叶的，此时靠近扇叶边缘空气流速快、气体压力小，靠近轴心的空气流速慢、气体压力大。空气因而向电风扇边缘外流动。另一方面，透过扇叶的形状导引，扇叶表面的空气沿着

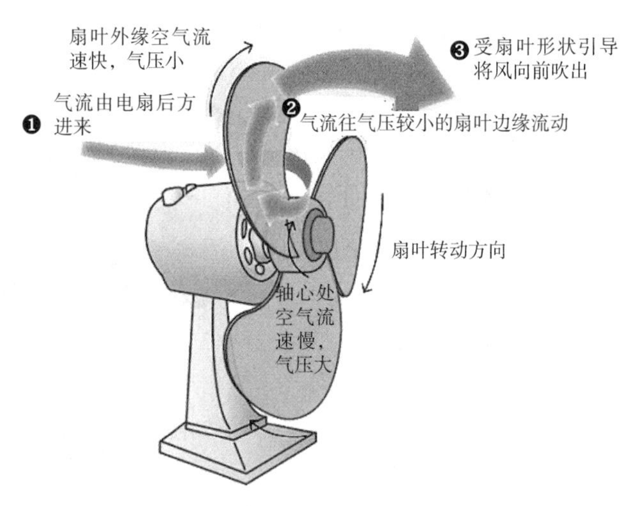

图28-7　传统电风扇

扇叶往前推进，电风扇后方的空气因气流压力关系，持续补充进来形成推进气。

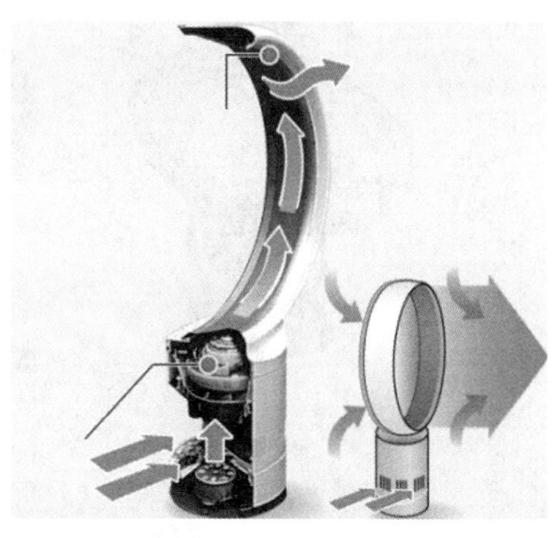

图28–8　无扇叶电风扇结构

图28–8中，它的外形包括一个圆柱形的基座，上面接着一个圆环或椭圆环形状的出风口。这个圆环看似一个薄片，但其实内部是空的，而且一边厚一边薄，这样的形状设计能增加伯努利效应。

无扇叶电风扇运转时，基座内的电动机会先从边缘的许多小孔吸入空气，再把这些空气向上推升到圆环内的中空管道，这个管道在较厚的那一边，有一圈很窄的缝，空气从缝中喷出。此时由于伯努利定律，这些气流会在圆环中间产生较低的气压，因而带动圆环后方、上下周围的空气一起流入，朝着圆环前方吹。基座吸入一分空气，就可以吹出15~18倍的风量。因为没有扇叶转动干扰，产生的风比由扇叶转动而产生的风更加柔顺。

目前，科学家正在解决无扇叶电风扇声音大的问题，他们可能的做法是在基座的电动机下方设计共振腔，让声波在里边反弹后稍微相互抵消，减小电动机的声音，以及在环形的气体通道内设计流线形隔板，减小风声。相信又安静又稳定的电风扇一定能走进我们的生活。

● 未来的电风扇。这些年来电风扇有了飞速的发展，设计构思更加巧妙，款式花样更加丰富，功能趋向多样化、时尚化。电风扇已经一改人们印象中的传统形象，在外观和功能上都更加追求个性化，而电脑控制、自然风、睡眠风、负离子功能等这些属于空调器的功能，也被众多的电风扇厂家采用，并增加了照明、驱蚊等更多的使用功能。这些外观不拘一格并且功能多样化的产品，预示了整个电风扇行业的发展趋势，如图28–9所示。

(a) (b) (c)

(d) (e)

图28-9　构思巧妙、款式花样的电风扇

发明家全靠一股了不起的信心支持，才有勇气在不可知的天地中前进。

——巴尔扎克

第29章

伟大的发明之一——洗衣机

洗衣机被誉为历史上100个最伟大的发明之一。它的伟大之处，不仅是代表着现代工业革命的智慧成果，更是使得千千万万的人从繁重的家务劳动中解脱出来，成为人们不可缺的生活必需品。光是这些，就足够给这项发明记上一大功了。

洗衣机是利用电能产生机械作用来洗涤衣物的清洁电器。洗衣机分搅拌式、滚筒式和波轮式三种，在亚洲市场，尤其是中国市场，最主要的还是后两者。

● 波轮洗衣机。波轮洗衣机主要由箱体、洗涤脱水桶、传动和控制系统组成。图29-1为波轮洗衣机结构图。

● 波轮洗衣机是怎么工作的呢？波轮洗衣机的桶底装有一个圆盘波轮，上有凸出的筋。在波轮的带动下，桶内水流形成了时而右旋、时而左旋的涡流，带动织物跟着旋转、翻滚，这样就能将衣服上的脏东西清除掉。洗涤衣物有单桶、套桶、双桶几种。它的结构比较简单、维修方便、洗净率高，但对衣物磨损大，用水多。如今随着科技发展，出现了电脑控制的新水流洗衣机，采用大波轮、凹型波轮等。优点是对衣物缠绕小、洗涤均匀、损衣率低。洗涤缸缸体有全塑、搪瓷、铝合金、不锈钢四大类。波轮式洗衣机工作原理：依靠装在洗

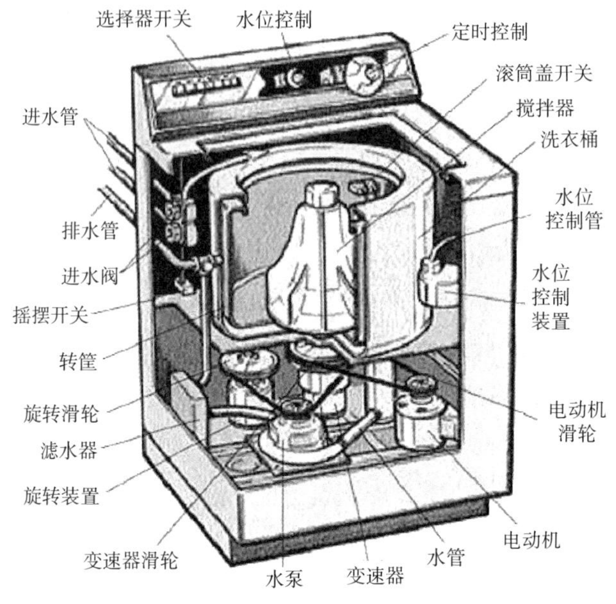

图29-1　波轮洗衣机结构

衣桶底部的波轮正反旋转，带动衣物上下左右不停地翻转，使衣物之间、衣物与桶壁之间，在水中进行柔和的摩擦，在洗涤剂的作用下实现去污清洗。

● 滚筒洗衣机。滚筒洗衣机主要由箱体、洗涤脱水桶、传动和控制系统及加热装置组成。图29-2为滚筒洗衣机结构。

● 滚筒洗衣机是怎么工作的呢？滚筒洗衣机在洗涤时，进水电磁阀打开，自来水通过洗涤剂盒连同洗涤剂冲进滚筒内，内筒在电动机的带动下以低速度进行周期性的正方向旋转，衣物便在滚筒内翻滚揉搓，一方面衣物在洗涤剂中与内筒壁以及筒壁上的提升筋产生摩擦力，衣物靠近提升筋部分与相对运动部分互相摩擦产生揉搓作用。另一方面，滚筒上的提升筋带动衣物一起转动，衣物被提升出液面并送到一定高度，由于重力作用又重新跌入洗衣液中，与洗衣液撞击，产生类似棒打、摔跌的作用。这样内筒不断正转、反转，衣物不断上升、跌落以及洗涤液的轻柔运动，使衣物与衣物之间、衣物与洗衣液之间、衣物与内筒之间产生摩擦、扭搓、撞击，这些作用与手搓、板搓、刷洗、甩手等手工洗涤相似，达到洗涤衣物的目的，最终将衣物洗涤干净，同时将对衣物的

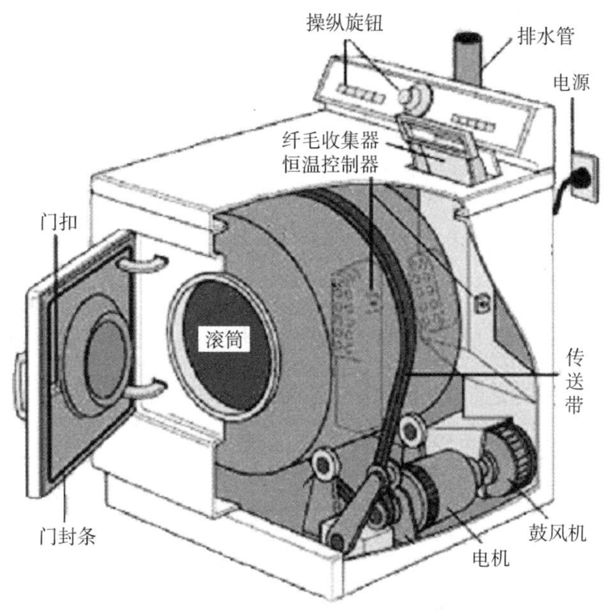

图29-2　滚筒洗衣机的结构

磨损降到最低。

● 世界上第一台洗衣机。汉密尔顿·史密斯（图29-3），美国人，洗衣机的发明者。

1858年，汉密尔顿·史密斯在美国的匹兹堡制成了世界上第一台洗衣机（图29-4）。该洗衣机的主件是一只圆桶，桶内装有一根带有桨状叶子的直轴，通过手摇动与它相连的曲柄转动轴来洗涤衣物。同年史密斯取得了这台洗衣机

图29-3　汉密尔顿·史密斯

图29-4　世界上第一台洗衣机

的专利权。但这台洗衣机使用费力，且损伤衣服，因而没被广泛使用，但这却标志了用机器洗衣的开端。

次年，在德国出现了一种用捣衣杵作为搅拌器的洗衣机，当捣衣杵上下运动时，装有弹簧的木钉便连续作用于衣服。19世纪末期的洗衣机已发展到一只用手柄转动的八角形洗衣缸，洗衣时缸内放入热肥皂水，衣服洗净后，由轧液装置把衣服挤干。

1874年，“手洗时代”受到了前所未有的挑战，美国人比尔·布莱克斯发明了木制手摇洗衣机。布莱克斯的洗衣机构造极为简单，是在木筒里装上6块叶片，用手柄和齿轮传动，使衣服在筒内翻转，从而达到“净衣”的目的。这套装置的问世，让那些为提高生活效率而冥思苦想的人士大受启发，洗衣机的改进过程开始大大加快。

1880年，美国又出现了蒸汽洗衣机，蒸汽动力开始取代人力。经历了上百年的发展改进，现代蒸汽洗衣机较早期有了无与伦比的提高，但原理是相同的。现代蒸汽洗衣机的功能包括蒸汽洗涤和蒸汽烘干，采用了智能水循环系统，可将高浓度洗涤液与高温蒸汽同时对衣物进行双重喷淋，贯穿全部洗涤过程，实现了全球独创性的“蒸汽洗”全新洗涤方式。与普通滚筒洗衣机在洗涤时需要加热整个滚筒的水不同，蒸汽洗涤是以深层清洁衣物为目的，当少量的水进入蒸汽发生盒并转化为蒸汽后，通过高温喷射分解衣物污渍。蒸汽洗涤快速、彻底，只需要少量的水，同时可节约时间。对于放在衣柜很长时间产生褶皱、异味的冬季衣物，能让其自然舒展，抚平褶皱。“蒸汽烘干”的工作原理则是把恒定的蒸汽喷洒在衣物上，将衣物舒展开之后，再进行恒温冷凝式烘干。通过这种方式，厚重衣物不仅干得更快，并且具有舒展和熨烫的效果。

● 洗衣机日新月异的发展。蒸汽洗衣机之后，水力洗衣机、内燃机洗衣机也相继出现。水力洗衣机包括洗衣筒、动力源和与船相连接的连接件，洗衣机上设有进、出水孔，洗衣机外壳上设有动力源，洗衣筒上设有衣物进口孔，其进口上设有密封盖，洗衣机通过连接件与船相连。它无需任何电力，只需自然的河流水力就能洗涤衣物，解脱了船民在船上洗涤衣物的烦恼，节约时间，减

轻家务劳动强度。

任何事物的产生都有其特殊的时代背景，洗衣机当然也不例外，电动洗衣机的发明自然是要依托电力基础设备的进步，比如维尔纳·冯·西门子发明了电动机，才让电器的发明和使用成为可能。

现在人们公认的一个说法是，1910年诞生了世界上第一台电动洗衣机，如图29–5所示，是由美国人阿尔凡·费希尔在芝加哥制成的。它由一种小型发电机供电，利用一个转动的大桶，把衣服和肥皂放在里面，在搅拌器叶片的作用下，衣物在肥皂水中剧烈地前后翻滚。电动洗衣机的问世，标志着人类家务劳动自动化的开端。

图29–5　第一台电动洗衣机

1922年，美国玛塔依格公司改造了洗衣机的洗涤结构，把拖动式改为搅拌式，如图29–6所示，使洗衣机的结构固定下来，这也就是第一台搅拌式洗衣机的诞生。这种洗衣机是在筒中心装上一个立轴，在立轴下端装有搅拌翼，电动机带动立轴进行周期性的正反摆动，使衣物和水流不断翻滚，相互摩擦，以此洗涤污垢。搅拌式洗衣机结构科学合理，受到人们的普遍欢迎。

图29–6　第一台搅拌式洗衣机

1928年，第一款性能稳定、耗电量小、洗净度高的洗衣机由德国西门子公司推出，这就是滚筒式洗衣机，这种洗涤结构奠定了以后洗衣机发展的基础，甚至现在仍在普遍使用。

1932年，美国本德克斯航空公司宣布，他们研制成功第一台前装式滚筒洗衣机，洗涤、漂洗、脱水在同一个滚筒内完成。这意味着电动洗衣机的形式跃上一个新台阶，朝自动化又前进了一大步。

第一台自动洗衣机于1937年问世。这是一种“前置”式自动洗衣机。靠一根水平的轴带动的缸可容纳4000克衣服。衣服在注满水的缸内不停地上下翻滚，使之去污除垢。到了20世纪40年代便出现了现代的“上置式”自动洗衣机。

随着工业化的加速，世界各国也加快了洗衣机研制的步伐。首先由英国研制并推出了一种喷流式洗衣机，它是靠筒体一侧的运转波轮产生的强烈涡流，使衣物和洗涤液一起在筒内不断翻滚，洗净衣物。

1955年，在引进英国喷流式洗衣机的基础之上，日本研制出独具风格、流行至今的波轮式洗衣机。至此，波轮式、滚筒式、搅拌式在洗衣机生产领域三分天下的局面初步形成。20世纪60年代的日本出现了带甩干桶的双桶洗衣机，人们称之为“半自动型洗衣机”。70年代，日本生产出波轮式套桶全自动洗衣机。

20世纪70年代后期，以电脑控制的全自动洗衣机在日本问世，开创了洗衣机发展史的新阶段。

20世纪80年代，“模糊控制”的应用使得洗衣机操作更简便，功能更完备，洗衣程序更随人意，外观造型更为时尚。

20世纪90年代，由于电动机调速技术的提高，洗衣机实现了宽范围的转速变换与调节，诞生了许多新水流洗衣机。此后，随着电动机驱动技术的发展与提高，日本生产出了电动机直接驱动式洗衣机，省去了齿轮传动和变速机构，引发了洗衣机驱动方式的巨大革命。之后，随着科技的进一步发展，滚筒洗衣机已经成了大家常见的产品。伴随着科技的进一步发展，相信更适合人们使用的新型洗衣机会给我们带来新的生活方式。

科学的唯一目的是减轻人类生存的苦难，科学家应为大多数人着想。

——伽利略

第30章

斯特林发动机

众所周知，普通发动机在工作的时候要和外界进行空气的交换，就好比汽车在行驶的过程中，发动机的进气口要吸进空气同时排气口要排出废气一样。但是，整个都潜在水底的潜艇是不可能有这么多可交换的空气的。然而，没有空气就没有办法将燃料燃烧产生的能量传递给发动机进而驱动潜艇前进。科学家们需要一台不需要和外界进行空气交换的发动机。而实现这项功能的正是英国物理学家罗巴特·斯特林在1816年发明的发动机，所以命名为“斯特林发动机”。

斯特林是一位英国物理学、家热力学研究专家。斯特林对于热力学的发展有很大贡献。他的科学研究工作主要是热气机。热气机的研制工作，是18世纪物理学和机械学的中心课题。各种各样的热气机殊涌而出，不断互相借鉴，取长补短，热气机制造业兴旺起来，工业革命处于高潮时期。

● 斯特林发动机是怎么工作的?

斯特林发动机，又称热气机，是一种外燃机，其有效效率一般介于汽油机与柴油机之间。斯特林发动机通过汽缸内工作介质（氢气或氦气）经过冷却、压缩、吸热、膨胀为一个周期的循环来输出动力。

斯特林发动机作为一台不需要和外界进行气体交换的发动机，它是怎么工

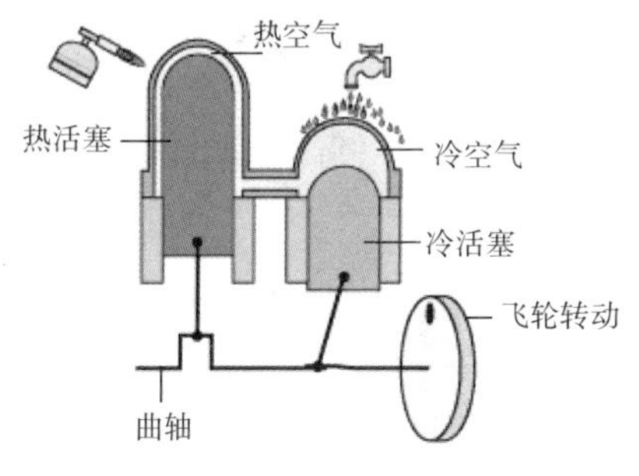

图30-1　斯特林发动机工作原理

作的呢？原来，这种发动机的工作原理十分简单，正是我们生活中常见的热胀冷缩现象。图30-1中，这类发动机一般由两个底部连通的缸体组成，并且在两个缸体中密闭着一定体积的气体。当其中一个缸体受热的时候，缸内的气体就会膨胀，从而推动活塞运动，等到这个汽缸运动完成之后另一个活塞又受热膨胀运动，两个活塞在汽缸中交替往复运动从而将热能转换成动能输出。

随着热气机的发展，热力学理论研究提到了重要位置，不少科学家致力于热气机理论的研究工作，斯特林便是其中著名的一位。他所提出的斯特林循环，是重要的热气机循环之一，亦称“斯特林热气机循环”。斯特林循环热空气发动机不排废气，除燃烧室内原有的空气外，不需要其他空气，所以适用于都市环境保护和外层空间。

18世纪末和19世纪初，热气机普遍为蒸汽机，它的效率很低，只有3%~5%，即有95%以上的热能没有得到利用。到1840年，热气机的效率也仅仅提高到8%。斯特林对于热力学理论的研究，就是从提高热气机效率的目的出发的。他所提出的斯特林循环的效率，在理想状况下，可以无限提高。当然受实际可能的限制，不可能达到100%，但提供了提高热效率的努力方向。

1843年，罗伯特·斯特林与他的弟弟詹姆斯·斯特林在原有斯特林热气机的基础上做出改进，功率提高到45马力（1马力=735瓦），效率由8%提高到18%。

1853年，约翰·埃里克森制造了缸径4.26米的超大型热气机，总功率220千瓦，效率13%，装在2000吨的明轮船上。

斯特林发动机出现后曾经风行一时，限于当时的材料水平，没有得到进一步发展，同时由于1883年四冲程汽油机的发明和1893年柴油机的出现，将老式斯特林发动机淘汰出局。1910年，最后一台老式斯特林发动机出厂，标志着斯特林发动机一个时代的终结。

但是科学家们从来就没有放弃对斯特林发动机的研究，尤其是在石化能源短缺

与环境污染问题越来越严重的今天，斯特林发动机由于具有不受热源形式限制、运行噪声低、热效率高等突出优点，作为一种几千瓦至几百千瓦的中小功率级别的动力设备，受到人们的重新审视，不久的将来有望在某些领域得到成熟的应用。

● 凡尔纳的科学幻想成为现实。“诺第留斯”号，又译“鹦鹉螺”号，是凡尔纳经典科幻小说《海底两万里》中的一艘潜水艇。故事中阿隆纳斯教授跟随尼摩船长乘坐诺第留斯号在海底进行了一场既趣味盎然又惊险刺激且充满了浪漫主义的奇幻旅行。尼摩船长博学多才，沉稳却又内心充满热情的个性以及其谜一样的身份和内心对人类主流社会的蔑视、隐恨、愿乘风而去却又不能尽释其牵挂的复杂感情更令人久久回味而不得释怀！作为尼摩船长的座驾“诺第留斯”号是完全超越了当时的科技水平的产物。

小说中描述的“诺第留斯”号为长70米、宽8米的细长纺锤形潜艇，航行性能极好，最高航速可达50海里/小时。这是一艘理想化的潜水艇，船的驱动完全靠电力供给，而电力则是从海水中提取钠，将钠与汞混合，组成一种用来替代本生蓄电池单元中锌元素的合金，再转化成电后取得的，最后储存在电池里。食物则全部为鱼类、海藻等，所以说能源和船员的生活必需品都来自于大海，完全不需要陆地的补给，可以无限期地在海上航行。“诺第留斯”号内部有巨大的压缩空气储存柜，因此可以连续在海底潜行数天而不需浮上海面。船的内部很宽敞舒适，甚至还有博物馆和图书馆！船的武器是船头的钢铁冲角，凭着船自身的高速和坚固外壳，冲角的威力十分巨大，小说中最后“诺第留斯”号就是靠它反击敌人战舰，“诺第留斯”号高速从战舰的船侧撞了过去，冲角穿透舰身！

“诺第留斯”号的动力就是斯特林发动机，它的热源是采用钠与水反应生热，说明凡尔纳多么具有科学远见。

图30-2　潜水艇

今天凡尔纳的幻想已成为现实，斯特林发动机就是这种“不依赖空气动力推进装置”，已经用在潜水艇（图30-2）

上了，具有AIP系统的潜水艇能够延长潜航时间，从而降低潜艇在水面上的暴露率。斯特林发动机由于其闭式循环的工作特点，工作过程中无工质排放，因此非常适合为潜水艇提供潜航动力。1995年，世界上第一艘装备斯特林发动机的AIP潜水艇——瑞典“哥特兰”号下水，标志着常规动力潜水艇进入一个新的时代。随后，德国、俄罗斯、法国和日本也先后研制出装备斯特林发动机的AIP潜水艇。中国上海船舶研究所成功制成4缸双作用潜水艇斯特林发动机并列装国产常规动力潜水艇。

● 斯特林发动机偶遇现代汽车。这个诞生于两百年前的发动机，在这个时代起着越来越重要的作用，原因正是它所具有的独特优点：和外界没有气体交换。正是因为这一点，使得斯特林发动机的能量损失远远小于现代传统意义上的四冲程发动机。而且这种发动机只需要有热源对其进行加热就能够动起来。全球能源危机，新能源驱动汽车有了更为迫切的期望。但是斯特林发动机能代替现在的汽车发动机吗?

《海底两万里》故事中的阿隆纳斯教授跟随尼摩船长乘坐“诺第留斯”号完成了惊险、刺激的旅行回到了陆地上，他们看到了风驰电掣的汽车排放着黑黑的尾气，这个城市的空中都被层层的烟雾笼罩着，这是雾霾加上了汽车尾气，让人喘不过气，让人睁不开眼。汽车尾气是由汽车排放的废气造成的，可以说汽车尾气是一个流动的污染源。汽车尾气每时每刻都在污染着我们的天空、侵蚀着我们的肌体。尼摩船长想如果能用斯特林发动机作为汽车的动力那该多好呀！尼摩船长联想到了“诺第留斯”号采用的斯特林发动机作为动力。因为斯特林发动机是通过气体受热膨胀、遇冷压缩而产生动力的。通过气体受热膨胀，汽车产生了动力，得以向前行驶。当发动机冷却下来的时候，气体遇冷压缩，为下一次的受热膨胀进行准备。受热膨胀的动力是由转化器转化汽油中的能量来提供的。受热冷却系统受汽车内部系统的控制。燃料在汽缸外的燃烧室内连续燃烧，通过加热器传给工质，工质不直接参与燃烧，也不更换。

斯特林发动机适用于各种能源。无论是液态的、气态的或固态的燃料，当采用载热系统（如热管）间接加热时，几乎可以使用任何高温热源。

热气机在运行时，由于燃料的燃烧是连续的，因此避免了类似内燃机的震爆做功和间歇燃烧过程，从而实现了低噪声的优势。

斯特林循环热空气发动机不排废气，除燃烧室内原有的空气外，不需要其他空气，所以适用于都市环境。

尼摩船长把这种想法告诉了博学多才的阿隆纳斯教授。阿隆纳斯教授说："用各种燃料代替石油，普及环保性汽车，节约能源是我们每个科学家研究的重要课题，热气机尚存在的主要问题和缺点是制造成本较高，工质密封技术较难，密封件的可靠性和寿命还存在问题，功率调节控制系统较复杂，机器较为笨重。"

阿隆纳斯教授滔滔不绝地讲着："热气机的未来发展将更多地应用新材料（如陶瓷）和新工艺，以降低造价；对实际循环进行理论研究、完善结构、提高性能指标；在应用方面，正大力研究汽车用的大功率燃煤热气机、太阳能热气机和特种用途热气机等。"

"斯特林发动机还有许多问题要解决，例如膨胀室、压缩室、加热器、冷却室、再生器等的成本高，热量损失是内燃发动机的2~3倍等。所以还不能成为大批量使用的发动机。"

尼摩船长问："那么有用斯特林发动机作的汽车发动机吗?"阿隆纳斯教授回答说："有，日本有。据说很多混合动力汽车就是用的斯特林发动机的原理。但中国现在还没有。日本20世纪70年代就有了，但是纯斯特林发动机的汽车有一定的缺陷不能克服，所以还没有被大规模应用。"尼摩船长听了阿隆纳斯教授的讲解，了解了斯特林发动机的特点，似乎也明白了现在斯特林发动机还不能完全代替现在的汽车发动机。

斯特林发动机以其独特的优点逐渐被世人所知晓。相信随着科学技术的发展，终有一天，我们能在公路上看见搭载着斯特林发动机的汽车。为了让树木花草更绿更美，要少污染；为了让天空更蓝，要节约能源；为了让空气更清新，要采用新能源。

尽管斯特林发动机在市场上的应用还没有取得普遍成功，但一些权威发明者正在研究这个问题。

● 建一座新能源的发电站。自从斯特林于18世纪初发明斯特林循环以来，斯特林发动机的发展远不及内燃机等热机，但是，现在斯特林发动机在太阳能发电领域却“如日中天”。

碟式太阳能热发电系统是利用碟式聚光器将太阳光聚集到焦点处的吸热器上，通过斯特林循环或者布雷顿循环发电的太阳能热发电系统。系统主要由聚光器、吸热器、斯特林或布雷顿发动机和发电机等组成。碟式太阳能热发电系统通过驱动装置，驱动碟式聚光器像向日葵一样双轴自动跟踪太阳，如图30-3所示。

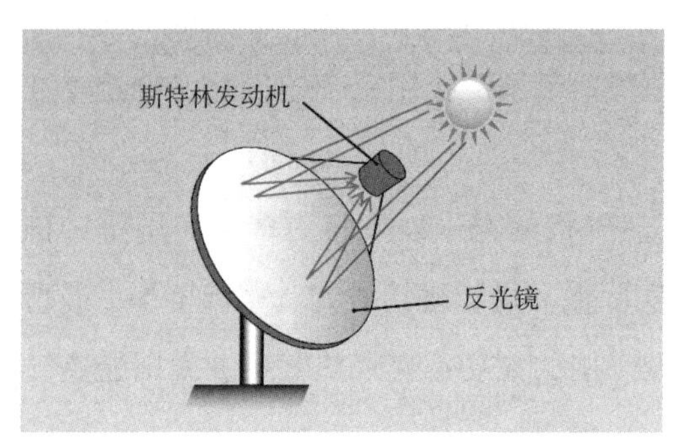

图30-3 斯特林发动机应用于碟式太阳能热发电

以聚焦后的太阳能作为热源，驱动斯特林发动机做功发电，构成碟式太阳能热发电系统。该系统主要由以下部件组成：一套能够实现双轴转动、自动跟踪太阳位置的碟式抛物面聚光镜系统，含有太阳能集热器的斯特林发动机、发电机及其输电系统。工作时，碟式太阳能热发电系统将太阳光的能量用碟式抛物面聚光镜收集，并将其反射到聚光镜的焦点位置处，聚得集中、高温、高热流密度的热量，驱动安放在聚光镜焦点位置光斑附近的太阳能斯特林发动机，从而带动发电机进行发电。我国首座碟式斯特林光热电站于2012年10月正式完工。

● 碟式斯特林太阳能热发电装置系统原理。典型的碟式斯特林太阳能热发电系统主要由碟式聚光镜、太阳光接收器、热气机和发电机组成，其中接收器、热气机与发电设备组成的整体通常称为能量转换单元。装置中设计有转向机构，通过调节聚光碟的仰角及水平角度跟踪太阳，保证聚光镜正对太阳获得最多的太阳能，如图30-4所示。运行时，太阳光经过碟式聚光镜聚焦后进入太阳光接收器，在太阳光接收器内转化为热能，并成为热气机的热源推动热气机运转，再由热气机带动发电机发电。

太阳能发电是真正的清洁能源，强大的斯特林碟式太阳能啊，真有前途。图30-5所示为斯特林发动机应用于太阳能热发电。

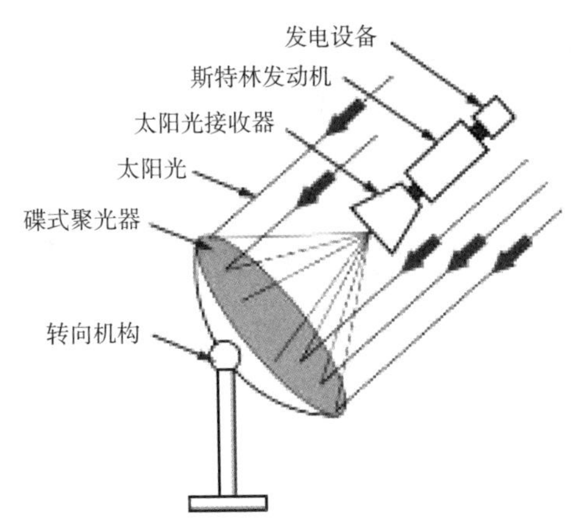

图30-4　碟式斯特林太阳能热发电装置系统

尽管斯特林发动机出现比蒸汽机早，但因为材料限制其功率不能满足需要，后来被蒸汽机取代，蒸汽机又被燃廉价石油的内燃机取代。斯特林发动机的热衷者们从来没有放弃对它的研究，他们的热情来源于斯特林发动机的燃料适应性和相对的简单、高效、低污染。在太阳能等新兴能源大力发展的今天，斯特林发动机也迎来了发展的春天。就其作为太阳能热发电应用来说，它既可以单台工作，也可以多台联合工作，为偏远地区供电，解决最实际的问题。在国外，尤其是非洲，很多地区都没有电力，但拥有丰富的太阳能资源，所以其市场广阔。

图30-5　斯特林发动机应用于太阳能热发电

我要把人生变为科学的梦，然后再把梦变为现实。

——居里夫人

第31章

最早发明机械计算机的科学家——帕斯卡

图31-1　布莱斯·帕斯卡

现今世界已进入到计算机时代，电子计算机发展日新月异，各类电子计算机从台式机到笔记本到掌上电脑让人目不暇接。很多人未曾见过机械计算机，它们是工业革命的产物，比古老的算盘跨出了很大的一步，比计算尺也有革命性的改进。下面我们来看一下机械计算机的历史。

法国的科学家布莱斯·帕斯卡（图31-1）发明了人类第一台机械计算机。它的出现告诉人们用纯机械装置可代替人的思维和记忆，是人类历史上不朽的珍品。

● 充满幻想、富有才气布莱斯·帕斯卡。1623年6月19日，位于法国中部的克勒蒙菲朗的一个贵族家庭中，伴随着“哇”的一声啼哭，一个小精灵降临人世。这就是后来著名的数学家布莱斯·帕斯卡。

帕斯卡的父亲是当地一位颇有声望的法学家，在数学上也颇有造诣，供职于诺曼底地方税务署，是一位较有名望的税务统计师。他酷爱数学，深深地体会到数学是一门探索性很强的学科。他担心孩子学数学会劳神伤身，出于对儿

子的爱，他决心不让帕斯卡涉足数学。当然，父亲的顾虑是多余的。

小帕斯卡天赋很高，虽体弱多病，但从清秀的眉宇间却透露出一股灵气。他勤奋好学，兴趣广泛，平时很少外出玩耍，整天如饥似渴地看书学习、做札记。他七八岁就学完了差不多相当于小学的全部课程。他充满幻想、富有才气，尽管父亲把自己的全部数学书籍都收藏起来，只让他看语文书和儿童诗歌，连学校开设的数学课也不让他上，可是，这一切还是不能阻碍帕斯卡对数学产生浓厚的兴趣。而且父亲越是不让他学习数学，他心里萌发的探索数学奥秘的愿望越是强烈。那年，他12岁，常听到父亲与朋友们谈论“几何”，他听不懂，不知“几何”为何物，就去问老师。老师告诉他：“几何就是作出正确无误的图形，并找出它们之间的比例关系的一门科学。”他深信几何是一门十分有趣的学科，便偷偷地借来几本几何书，边读边用鹅毛笔在纸上画几何图形，兴味无穷。

1635年，帕斯卡随父亲迁居巴黎。一天，帕斯卡和父亲到郊外游玩，回到家里，准备稍作休息后一起共进晚餐。这时，帕斯卡好像自言自语，又好像是告诉父亲一件重大事情似的说：“三角形三个内角的总和是两个直角。”父亲为儿子的这一见解惊呆了，愣了半天说不出话来。儿子的见解意味着一个不平常的发现。这个发现来自一个年仅12岁的少年，父亲的内心不知有多么激动。他抚摸着帕斯卡的头，过了好半天才喃喃地说：“是的，孩子，是的。”

帕斯卡的重大发现改变了父亲的做法。父亲挑选了欧几里得的《几何原本》给儿子学习，也不再阻拦他上数学课，平时还常为他解答疑难问题，并带帕斯卡参观各种科技展览，参加数学、物理的学术讨论会，鼓励他大胆地发表自己的见解。帕斯卡接触到了不少当时著名的数学家、物理学家、机械师。他领略到了数学的奥秘，眼界大开，学识上大有长进。

1639年，刚满16岁的帕斯卡对圆锥曲线等问题进行了大量的研究，掌握了圆锥曲线的共性，写出了震惊世界的论文。1640年《圆锥曲线论》一书出版，人们把他的这一伟大贡献誉为“阿波罗尼斯之后的两千年的巨大进步。”从此，帕斯卡的英名传遍欧洲。

● 机械加法器的诞生。帕斯卡的父亲，作为一名数学家和税务统计师，每天要解答各方面提出的疑难问题，在一旁的帕斯卡看到父亲整天苦于统计大量的数据，便产生了强烈的愿望，要造一个理想的计算工具，来使父亲免于辛劳。以前的计算工具和计算方法如笔算、算表、算图等速度慢、精度低，远远不能满足当时统计工作的需要。

帕斯卡想，如果能有一台专门进行加减乘除运算的机械，用来替代人工的计算，那该有多好啊！帕斯卡不仅对数学非常了解，而且还在实践过程中通过自学，掌握了不少物理学方面的基本知识。他发现，在物理学当中，有一种齿轮系传动现象，在这一现象当中，几个大小成一定比例的齿轮，通过齿对齿结合起来，当匀速转动其中任何一个齿轮时，就会带动其他几个齿轮以不同比例的速度均匀转动。而这一现象与数学的初级运算的过程、原理非常的相似。这一发现使帕斯卡大受鼓舞。但是，怎样才能把这一物理机械运动现象运用到数学当中，或者说，数学当中抽象的、理论的问题怎样才能由现实直观的、具体的机械运动来解决呢？帕斯卡一边想，一边开始动手做。他要造出这样一台集物理学与数学知识于一体的机器来。

帕斯卡研究了机器运转的各种传动机构，又走访听取了一些著名工匠的意见，对自己设计的计算机图纸反复推敲、反复试验。他在研究加法器怎样进位这个关键问题上一遍一遍地思考着，反复地设计着，可惜仍没有成功。一天晚上，帕斯卡还在设计草图前思索着，房间里静悄悄的，只能听到座钟“滴答”“滴答”的摇摆声。忽然钟声响了10下，时针在一种力的牵引下，微微地弹了一下准确地指到数10的位置上。这短暂的一瞬就像黑夜中射来了一道强光，使帕斯卡眼前为之一亮，对呀！逢10进1。他根据数的进位制（十进位制）想到了采用齿轮来表示各个数位上的数字，通过齿轮的比来解决进位问题。低位的齿轮每转动10圈，高位上的齿轮只转动1圈。这样采用一组水平齿轮和一组垂直齿轮相互啮合转动，解决了计算和自动进位。

为了这个梦想，帕斯卡夜以继日地埋头苦干，先后做了3个不同的模型，耗费了整整3年的光阴。他不仅需要自己设计图纸，还必须自己动手制造。从机器的外壳，到齿轮和杠杆，每一个零件都由这位少年亲手完成。为了使机器

运转得更加灵敏，帕斯卡选择了各种材料做试验，有硬木、乌木，也有黄铜和钢铁。终于，第3个模型在1642年，帕斯卡19岁时获得了成功，他称这架小小的机器为“加法器”，这也是世界上第一台机械计算机，如图31-2所示。

图31-2　机械加法器

● 机械加法器的是怎样工作的？1642年夏，一台机械式加法计算机在卢森堡宫展出了，整个欧洲为之轰动，许许多多的人涌进卢森堡宫，来观看世界上第一台计算机是怎样代替人来计算的。有人用洋洋洒洒的文章来宣传它；有人用诗的语言来歌颂它。大家都为帕斯卡能用纯粹的机械装置来代替人们的部分思考和记忆的非凡智慧和勇气赞叹不已。卢森堡宫展览大厅人头攒动、摩肩接踵，人们尽量地走近它，仔细观察这个神奇的黄铜盒子：帕斯卡加法器是一种系列齿轮组成的装置，外壳用黄铜材料制作，是一个长20英寸（1英寸=2.54厘米）、宽4英寸、高3英寸的长方盒子，面板上有一列显示数字的小窗口，旋紧发条后才能转动，用专用的铁笔来拨动转轮以输入数字。这种机器开始只能够做6位加法和减法。

计算器表面有一排窗口，每一个窗口下都有一个刻着0～9这10个数字的拨盘（与现在电话拨盘相似），拨盘通过盒子内部齿轮相互啮合，最右边的窗口代表个位，对应的齿轮转动10圈，紧挨近它的代表数10位的齿轮才能转动一圈，以此类推。在进行加法运算时，每一拨盘都先拨“0”，这样每一窗口都显示“0”，然后拨被加数，再拨加数，窗口就显示出和数。在进行减法运算时，先要把计算器上面的金属直尺往前推，盖住上面的加法窗口，露出减法窗口，接着拨被减数，再拨减数，差值就自动显示在窗口上，如图31-3所示。

然而，即使只做加法，也有个“逢十进一”的进位问题。聪明的帕斯卡采用了一种小爪子式的棘轮装置。当定位齿轮朝9转动时，棘爪便逐渐升高；一旦齿轮转到0，棘爪就“咔嚓”一声跌落下来，推动十位数的齿轮前进一挡。在加

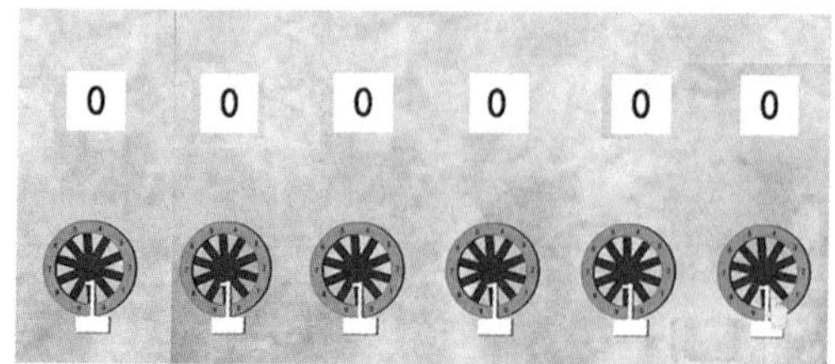

图31-3 机械加法器操作面板

图31-4 机械加法器的内部结构

减运算的过程中采用“十进位制”，通过各连接数位之间的转轮和插销来实现进位，如图31-4所示，可以进行6位数的计算。

帕斯卡后来总共制造了50台同样的机器，有的机器计算范围扩大到8位，其中有2台，至今还保存在巴黎国立工艺博物馆里。

帕斯卡发明的加法器在全世界都有若干仿制品，它没有被人遗忘，它第一次确立了计算机的概念。

在帕斯卡众多的成果中最让他感到满意和自豪的就是这台计算机。因为它不仅圆了帕斯卡童年的梦想，而且它的出现告诉人们用纯机械装置可代替人的思维和记忆。机械来模拟人的思维，在今天看来是十分落后的，然而这种想法正是现代计算机发展的出发点。为此，帕斯卡在计算机史上功不可没。不幸的是帕斯卡终身被病魔困扰，在39岁时便英年早逝了。巴黎国立工艺博物馆里机械加法器已经成为世界科技发展史上的一座丰碑。

研究真理可以有三个目的，当我们探索时，就要发现真理；当我们找到时，就要证明真理；当我们审查时，就要把它同谬误区别开来。

——帕斯卡

第32章

第一台电子计算机的诞生

无所不在、无所不能的电子计算机已经经历70多个春夏秋冬，虽然在历史的长河中只是一瞬间，但彻底改变了我们的生活。

图32–1 计算机

计算机（图32–1）俗称电脑，是现代一种用于高速计算的电子计算机器，既可以进行数值计算，又可以进行逻辑计算，还具有存储记忆功能，是能够按照程序运行，自动、高速处理海量数据的现代化智能电子设备。由硬件系统和软件系统所组成，没有安装任何软件的计算机称为裸机。可分为超级计算机、工业控制计算机、网络计算机、个人计算机、嵌入式计算机五类，较先进的计算机有生物计算机、光子计算机、量子计算机等。

回顾电子计算机的发展历史，真是令人惊叹沧海桑田的巨变，历数计算机史上的英雄人物和跌宕起伏的发明故事，将给后人留下长久的思索和启迪。

● 第一台电子管计算机——爱尼亚克（ENIAC）横空出世。以科学技术为标志，人类历史上发生了三次产业革命。蒸汽机的发明标志着第一次产业革命的兴起；电的发现与应用掀起了第二次产业革命的浪潮；数字电子计算机的诞生则拉开了第三次产业革命的序幕。

那么，第一台数字电子计算机是怎样问世的呢？让我们从第二次世界大战说起。1939年9月，德国纳粹党头目希特勒悍然发动了对邻国波兰的侵略战争。此后不到一年的时间，纳粹分子利用强大的军事机器先后占领了波兰、挪威、丹麦、荷兰、比利时、法国。整个西欧只有英国尚在浴血奋战。1941年3月，日本军国主义者在疯狂侵略亚洲邻国的同时，处心积虑地策划了对美国海军基地珍珠港的空袭事件，迫使美国对日宣战。从此，第二次世界大战全面爆发。

说起战争不能不说到武器。战争中，枪炮的杀伤力主要由其射程、精度和爆炸威力决定。军工厂试制出来的枪炮要进行多次试射，通过复杂的运算测定、校正其弹着点误差在允许范围并形成弹道表后，才可交付使用。这样，枪炮弹道计算的重要性就不言而喻了。一张正规的弹道表包括气温、气压、风速、风向以及火炮的类型、炸药量、引信种类等3000多个参数。一发炮弹从发射升空到落地，只用1分多钟。就单个参数而言，以1分钟的炮弹飞行时间为例，一个熟练的计算人员使用当时最先进的大型微分分析仪计算，也需要大约20分钟的时间才能算出来。

当时美国陆军军械部每天要向前线提供6张弹道表，计算任务十分繁重。负责这项工作的是军械部弹道实验室的上尉、青年数学家赫尔曼·哥德斯坦。哥德斯坦从陆军抽调了100多位姑娘使用微分仪每日进行紧张的计算。协助他一同负责弹道计算工作的还有来自摩尔学院的两位专家。一位是36岁的物理学教授约翰·莫齐利，另一位是从摩尔学院刚毕业的研究生，24岁的电气工程师布雷斯帕·埃克特。由于弹道计算工作一直不能满足前方的需要，哥德斯坦已经接到指令，要设法尽快改变这种状况。

怎样加快弹道表的计算工作呢？哥德斯坦心急如焚。于是他请莫齐利和埃克特一块儿想想办法。莫齐利在从事分子物理研究时，就曾被大量的计算搞得头昏

脑胀。所以，他一直想研制一种新型的高速计算工具。只是苦于不能筹来巨额研制经费，始终未能具体实施。事实上，随着电子技术、数理逻辑、运筹学、控制论、信息论等科学技术的发展，当时制造电子计算机的技术条件已经基本成熟。听了哥德斯坦的话，莫齐利把研制高速计算装置的想法告诉了埃克特。莫齐利擅长计算机理论，埃克特专攻电子技术。对莫齐利的每一种总体构思，埃克特总能从电路上使之具体化。于是，两人经过几番讨论，向哥德斯坦提交了一份“高速电子管计算装置”的设计草案。仔细看过这份设计方案后，哥德斯坦心中无比振奋。如果能研制出这样的高速计算装置，那么弹道计算的效率将会提高成百上千倍！于是，尽管预算费用高得惊人，哥德斯坦仍决计要向军械部争取这笔费用。1943年4月9日，美国陆军军械部召开了一次非同寻常的会议，讨论哥德斯坦等人提交的关于研制“高速计算装置”的报告。坐在主席台位置的西蒙上校一言不发。美国数学泰斗、普林斯顿高等研究院的教授韦伯伦也出席了这次会议，他正在埋头阅读那份报告。哥德斯坦站起来，继续说服着西蒙上校；“据说海军已经把希望寄托在马克1号计算机上。我们设想的机器，是一种更新式的电子计算机，它将比马克1号的运算速度高出几个数量级……”西蒙上校用眼神示意哥德斯坦，最终要看韦伯伦教授的意见。作为军械部的科学顾问，韦伯伦深知自己说话的责任重大。他聚精会神地读完报告，想着投入巨额研制费用的风险，往椅背一靠，闭目沉思起来。目睹韦伯伦凝重的表情，大家随之都沉默不语了。忽然，只见韦伯伦教授猛地起立，毅然决然地对西蒙上校表态：“批给他们研制经费，上校先生！”然后义无反顾地离开了会议室。

一个对人类历史影响极为深远的研究计划就这样拍板决定了。军方和科学家们随后即达成协议，成立一个项目攻关组，研制名为“电子数字积分机和计算机（Electronic Numerical Integrator and Computer）”的机器（英文简写为“ENIAC”，中文译名为“爱尼亚克”）。先期投入14万美元，最后的总投入高达48万美元。爱尼亚克项目组的成员包括数学家、物理学家、军工专家以及诸多专业工程师，共计30余名，还有近200名辅助人员参与攻关。主要成员除莫齐利、埃克特和哥德斯坦三人外，还有摩尔学院的知名教授布莱纳德和逻辑学家勃克斯等人。项目组主要成员分工如下：布莱纳德，项目总负责人；莫齐利，总体方案的设计；勃克斯，设计乘法器等大型逻辑元件；埃克特，负责解决项目中复杂而困难的工程技术问题；哥德斯坦，军方联络员并负责解决项目中的数学难题。值得一提的是，被后人尊称为“现代计算机之父”的约翰·冯·诺依曼在爱尼亚克项目启动不久，也加入了研究行列。攻关组的成员们夜以继日地苦干。方案设计、算法验证、元件测试、模块分调、整机联调，其间不知熬过了多少个不眠之夜。1945年底的一个夜里，宾西法尼亚大学计算机整机装配调试大厅灯火通明。突然传出一阵喧闹声，原来这是攻关组的成员们在调试中解决了最后一个技术难题，情不自禁地欢呼起来。这台倾注着团队两年多心血的计算机，技术问题已基本解决，整机联调达到设计要求。回想几年来付出的心血和汗水，追忆计算机研究领域先辈们的足迹，总设计师莫齐利感慨万千：中国人发明了算盘；法国的帕斯卡设计出了机械式加法器；英国的巴贝奇研制出了第一台数据处理差分机；德国的朱斯研制了电磁计算机；艾肯教授研制了自动程序控制计算机“马克1号”。正是沿着先人的足迹，他们今天才能完成爱尼亚克的研制工作。1946年2月15日，一个人类历史上里程碑式的日子，世界上第一台实用数字电子计算机“爱尼亚克”在宾西法尼亚大学正式投入运行。前来参观的人们走进“爱尼亚克”所在的大厅，感到宛如置身于一间庞大的车间。展现在人们眼前的一排排2.75米高的金属柜里装载着组成整个计算机系统的各种设备。它总共安装了16种型号的18000个真空管、1500个电子继电器、70000个电阻器、18000个电容器、电路的焊接点多达50万之巨、占地面积170平方米、总重量达30吨、耗电140千瓦。人类历史上第一台实用数字电子计算机“爱尼亚克”，就以如此庞然大物的姿态，横空出世了。

为战争应用而研制的计算机，在“千呼万唤始出来”之时战争已经结束了。人们在欢呼“爱尼亚克”降生的同时，也以同样高兴的心情欢呼人类和平新纪元的到来。隆重的庆典大会上，“爱尼亚克”无与伦比的强大功能令人们赞叹不已。它计算速度快、精度高、可靠性好，而且还具有记忆特性和逻辑判断能力。它1秒钟内能完成5000次加法运算，亦可在千分之三秒的时间内完成两个十位数

的乘法运算，20秒内即能计算出一条炮弹的轨迹，比炮弹自身的飞行速度还要快几倍。所有这些，是当时任何机械式或电动式计算机都无法望其项背的。时至今日，计算机已不仅仅是一种计算工具了。它已广泛应用于人们工作、学习、生活的方方面面。虽然现在的一台普通个人计算机也比当初爱尼亚克的功能强许多倍，但“爱尼亚克”毕竟开创了一个时代，它将永垂史册！

● 现代计算机之父——约翰 · 冯 · 诺依曼。1903年12月28日，匈牙利布达佩斯城的大银行家马克斯 · 诺依曼喜添贵子。马克斯生长在一个大家族里，从小受到良好的教育。在他事业有成之时又新添贵子，自然望子成龙。所以，当1913年他花钱买了个以“冯”表示的荣誉称号后，并未像常人那样将此荣誉称号用于自己，而是用在这个孩子的姓名中间。这孩子也真是争气，日后成为蜚声世界的计算机科学家，他就是约翰 · 冯 · 诺依曼（John von Neumann）。

冯 · 诺依曼（图32–2）自小就显示出过人的天赋。他6岁能心算八位数除法，8岁掌握微积分，12岁能读懂波莱尔的《函数论》，中学期间即与给他上课的青年数学家费凯特合作，对布达佩斯大学耶尔教授的一个分析定理加以推广，写出了他的第一篇论文。

图32–2　约翰 · 冯 · 诺依曼

1921年，在选择大学的专业志愿方面冯 · 诺依曼与父亲发生了冲突。马克斯希望他选择商务专业以期将来子承父业，而冯 · 诺依曼却酷爱数学。于是马克斯请人说服儿子，此人没有完成说服工作，但最终大家都做了妥协，冯 · 诺依曼选择了布达佩斯大学的化学专业。在四年大学期间，冯 · 诺依曼仅在布达佩斯大学的化学系注册并参加考试，而足迹遍及欧洲一些科学中心，到柏林大学、苏黎世联邦工业大学、哥廷根大学等一流名校听课。在苏黎世大学期间，他经常找韦尔（Weyl）教授和鲍利亚（Polya）教授请教数学问题。甚至还在韦尔教授不在时，替他上过一堂数学课。鲍利亚教授后来回忆时说：“冯 · 诺依曼是我曾教过的唯一令我害怕的学生。只要我在讲课过程中出一道不给出解法的题目，他总是在课程一结束即走到我跟前，拿着一张字迹潦草的纸片，上面写着他关于那道题完整的解法。”冯·诺依曼扎实的数学功底为他以后在计算机科学方面的建树奠定了基础。

1929年冯·诺依曼受聘前往美国普林斯顿大学任教。一年后，年仅27岁的他被提升为教授。1933年，普林斯顿大学高等研究院任命了包括爱因斯坦在内的第一批6位终身教授，冯·诺依曼是其中最年轻的一位。冯·诺依曼一生在数学、量子物理学、逻辑学、军事学、对策论等诸多领域均有建树，但参与人类第一台实用数字电子计算机的研究却始于偶然。

1944年，青年数学家、美国陆军军械部弹道实验室上尉赫尔曼·哥德斯坦（H Goldstine）作为军方代表参与人类第一台实用数字电子计算机“爱尼亚克”的研制工作。此时，专为计算炮弹火力表而研制的“爱尼亚克”已快要成型了，其内存极小，只用于储存数据，处理弹道计算的程序是用硬件实现的。哥德斯坦抽空将“爱尼亚克”的硬件重新拆装，让它解一两道数学难题，发现简直是手到擒来。哥德斯坦心中好不兴奋，他想：这等神奇的通才怎么只用于计算弹道呢？但假如要计算不同的问题，就必须把代表程序的接插头连线重新拆装。“爱尼亚克”解题的过程可能仅需几分钟，而重新拆装硬件的时间却至少要几个小时。拆装硬件的过程费时费劲。能否用“爱尼亚克”做通用计算而无需在硬件上做变更呢？德斯坦苦苦思索着，却不得其解。

同年仲夏的一个傍晚，哥德斯坦在阿伯丁车站等候去费城的火车。突然，他发现大数学家冯·诺依曼从不远处向自己走来。他听过冯·诺依曼的讲座，尽管冯·诺依曼不认识自己。哥德斯坦哪里肯放过当面向大师请教的机会。他主动向冯·诺依曼迎上去并作自我介绍。令哥德斯坦感动的是，冯·诺依曼平易近人，很耐心地听他提出的问题。不过，冯·诺依曼一连串的反问使他像参加数学博士论文答辩一样，紧张得直冒汗。冯·诺依曼从他的问题中觉察到面前这位年轻人正在从事着不寻常的事情。当哥德斯坦告诉冯·诺依曼他正在费城宾西法尼亚大学的摩尔学院参加研制每秒能进行333次乘法运算的计算机时，冯·依依曼顿时兴奋起来。冯·诺依曼正在参加研制原子弹的曼哈顿工程，也遇到了大量复杂的计算问题。原子核裂变反应过程的计算非常复杂，即便使用

当时最先进的计算工具也显得太慢了。他一直在苦思冥想着如何研制更为快速的计算工具。于是，冯·诺依曼拉着哥德斯坦的手，提出想去摩尔学院看看他们正在研制的机器。

与冯·诺依曼分手后回到摩尔学院，哥德斯坦把冯·诺依曼要来学院的消息告诉了研究小组的成员。年轻有为且才高气傲的布雷斯帕·埃克特（Presper ckert）对“爱尼亚克”的总体方案设计师约翰·莫齐利（John Mauchly）教授说：“如果冯·诺依曼问的第一个问题是机器的逻辑结构问题，我就佩服他是个天才。”

八月初，顶着如火的骄阳，冯·诺依曼来到了摩尔学院。莫齐利想起了埃克特的那句话，一番客套之后，静静地等着冯·诺依曼发问。当冯·诺依曼提出的第一个问题果然是关于机器的逻辑结构问题时，他与埃克特对视后都会心地笑了。他们无不被这位大科学家的天才所折服，因为冯·诺依曼问的正是最为要害的问题。此后，冯·诺依曼主动参与了“爱尼亚克”的研制工作。他比一般的数学家更能有效地与物理学家合作，以极其熟练的计算能力解决技术上的关键问题。在参与爱尼亚克的研制工作中，冯·诺依曼经常举办学术讨论会，讨论新型存储程序通用计算机的方案，不断提出自己关于爱尼亚克改进的思考，与大家交换意见。从1944~1945年，冯·诺依曼撰写了长达101页的研究报告，详细阐述了新型计算机的设计思想。在报告中，他给出了第一条机器语言、指令和一个分关程序的实例。这份报告，奠定了现代计算机系统结构的基础，直到现在仍被人们视为计算机科学发展史上里程碑式的文献。冯·诺依曼的思想可归纳为以下三点：

第一，新型计算机不应采用原来的十进制，而应采用二进制。采用十进制不但电路复杂、体积大，而且由于很难找到10个不同稳定状态的机械或电气元件，使得机器的可靠性较低。而采用二进制，运算电路简单、体积小，且实现两个稳定状态的机械或电气元件比比皆是，机器的可靠性明显提高。

第二，采用“存储程序”的思想。即不像以前那样只存储数据，程序用一系列插头、插座连线来实现，而是把程序和数据都以二进制的形式统一存放到存储器中，由机器自动执行。不同的程序解决不同的问题，实现了计算机通用计算的功能。

第三，把计算机从逻辑上划分为五个部分，即运算器、控制器、存储器、输入设备和输出设备。

冯·诺依曼计算机基本结构：运算器、控制器、存储器、输入器和输出器。运算器和控制器采用电子管，主存储器采用汞延迟线或磁鼓、外存储器采用磁鼓和磁带。图32-3～图32-5描述了冯·诺依曼计算机基本结构。

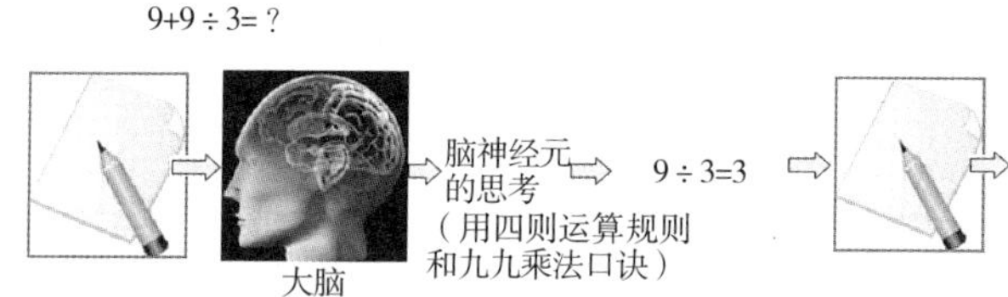

图32-3　用人的大脑计算

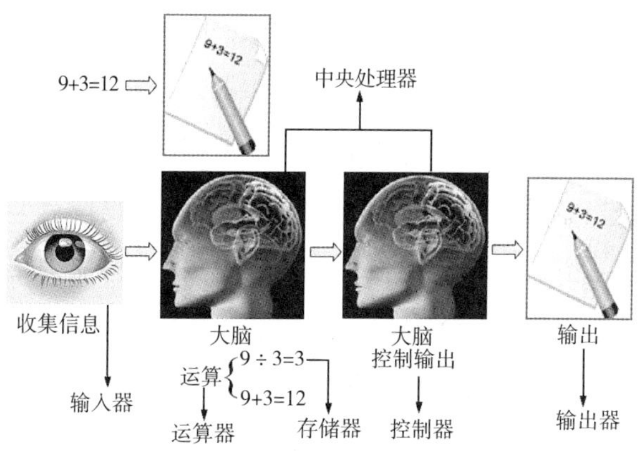

图32-4　用电子计算机计算

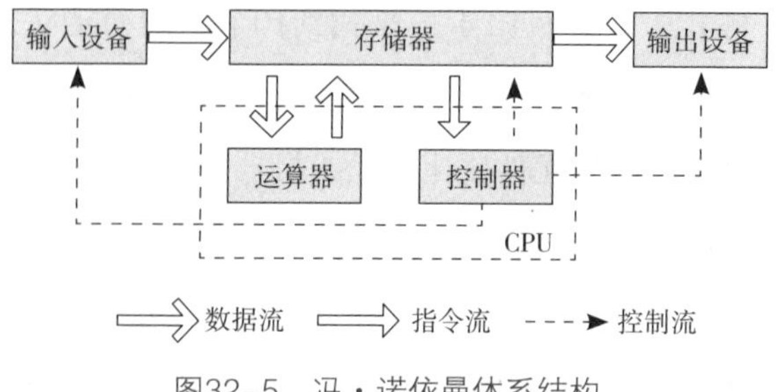

图32-5　冯·诺依曼体系结构

由于冯·诺依曼加入“爱尼亚克”的研制工作时，耗资巨大的“爱尼亚克”的总体设计和主体建造已经完成，做大的改动已很不现实，所以“爱尼亚克”未能完全实现冯·诺依曼的思想。1946年，在宾西法尼亚大学举办了“电子数字计算机的设计理论与技术”国际研讨会。冯·诺依曼提出了制造世界首台存储程序电子计算机的方案。其设计思想在会议上引起强烈反响。三年以后，由英国剑桥大学威尔克斯等人成功研制了世界首台存储程序的“冯·诺依曼机器”，名为“爱达赛克”（Electronic Delay Storage Automat Calculator，EDSAC）。

1957年2月8日，冯·诺依曼因患癌症去世，终年54岁。冯·诺依曼一生在诸多科学领域做出了卓越的贡献，所获得的荣誉遍及方方面面。时至今日，遍布世界各地大大小小的计算机都仍然遵循着冯·诺依曼的计算机基本结构，统称之为“冯·诺依曼机器”。所以，人们尊称冯·诺依曼为“现代计算机之父。”

要是没有能独立思考和独立判断的有创造个人，社会的向上发展就不可想象。

——爱因斯坦

参考文献

[1] 吴国盛著. 科学历程. 湘潭：湖南科学技术出版社，2013.

[2] 张策著. 机械工程史. 北京：清华大学出版社，2015.

[3] 张春辉等编著. 中国机械工程发明史. 北京：清华大学出版社，2004.

[4] 毕尚，风华编. 百位世界杰出的发明家. 北京：中国环境科学出版社，2007.

[5] 贺璇著. 科学家的故事. 北京：中国少年儿童出版社，2009.

[6] 叶永烈著. 叶永烈讲述科学家故事100个. 武汉：湖北少年儿童出版社，2009.

[7] 徐榕著. 瓦特–科学家的故事. 上海：华东师范大学出版社，2006.

[8] 谢建南著. 蒸汽机发明者瓦特. 吉林：北方妇女儿童出版社，2010.

[9] 纪江红著. 世界100伟大发明发现. 北京：北京少年儿童出版社，2007.

[10] 施建伟著. 林语堂传. 北京：十月文艺出版社，1999.

[11] 徐德清著. 震惊世界的发明. 北京：蓝天出版社，2011.

[12] 刘家冈，李俊清等. 法拉第发明电动机和发电机的启示. 物理与工程，2011（5）.

[13] 禹田著. 发明发现故事全知道. 北京：同心出版社，2006.

[14] 萧治平主编. 钟表技术　原理·装配·维修. 北京：中国轻工业出版社，2008.